Altstädt, Mantey
Thermoplast-Schaumspritzgießen

Die Internet-Plattform für Entscheider!

- **Exklusiv:** Das Online-Archiv der Zeitschrift Kunststoffe!
- **Richtungweisend:** Fach- und Brancheninformationen stets top-aktuell!
- **Informativ:** News, wichtige Termine, Bookshop, neue Produkte und der Stellenmarkt der Kunststoffindustrie

Immer einen Click voraus!

Volker Altstädt
Axel Mantey

Thermoplast-Schaumspritzgießen

Unter Mitwirkung von
Dr.-Ing. Axel Cramer, Dipl.-Ing. Peter Egger, Dr. Markus Gahleitner,
Prof. Dr.-Ing. Dr.-Ing. E.h. Walter Michaeli, Dr.-Ing. Norbert Müller,
Dipl.-Ing. Andreas Spörrer, Dipl.-Ing. Jan-Erik Wegner,

HANSER

Die Autoren:
Prof. Dr.-Ing. Volker Altstädt,
UBT, Lehrstuhl für Polymere Werkstoffe, Universitätsstraße 30, 95447 Bayreuth
Dipl.-Ing. Axel Mantey,
SORG-Plastik GmbH, Talstraße 8, 73547 Lorch-Weitmars

Bibliografische Information Der Deutschen Bibliothek:

Die Deutsche Bibliothek verzeichnet diese Publikation in der Deutschen Nationalbibliografie; detaillierte bibliografische Daten sind im Internet über <http://dnb.d-nb.de> abrufbar.

ISBN: 978-3-446-41251-4

Die Wiedergabe von Gebrauchsnamen, Handelsnamen, Warenbezeichnungen usw. in diesem Werk berechtigt auch ohne besondere Kennzeichnung nicht zu der Annahme, dass solche Namen im Sinne der Warenzeichen- und Markenschutzgesetzgebung als frei zu betrachten wären und daher von jedermann benutzt werden dürften.

Alle in diesem Buch enthaltenen Verfahren bzw. Daten wurden nach bestem Wissen erstellt und mit Sorgfalt getestet. Dennoch sind Fehler nicht ganz auszuschließen. Aus diesem Grund sind die in diesem Buch enthaltenen Verfahren und Daten mit keiner Verpflichtung oder Garantie irgendeiner Art verbunden. Autoren und Verlag übernehmen infolgedessen keine Verantwortung und werden keine daraus folgende oder sonstige Haftung übernehmen, die auf irgendeine Art aus der Benutzung dieser Verfahren oder Daten oder Teilen davon entsteht.

Dieses Werk ist urheberrechtlich geschützt. Alle Rechte, auch die der Übersetzung, des Nachdruckes und der Vervielfältigung des Buches oder Teilen daraus, vorbehalten. Kein Teil des Werkes darf ohne schriftliche Einwilligung des Verlages in irgendeiner Form (Fotokopie, Mikrofilm oder einem anderen Verfahren), auch nicht für Zwecke der Unterrichtsgestaltung – mit Ausnahme der in den §§ 53, 54 URG genannten Sonderfälle – reproduziert oder unter Verwendung elektronischer Systeme verarbeitet, vervielfältigt oder verbreitet werden.

© Carl Hanser Verlag, München 2011
Herstellung: Steffen Jörg
Satz: Manuela Treindl, Laaber
Coverconcept: Marc Müller-Bremer, www.rebranding.de, München
Coverrealisierung: Stephan Rönigk
Druck und Bindung: Kösel, Krugzell
Printed in Germany

Vorwort

Dieses Buch entstand im Rahmen eines von der High-Tech-Offensive-Bayern (HTO) geförderten Leitprojektes an der Neue Materialien Bayreuth GmbH. Folgende Projektpartner aus der Industrie waren in der Projektphase 2003 bis 2006 beteiligt und haben zum Gelingen dieses Buches beigetragen:

- Borealis Polyolefine GmbH, Linz, Österreich
- Clariant Masterbatches GmbH, Ahrensburg
- Engel Austria GmbH, Schwertberg, Österreich
- Rehau AG & Co., Rehau
- Valeo Klimasysteme GmbH, Bad Rodach

Für ihren Beitrag zum Buch danken wir darüber hinaus Herrn Prof. Dr.-Ing. Dr.-Ing. E. h. Walter Michaeli und Herrn Dr.-Ing. Axel Cramer, Institut für Kunststoffverarbeitung an der RWTH Aachen, sowie Herrn Dr.-Ing. Norbert Müller, LKT Universität Erlangen-Nürnberg/Schaumform GmbH, Passau. Für die Unterstützung in Form von Materialien und Versuchseinrichtungen möchten wir uns an dieser Stelle bei den Firmen Ticona GmbH, Kelsterbach, Demag Ergotech GmbH, Schwaig, Trexel GmbH – Europe, Wiehl und Sulzer Chemtech AG, Winterthur, Schweiz, herzlich bedanken. Für wertvolle Hinweise und Informationen danken wir Herrn Dipl.-Ing. Helmut Eckardt, Wittmann Battenfeld GmbH & Co. KG, Meinerzhagen und Herrn Dipl.-Ing. (FH) Reinhold Rauh, Loewe AG, Kronach.

Die Verfasser danken dem Carl Hanser Verlag für die gute Zusammenarbeit.

Bayreuth, im Oktober 2010

Volker Altstädt
Axel Mantey

Inhaltsverzeichnis

Vorwort V

1 **Einleitung** 1
   Literatur zu Kapitel 1 6

2 **Historie des Schaumspritzgießens** 7
   Literatur zu Kapitel 2 13

3 **Physik des Schäumens** 15
   3.1 Einphasige Polymer-Gas-Lösung 16
   3.2 Nukleierung 18
   3.3 Blasenwachstum 21
   3.4 Stabilisierung 23
   3.5 Fazit zur Physik des Schäumens 24
   Literatur zu Kapitel 3 25

4 **Treibmittel** 27
   4.1 Einleitung 27
   4.2 Physikalische Treibmittel 28
   4.3 Chemische Treibmittel 30
      4.3.1 Bedeutung der Stoffklassen endotherm und exotherm 32
          4.3.1.1 Exotherme Treibmittel 33
          4.3.1.2 Endotherme Treibmittel 35
          4.3.1.3 Kombinationen endothermer Treibmittel 36
          4.3.1.4 Kombination aus endothermen und exothermen Treibmitteln .. 36
      4.3.2 Charakterisierung von chemischen Treibmitteln 37
      4.3.3 Pulver und Masterbatch, Aufbau eines Treibmittelsystems
          für das Spritzgießen 41
      4.3.4 Produktion von Treibmittelmasterbatches 42
      4.3.5 Auswirkungen chemischer Treibmittel auf das Endprodukt 43
   Literatur zu Kapitel 4 44

5 **Matrixmaterialien** 45
   5.1 Polypropylen 45
      5.1.1 Dichtereduktion 50
      5.1.2 Schwindung und Winkelverzug 50
      5.1.3 Druckbedarf im Werkzeug 51
      5.1.4 Zugversuch 52
      5.1.5 Biegeversuch 54

		5.1.6	Impactversuch.. 54

- 5.1.6 Impactversuch ... 54
- 5.1.7 Schaumstruktur ... 57
- 5.1.8 Fazit zur Verarbeitung von Polypropylen im Schaumspritzgießverfahren 59
- 5.2 Technische Thermoplaste für das TSG-Verfahren ... 61
  - 5.2.1 Werkstoff- und Treibmittelauswahl ... 62
  - 5.2.2 Schaumspritzgießen von SAN/PC-Blends ... 63
    - 5.2.2.1 Scherrheologie von SAN/PC-Blends ... 64
    - 5.2.2.2 Struktur der SAN/PC-Integralschäume ... 68
    - 5.2.2.3 Mechanische Eigenschaften der SAN/PC-Integralschäume ... 72
    - 5.2.2.4 Zusammenfassung für geschäumte SAN/PC-Blends ... 76
  - 5.2.3 Schaumspritzgießen von schlagzähmodifiziertem SAN (ABS) ... 77
  - 5.2.4 Schaumspritzgießen von SAN-Nanokompositen ... 84
  - 5.2.5 Schaumspritzgießen von PA 6-Nanokompositen ... 94
    - 5.2.5.1 Schmelzerheologie von PA + CNF ... 95
    - 5.2.5.2 Morphologie der PA 6 + CNF-Integralschäume ... 97
    - 5.2.5.3 Mechanische Eigenschaften der PA + CNF-Integralschäume ... 100
- *Literatur zu Kapitel 5* ... 101

6 Verfahrenstechnik ... 103
- 6.1 Chemisches TSG-Verfahren ... 104
- 6.2 MuCell®-Verfahren ... 106
- 6.3 Ergocell®-Verfahren ... 110
- 6.4 Optifoam®-Verfahren ... 111
- 6.5 Schäumen mit Dekompression ... 112
- 6.6 Abgrenzung zu anderen Niederdrucktechniken ... 115
  - 6.6.1 Fluidinjektionstechnik ... 115
  - 6.6.2 Spritzprägen ... 117
- 6.7 Fazit zur Verfahrenstechnik ... 119
- *Literatur zu Kapitel 6* ... 120

7 Verfahrensvergleich ... 121
- 7.1 TSG-Verfahren mit chemischen Treibmitteln ... 122
  - 7.1.1 Art und Konzentration des chemischen Treibmittels ... 122
  - 7.1.2 Schmelzetemperatur ... 124
  - 7.1.3 Einspritzgeschwindigkeit ... 125
  - 7.1.4 Staudruck ... 127
  - 7.1.5 Werkzeugtemperatur ... 128
  - 7.1.6 Prozessstabilität ... 128
  - 7.1.7 Oberflächenqualität ... 128
  - 7.1.8 Fazit zum chemischen Schaumspritzgießen (TSG-CH) ... 129
- 7.2 TSG-Verfahren mit physikalischer Begasung im Zylinder ... 130
  - 7.2.1 Art und Konzentration des Treibfluids ... 130
  - 7.2.2 Schmelzetemperatur ... 132
  - 7.2.3 Einspritzgeschwindigkeit ... 134

| | | | Inhaltsverzeichnis | IX |

	7.2.4	Staudruck	135
	7.2.5	Werkzeugtemperatur	136
	7.2.6	Phänomenologische Beobachtungen	136
	7.2.7	Fazit zum Schaumspritzgießen mit physikalischer Begasung im Zylinder	137
7.3		TSG-Verfahren mit physikalischer Begasung in der Düse	138
	7.3.1	Konzentration des Treibfluids	138
	7.3.2	Schmelzetemperatur	140
	7.3.3	Einspritzgeschwindigkeit	141
	7.3.4	Phänomenologische Beobachtungen	141
	7.3.5	Fazit zum Schaumspritzgießen im TSG-PD	142
7.4		Gegenüberstellung des chemischen und physikalischen TSG	143
	7.4.1	Prozessführung	143
	7.4.2	Formteileigenschaften	144
Literatur zu Kapitel 7			144

8 Mechanisches Verhalten 145
  8.1 Einführung 145
  8.2 Strukturausbildung 146
  8.3 Makroskopische Kennwertbeeinflussung 149
  8.4 Bewertung der Kennwertabminderung – Zugbelastung 151
  8.5 Bewertung der Kennwertabminderung – Biegebelastung 152
  8.6 Spannungsverteilung 153
  8.7 Leichtbaueffekt 154
  8.8 Verallgemeinerte Modellvorstellung 156
  8.9 Modellbildung zum Leichtbaueffekt 157
  8.10 Konzept der effektiven Deckschichtdicke 159
  8.11 Modellbildung zur effektiven Deckschichtdicke 161
  8.12 Zugängliches Leichtbaupotenzial 162
  8.13 Vorhersage von Steifigkeitskennwerten 163
  8.14 Vorhersage von Festigkeitskennwerten 165
  8.15 Einfluss von Füll- und Verstärkungsstoffen auf die Steifigkeit ... 165
  8.16 Einfluss von Füll- und Verstärkungsstoffen auf die Festigkeit ... 168
  8.17 Druckverformungsverhalten 169
  8.18 Relevanz der Einflussgrößen 171
  8.19 Mechanische Prüfung von Integralschaumstrukturen 172
  8.20 Kennwertschwankungen 173
  Literatur zu Kapitel 8 174

9 Einfluss des Spritzgießwerkzeugs beim Thermoplast-Schaumspritzgießen 175
  9.1 Formteilgestaltung 176
    9.1.1 Wanddicken, Wanddickensprünge 176
    9.1.2 Rippen, Dome, Schnapphaken 179
    9.1.3 Fließhindernisse 181

9.2 Angusssystem 182
         9.2.1 Balancierung des Angusssystems 182
         9.2.2 Angussbuchse 184
         9.2.3 Anschnittarten. 185
         9.2.4 Lage der Anspritzpunkte 187
   9.3 Temperierung beim Schaumspritzgießen 188
   9.4 Entlüftung 190
   9.5 Werkzeugmaterialien beim Schaumspritzgießen 191
   9.6 Werkzeug-/verfahrenstechnische Möglichkeiten zur Verbesserung der
        Oberflächenqualitäten geschäumter Bauteile 191
         9.6.1 Ursachen der geringen Oberflächenqualitäten
                beim Schaumspritzgießen 191
         9.6.2 Werkzeuginnendrücke beim Schaumspritzgießen. 194
         9.6.3 Verbesserung der Oberflächenqualitäten 194
         9.6.4 Verwendung von Oberflächenstrukturierungen 195
         9.6.5 Verwendung von Beschichtungen im Werkzeug 196
         9.6.6 Variotherm-Verfahren. 198
         9.6.7 Fazit 198
   Literatur zu Kapitel 9. 199

10 Sondertechnologien 201
   10.1 MuCell®-Verfahren mit statischem Mischer 201
   10.2 Atmende Werkzeuge. 202
   10.3 Optimierung der Oberfläche 207
         10.3.1 Verfahrenstechnische Oberflächenverbesserung geschäumter Formteile 208
                10.3.1.1 Gasgegendruck. 209
                10.3.1.2 Variotherm. 210
                10.3.1.3 Zusammenfassung zur verfahrenstechnischen
                         Oberflächenverbesserung 211
         10.3.2 Dekor-Hinterspritzen 211
         10.3.3 Wärmebarriere 213
   Literatur zu Kapitel 10. 214

11 Anwendungsbeispiele 215

Abkürzungen und Formelzeichen 221

Stichwortverzeichnis 231

An der Bearbeitung dieses Buches haben mitgewirkt:

Kapitel 1	Prof. Dr.-Ing. Volker Altstädt	UBT, Lehrstuhl für Polymere Werkstoffe, Universitätsstraße 30, 95447 Bayreuth
Kapitel 2	Dipl.-Ing. Axel Mantey	SORG-Plastik GmbH, Talstraße 8, 73547 Lorch-Weitmars
Kapitel 3	Dipl.-Ing. Axel Mantey	SORG-Plastik GmbH, Talstraße 8, 73547 Lorch-Weitmars
Kapitel 4	Dipl.-Ing. Jan-Erik Wegner	Clariant Masterbatches (Deutschland) GmbH, Kornkamp 50, 22926 Ahrensburg
Kapitel 5.1	Dr. Markus Gahleitner	Borealis Polyolefine GmbH, St.-Peter-Str. 25, A-4021 Linz
Kapitel 5.2	Dipl.-Ing. Axel Mantey/	SORG-Plastik GmbH, Talstraße 8, 73547 Lorch-Weitmars/
	Dipl.-Ing. Andreas Spörrer	UBT, Lehrstuhl für Polymere Werkstoffe, Universitätsstraße 30, 95447 Bayreuth
Kapitel 6	Dipl.-Ing. Peter Egger	Engel Maschinenbau GmbH, Ludwig-Engel-Str. 1, A-4311 Schwertberg
Kapitel 7	Dipl.-Ing. Axel Mantey	SORG-Plastik GmbH, Talstraße 8, 73547 Lorch-Weitmars
Kapitel 8	Dr.-Ing. Norbert Müller	Schaumform GmbH, Neuburger Straße 11, 94032 Passau
Kapitel 9	Dr.-Ing. Axel Cramer/	Institut für Kunststoffverarbeitung an der RWTH Aachen, Pontstraße 49, 52062 Aachen/
	Prof. Dr.-Ing. Dr.-Ing. E. h. Walter Michaeli	Institut für Kunststoffverarbeitung an der RWTH Aachen, Pontstraße 49, 52062 Aachen
Kapitel 10	Dipl.-Ing. Axel Mantey/	SORG-Plastik GmbH, Talstraße 8, 73547 Lorch-Weitmars/
	Dipl.-Ing. Andreas Spörrer	UBT, Lehrstuhl für Polymere Werkstoffe, Universitätsstraße 30, 95447 Bayreuth
Kapitel 11	Dipl.-Ing. Axel Mantey/	SORG-Plastik GmbH, Talstraße 8, 73547 Lorch-Weitmars/
	Dipl.-Ing. Andreas Spörrer	UBT, Lehrstuhl für Polymere Werkstoffe, Universitätsstraße 30, 95447 Bayreuth

1 Einleitung

Der Einsatz der Thermoplast-Schaumspritzgießtechnologie führt zu einer Vielzahl neuer Möglichkeiten, die bisher bei üblichen Spritzgießtechniken nicht genutzt werden konnten. Das Schaumspritzgießverfahren erschließt neue Märkte für innovative Produktformgebung. Optimale Herstellungsmöglichkeiten und niedrigere Stückkosten erlauben den Einsatz in den verschiedensten Industrie- und Technikzweigen.

Schaumspritzgießen bietet z. B. kürzere Zykluszeiten, verringerte Bauteilgewichte oder niedrigere Werkzeuginnendrücke und stellt damit ein konkurrenzfähiges Verfahren für die Industrie dar. Im Qualitätssektor führt das Schaumspritzgießverfahren ebenfalls zu enormen Verbesserungen – so können negative Aspekte, wie sie bei herkömmlichen Verfahren auftreten, wirksam reduziert werden. Verzug von Bauteilen, Einfallstellen und innere Spannungen treten nur noch in sehr geringem Maße auf. Dies ist besonders von Vorteil in der Kombination mit kurzglasfaserverstärkten Materialien.

Selbst im Bereich dünnwandiger Bauteile, wo die gewöhnlichen Schaum- und Extrusionsverfahren scheitern, lässt sich diese innovative Technologie effizient einsetzen. Somit stellt das Schaumspritzgießen nicht nur für den bestehenden Markt eine deutliche Verbesserung dar, es wird sich auch in neuen Marktsegmenten konkurrenzfähig etablieren. Konkrete Vorteile der Schaumspritzgießtechnologie sind nachstehend aufgeführt und erläutert:

- Gewichts- und Materialersparnis
- Erhöhte spezifische Steifigkeit
- Verbesserte Maßhaltigkeit
- Reduzierung von Einfallstellen
- Signifikante Verringerung der Zykluszeit
- Verringerung des Werkzeuginnendrucks
- Längere Fließwege

Die Materialeinsparung beim Schäumen von Bauteilen schlägt sich direkt in einer Reduzierung des Teilegewichts nieder. Durch den charakteristischen Integralschaumaufbau mit kompakten Randschichten kommt es zu einem Gewinn an spezifischer Biegesteifigkeit, da Material nur relativ nahe der neutralen Faser eingespart wird. Nach dem Einspritzen der Polymer-Gas-Lösung in die Form wirkt der Schäumdruck anstelle des Nachdrucks und bewerkstelligt die vollständige Formfüllung. Da der Schäumdruck auch noch nach Einfrieren des Angusses als Nachdruck wirken kann, weisen geschäumte Teile in der Regel verbesserte Maßhaltigkeit und entscheidend weniger Einfallstellen auf. Da der Schäumdruck den Nachdruck ersetzt und während der gesamten Kühlzeit wirken kann, fällt die Nachdruckzeit komplett weg; das verringerte Schussgewicht führt zu einer kürzeren Kühlzeit. Die Gesamtzykluszeit ist also beim Schaumspritzgießen drastisch verkürzt, wodurch Kosten bei der Fertigung gespart werden.

Durch den deutlich niedrigeren Werkzeuginnendruck können zum einen große Werkzeuge auf relativ kleinen Maschinen eingesetzt und zum anderen eingelegte Textilien oder Folien schonend hinterspritzt werden. Ein weiterer Vorteil besteht in der Weichmacherwirkung des Treibgases, wodurch längere Fließwege als im Kompaktspritzguss erzielt werden können. Weitere Vorteile können je nach Prozessführung und Anwendung ausgenutzt werden.

Neben den zahlreichen Vorteilen des Schaumspritzgießens bestehen auch Herausforderungen für die Anwendung. In der Regel weisen geschäumte Bauteile beispielsweise eine charakteristische Schlierenoberfläche auf, was für Sichtanwendungen oft nicht akzeptabel ist. Des Weiteren wirkt sich eine nicht optimale Prozessführung auf fehlerbehaftete Schaumstrukturen aus, wodurch die Bauteileigenschaften negativ beeinflusst werden können. Ein gutes Verständnis des Verfahrens ist somit wichtig für die Kontrolle des Prozesses, um Bauteile mit gewünschten Eigenschaften zielgerichtet zu optimieren.

Von den rund 50 Millionen Tonnen Kunststoffen, die derzeit in Europa produziert werden, werden ca. 5 Millionen Tonnen (10 %) für die Herstellung von Schäumen eingesetzt. Kunststoffschäume werden heute für Anwendungen in den verschiedensten Branchen eingesetzt, wie Bild 1.1 eindrucksvoll zeigt. Stellt man diese Statistik für das Volumen geschäumter und kompakter Kunststoffe auf, kann man feststellen, dass rund 50 % des gesamten Volumens in geschäumte Kunststoffe gehen, wobei der größte Teil geschäumtes Polyurethan ist.

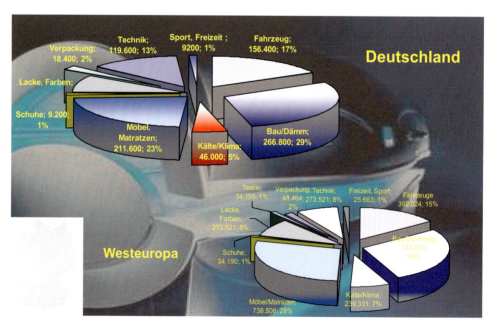

Bild 1.1: Aufteilung von Polyurethanschaum auf die jeweiligen Branchen in Deutschland und Westeuropa 2009 (Quelle: http://www.fsk-vsv.de)

In seiner ursprünglichen Konzeption war der als Thermoplast-Schaumguss bezeichnete Prozess für Teile mit untergeordneter technischer Funktion vorgesehen. Zur Anwendung kam er z. B. in der Möbelindustrie unter Verwendung von chemischen Treibmitteln. Heutzutage ist das Schaumspritzgießen mit physikalischer Direktbegasung in verschiedenen Marktsegmenten zu technischen Spritzgießerzeugnissen vorgedrungen, wobei die eingesetzten Materialien mit ihren Anteilen am Beispiel der Automobilbranche dargestellt sind (Bild 1.2). In Abschnitt 5.1 wird näher erläutert, dass Polypropylen (PP) in diesem Zusammenhang einer der wichtigsten Werkstoffe ist. Als Massenkunststoff bietet PP neben dem geringen Preis ein ausgewogenes Eigenschaftsprofil und findet in sehr vielen Anwendungen unter Verwendung maßgeschneiderter PP-Typen Einsatz.

Beim Einsatz von PP im Thermoplast-Schaumspritzgießen (TSG) handelt es sich zumeist um Anwendungen mit großen Stückzahlen und Bauteilen mit relativ geringen Stückpreisen. Bei PP steht also in vielen Fällen eine Einsparung von Material und Bauteilgewicht beim TSG im Vordergrund. Die Potenziale beim Einsatz geschäumter Formteile erstrecken sich jedoch über eine weitaus vielfältigere Palette, die je nach Anwendung gezielt oder in Kombination ausgenutzt werden können. Die verbesserte Maßhaltigkeit spielt beim Schaumspritzgießen mit technischen Kunststoffen wie PA, ABS oder PBT z. B. eine große Rolle bei Gehäuseteilen. Das Verhalten technischer Kunststoffe im TSG-Prozess wird in Abschnitt 5.2 diskutiert und mit PP als Werkstoff verglichen, wo die erlangten Erkenntnisse des PP auf weitere Materialien übertragen werden.

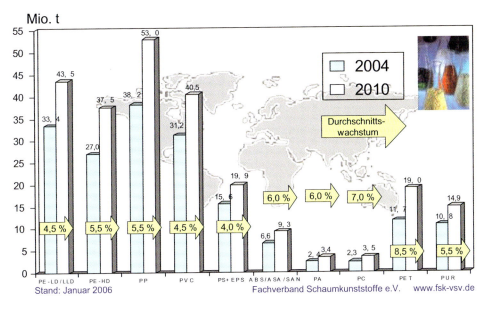

Bild 1.2: Verteilung der verschiedenen Kunststoffe in der Automobilbranche
(Quelle: http://www.plasticseurope.org)

Die Herstellung geschäumter Thermoplaste begann etwa Mitte des letzten Jahrhunderts, als zum ersten Mal Formteile aus Kunststoff hergestellt wurden, die neben der kompakten Formmasse kleine Luftbläschen enthielten [1]. Die Phänomene der homogenen und heterogenen Keimbildung zur Beeinflussung der Schaummorphologien wurden damals schon zur Herstellung feiner, gleichmäßiger Schaumstrukturen eingesetzt. Diese Schäume wurden vielfach im Batchverfahren hergestellt. Dabei wird z. B. ein Kunststoffgranulat in einem Autoklaven zuerst bei hohem Druck mit einem Treibmittel gesättigt und anschließend in einem Ofen bei geeigneter Temperatur und Normaldruck expandiert.

Die kontinuierliche Herstellung geschäumter Kunststoffe ist seit längerer Zeit mittels Schaumextrusion möglich. Typischerweise werden hierbei Treibgase wie FKW oder Kohlenwasserstoffe, aber auch CO_2 und N_2, unter hohem Druck über einen Injektor in die Schmelze injiziert und durch geeignete Prozessführung bis zur Extruderdüse in Lösung gebracht. Durch den rapiden Druckabfall nach der Düse tritt eine thermodynamische Instabilität auf und erzwingt das Bilden einer zweiten (Gas-)Phase. Geeignete Temperaturführung ermöglicht so nach der Keimbildung die Expansion des Schaums unmittelbar hinter der Breitschlitzdüse und schließlich die Stabilisierung des geschäumten Halbzeugs durch Erstarrung. Die physikalischen Vorgänge bei der Schaumentstehung sind prinzipiell unabhängig von dem eingesetzten Verfahren und sind bis heute Gegenstand intensiver Forschung. Ein Einblick in die Hintergründe hierzu wird in Kapitel 3 gegeben.

Das Thermoplast-Schaumspritzgießen ist ein Sonderverfahren des konventionellen Spritzgießens und dient der Herstellung von Kunststoffformteilen mit geschäumtem Kern. Die so erzeugten Strukturen werden aufgrund ihres integralen Aufbaus aus Kern- und Randschicht auch als Integralschäume bezeichnet. Die Anfänge des Schaumspritzgießens gehen bis in die 60er Jahre des letzten Jahrhunderts zurück, als zum ersten Mal chemische Treibmittel eingesetzt wurden [2]. Backpulver wurde dem Kunststoffgranulat zugeführt, um Einfallstellen entgegenzuwirken. Der chemisch begaste TSG-Prozess wird auch heute noch eingesetzt, wobei optimierte Rezepturen in Form von Masterbatches verwendet werden. Hierzu enthält Kapitel 4 tiefergehende Ausführungen. Als Vorgriff sei an dieser Stelle erwähnt, dass es sich dabei um Substanzen handelt, welche durch thermisch induzierte Zersetzung das Treibgas freisetzen.

Das Schaumspritzgießen mit physikalischer Begasung wurde erst gegen Ende des letzten Jahrhunderts entwickelt, wobei die von Trexel patentierte MuCell®-Technologie die vielfältigsten industriellen Anwendungen aufweist. Weitere Verfahren zum physikalischen TSG wurden erst später entwickelt und spielen im Vergleich zum MuCell®-Verfahren eine untergeordnete Rolle (Kapitel 6). Charakteristisch für das MuCell®-Verfahren ist eine physikalische Direktbegasung mittels eines Injektors. Eine zusätzliche Rückstromsperre in der Schneckenmitte, sowie zusätzliche Mischelemente sorgen für eine homogene Polymer-Gas-Lösung. Durch den Druckabfall nach dem Einspritzen in die Kavität kommt es dann zur Nukleierung und zum Blasenwachstum und schließlich zur Ausbildung der Integralschaumstruktur.

Unabhängig von physikalischer oder chemischer Begasung existieren verschiedene Verfahrensvarianten beim TSG. Das Niederdruckverfahren ist die Standardvariante, welche am häufigsten angewandt wird. Hierbei wird das Schussgewicht durch einen herabgesetzten Dosierweg

Bild 1.3: Instrumentenpanel aus ABS/PC im TSG-Prozess gefertigt (Quelle: Valeo Klimasysteme)

Bild 1.4: Lautsprechergehäuse aus PP + 20 % Mineral

verringert, wodurch das Schäumen die Kompensation der Schwindung und die vollständige Formfüllung übernimmt. Beim Hochdruckverfahren wird die Kavität zunächst vollständig gefüllt und nach einer kurzen Nachdruckphase (2 s) das Schäumen durch eine Vergrößerung der Kavität initiiert. Das Hochdruckverfahren führt in der Regel zu deutlich höheren Dichtereduktionen (bis ca. 50 %), zu besseren Oberflächen aufgrund der Nachdruckphase und zu wesentlich gleichmäßigeren Schaumstrukturen über dem Fließweg. Da für das Hochdruckverfahren in der Regel Tauchkantenwerkzeuge eingesetzt werden, die durch einen kleinen Öffnungshub die Kavität vergrößern, bietet sich diese Variante lediglich für flächige Bauteile an. Eine weitere Verfahrensvariante für bessere Oberflächen ist die Gasgegendrucktechnologie. Hierbei wird die Kavität vor dem Einspritzen mit einem Gasgegendruck beaufschlagt, wodurch keine Schaumblasen an der Fließfront und somit auch keine Oberflächenschlieren entstehen. Ebenso lassen sich Oberflächen durch geeignete Werkzeugbeschichtungen oder durch Wechseltemperierung der Werkzeugoberfläche verbessern.

Wie bereits erwähnt, stammen die meisten TSG-Anwendungen aus der Automobilbranche, wobei je nach Anwendung und Polymerwerkstoff verschiedene Vorteile der Technologie ausgenutzt werden. Bild 1.3 zeigt ein aus ABS/PC gefertigtes Instrumentenpanel, welches mit einer Dichtereduktion von 5 % eine verbesserte Maßhaltigkeit und eine kürzere Zykluszeit aufweist.

Das Lautsprechergehäuse wurde mit einer Dichtereduktion von 8 % gefertigt, wobei die Maßhaltigkeit um 50 % verbessert werden konnte (Bild 1.4). Dies führte im nachfolgenden Vibrationsschweißprozess zu deutlich besseren Ergebnissen.

Weitere Anwendungen werden in Kapitel 11 vorgestellt, welche durch eine optimale Einstellung des Prozesses mit dem gesamten Verständnis der Abläufe ermöglicht wurden. Dieses Verständnis soll in den folgenden Kapiteln erlangt werden.

Literatur zu Kapitel 1

[1] Nickolaus, W.; Breitenbach, J.: Spritzgießen von treibmittelhaltigen Thermoplasten. Plastverarbeiter, 15(4): 208–212, 1964
[2] Eckardt, H.: Einfluss des Treibmittels auf die Eigenschaften von Thermoplast-Strukturschaum-Formteilen. Kunststoffe, 68(1): 35–39, 1978

2 Historie des Schaumspritzgießens

Das Thermoplast-Schaumspritzgießen ist eines der bedeutendsten Sonderverfahren der Spritzgießtechnologie. Die historische Entwicklung des Schaumspritzgießens ist deshalb direkt mit dem technologischen Fortschritt des Spritzgießens verknüpft. Bei chronologischer Betrachtung fällt dem Buch „Der Spritzguss thermoplastischer Massen" von Laeis [1] eine zentrale Bedeutung zu, da hier die frühe Entwicklung der Spritzgießtechnik bis 1945 detailliert beschrieben wird. Besonders eindrucksvoll sind darin die umfassende Darstellung aller Maschinenhersteller und die in der zweiten Auflage des Buches [2] enthaltene Patentsammlung. Die technologische Entwicklung war damals noch eng mit der Entdeckung und Kommerzialisierung neuer Kunststoffsorten verknüpft. Sobald ein neues Material zu Verfügung stand, waren binnen kürzester Zeit auch ideenreiche Verarbeitungsmethoden und dementsprechende Maschinen auf dem Markt. So war auch das Verschäumen von Kunststoffen seit jeher ein Thema. Beispielsweise veröffentlichte Pfleumer im Jahr 1910 ein Patent [3] zum Verschäumen von Kautschuk und zitierte bereits in seiner Ausarbeitung ähnliche Veröffentlichungen. Technisch kam hierbei eine Art Autoklavverfahren zum Einsatz, bei dem Kautschuk unter hohem Druck mit einem Treibgas gesättigt wurde. 1945 stellte Alderson auf diese Weise erstmalig Thermoplastschäume her [4]. Die Herstellung von thermoplastischen Schäumen im Spritzgießverfahren begann in den 50er Jahren relativ unspektakulär. Erfahrene Spritzgießer setzten dem Granulat eine kleine Prise Backpulver zu (bis etwa 0,05 %), wenn Einfallstellen am Spritzgießprodukt auftraten.

Dies funktioniert vor allem bei hellen Formteilen, bei dunklen Produkten bestand die Gefahr von grauen Schlieren auf der Oberfläche. Ziel war zu dieser Zeit nicht die Herstellung eines Schaumes, sondern die Problemlösung bei der Produktion anspruchsvoller Spritzgießerzeugnisse. Trotzdem ist dies der eigentliche Anfang der Schaumspritzgießtechnik. Erst Jahre später wurden die Schaumstruktur und die damit verbundene Dichtereduktion der Produkte interessant. Der Einsatz von Treibmitteln war auch an die Erfindung neuer Materialien geknüpft und so sind es Polymerhersteller wie die BASF AG [5] und Bayer AG [6] die

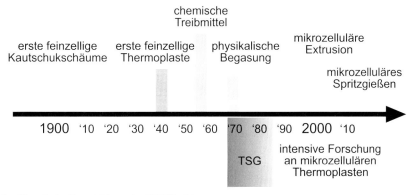

Bild 2.1: Historische Entwicklung der TSG-Verfahren

Tabelle 2.1: Zuwachsraten des TSG-Verfahrens bis 1970 nach [9]

Thermoplast	Verbrauch in 1.000 kg		
	1967	1968	1970
PE	450	900	3.600
PP	225	450	1.350
PS	45	225	2.250

Artikel zum Thema „Spritzgießen von treibmittelhaltigen Thermoplasten" veröffentlichen. 1964 bezeichnet Nickolaus [7] das Spritzgießen treibmittelbeladener Thermoplaste als „lange bekannt", obwohl die wirtschaftlich bedeutsame Produktion erst Ende der 60er Jahre begann [8]. Zu dieser Zeit entstanden die ersten Direktbegasungstechniken mit physikalischen Treibfluiden. In diesem Zusammenhang führte sich erstmalig der Begriff des TSG-Verfahrens ein, der damals für Thermoplast-Schaum-Gieß-Verfahren oder Thermoplast-Schaumguss stand. In den 70er Jahren wurde TSG zunehmend als Thermoplast-Schaumspritzgießen bezeichnet. In einem Beitrag von Armenat [9] wird die „rasche Entwicklung dieses jungen Zweiges der Kunststoffverarbeitung" in Zahlen gefasst (Tabelle 2.1). Zu diesem Zeitpunkt prognostizierte man dem TSG-Verfahren immense Zuwachsraten. Die Blütezeit des TSG-Verfahrens hielt in den 70er Jahren an. Wie in einer Vielzahl von Artikeln veröffentlicht [10–14], herrschte ein großer Drang den umfangreichen Einsatz von Holz durch Kunststoffe abzulösen.

Das TSG-Verfahren eröffnete erstmals die Möglichkeit, großflächige Produkte ohne Einfallstellen herzustellen. Die für viele Anwendungen nötige mechanische Stabilität wurde dabei durch große Wandstärken erreicht, die deutlich über denen des konventionellen Spritzgießens lagen. Somit ergaben sich Anwendungen im Bereich der Radio- und Fernsehgehäuse, Möbel, Bilderrahmen, Küchenfronten, Kühlschrankgehäuse, Kegel, Blumentöpfe, Schuhabsätze, Transportboxen und vieles mehr. Vermutlich das größte TSG-Formteil, eine komplette Telefonzelle, wurde mit Maschinen der Firma Battenfeld hergestellt [15]. Die Telefonzelle wurde aus Polycarbonat in einem Stück gespritzt und weist ein Gewicht von 60 kg (ohne Glasscheiben und Tür) auf (Bild 2.2). Das aufwendige Spritzgießwerkzeug wog 185.000 kg.

Konnte man bei Bilderrahmen oder manchen Produkten der Möbelindustrie, die für Schaumspritzgussteile typischen Schlieren auf der Oberfläche dekorativ einsetzen, so war dies für die meisten Anwendungen dennoch ein nicht akzeptabler Nachteil. Die Oberflächen mussten grundiert, mehrfach lackiert und geschliffen werden [17]. Die vielen Arbeitsschritte brachten gegenüber den deutlich aufwendigeren Holzgehäusen immer noch einen wirtschaftlichen Vorteil. Trotzdem beschäftigten sich die Entwicklungsabteilungen mit Methoden zur Verbesserung der Oberflächenqualität. Hier bietet sich die Möglichkeit, durch variotherme Werkzeugtemperierung oder mithilfe der Gasgegendrucktechnik eine Verbesserung zu erreichen.

Am Beispiel der Produktion von Fernsehgehäusen lässt sich die Entwicklung der Verarbeitungsmethoden, unter Berücksichtigung der wirtschaftlichen Produktion, aufzeigen.

Fernsehgehäuse wurden bis Mitte der 70er Jahre aus Holz hergestellt. Holz kam dabei in Form von Spanplatten zum Einsatz, wurde mit Kunststofffolie überzogen und durch Metallprofile im Inneren verstärkt. Die Rückwände des Gehäuses wurden in der Regel aus Pappe gefertigt

Bild 2.2: Telefonzelle im TSG-Verfahren hergestellt [16]

Bild 2.3: Produktbeispiele des TSG-Verfahrens aus den 70er Jahren [18]

und lediglich wenige Kunststoffteile kamen als Abdeckung elektrischer Bauteile oder dekorative Rahmen zum Einsatz. Vor allem die starke Einschränkung der Designfreiheit führte zum immer größer werdenden Drang die rechteckigen Holzgehäuse durch elegant geformte Gehäuse aus Kunststoff zu ersetzen. Kunststoffgehäuse stellten dabei für große Fernsehgeräte eine Herausforderung dar. Die großen Freiflächen erforderten eine besonders ebene Oberfläche ohne jegliche Einfallstellen oder Verzug. Außerdem war eine hohe Steifigkeit des Gehäuses gewünscht, um das hohe Gewicht des Fernsehgerätes zu Tragen. All diese Anforderungen konnten zunächst nur durch die Fertigung im TSG-Verfahren erreicht werden. Hier ließen sich hohe Wandstärken von über 10 mm realisieren und die Abbildung von Einschraubdomen oder Verstärkungsrippen auf der Gerätevorderseite wurde durch das Aufschäumen verhindert.

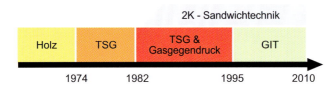

Bild 2.4: Technologische Entwicklung bei der Fertigung von Fernsehgehäusen [19]

Die für TSG-Formteile üblichen Schlieren auf der Oberfläche waren für die Sichtflächen des Fernsehgehäuses absolut unerwünscht. Mit einem personalintensiven Lackierprozess, der ein mehrmaliges Grundieren, Lackieren, Zwischenschleifen und Polieren umfasste, wurde die gewünschte Sichtoberfläche erreicht. Die hohen Kosten für die TSG-Fernsehgehäuse entstanden insbesondere durch eine große Ausschussquote, die in der Vielzahl der Handarbeitsschritte des Lackierprozesses begründet ist. Die Suche nach einer Fertigungsmethode mit besserer Oberflächenqualität führte in den 80er Jahren zur Erweiterung der TSG-Technologie durch die Gasgegendrucktechnik (GGT) [20]. Die Notwendigkeit, einen Gasgegendruck im Spritzgießwerkzeug aufzubauen, bedingte einen wesentlich teureren Werkzeugbau, um dessen Gasdichtigkeit zu gewährleisten. Die höhere Anfangsinvestition in das Spritzgießwerkzeug rechnete sich jedoch schnell, da die bessere Oberflächenqualität der Gehäuse die Handarbeit beim Lackieren stark reduzierte und so die Ausschussquote verbesserte. Wirtschaftlich lohnend ist der kostenintensive Werkzeugbau dennoch nur bei entsprechend großen Gehäusestückzahlen. Die Fertigung von Sondermodellen ist deshalb für den Hersteller mit einem hohen Investitionsrisiko verbunden. Parallel zum TSG-GGT begann die Entwicklung, Gehäuse im Mehrkomponenten-Verfahren herzustellen (2K-Sandwichtechnik). Hierbei wird zunächst ein gasfreier Thermoplast zur Erzeugung einer glatten Oberfläche eingespritzt und das gasbeladene Polymer für den Schaumkern unmittelbar nachgespritzt. Diese Technologie benötigt kein gasdichtes Spritzgießwerkzeug und ist in dieser Hinsicht kostengünstiger als das TSG-GGT. Dem muss allerdings die wesentlich höhere Investition für eine Mehrkomponentenspritzgießmaschine gegengerechnet werden.

Die Frage nach günstigeren Fertigungsprozessen führte Mitte der 90er Jahre zur Gasinnendrucktechnik (GIT). Die GIT-Technik lieferte die Möglichkeit, mit herkömmlichen Spritzgießwerkzeugen hochwertige Gehäuse zu fertigen. Die Sichtfläche wurde dabei als Hohlprofil ausgelegt, wodurch die Abbildung der Verstärkungsrippen geschickt umgangen werden konnte.

Aus einer Vielzahl von Gründen klang auch in anderen Bereichen die anfängliche Euphorie ab und der Einsatz der TSG-Technologie wurde Ende der 70er Jahre rückläufig [21]. Im TSG-Verfahren wurde bis dato vorwiegend mit chemischen Treibmitteln im Niederduckverfahren

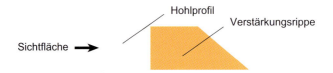

Bild 2.5: Grafische Darstellung der Hohlprofilkonstruktion eines Fernsehgehäuses

gearbeitet. Obwohl die physikalische Direktbegasung bei der Extrusion schon früh etabliert wurde, gestaltete sich dies beim Schaumspritzgießen durch die hohe Dynamik und Diskontinuität des Prozesses schwierig [22].

Mitte der 90er erlebte das TSG-Verfahren unter dem Aspekt des mikrozellulären Schäumens im Direktbegasungsprozess eine Art Renaissance. Mikrozelluläre Schäume sind dabei durch eine maximale Zellgröße von 10 µm und einer großen Anzahl von Schaumzellen (10^9 Zellen/cm^3) gekennzeichnet. Die mikrozellulären Schäume brachten in zweierlei Hinsicht einen erstaunlichen Vorteil. Zum einen liegt die Zellgröße unter der kritischen Fehlergröße von Polymeren, was einen wesentlich geringeren Abfall der mechanischen Eigenschaften mit sich bringt als bei konventionellen Schäumen. Zum anderen konnten nun auch dünnwandige Formteile geschäumt werden, bei denen die großen Zellen konventioneller Schäume zu Löchern oder Einfallstellen führten. Hierdurch entstand erstmals eine direkte Konkurrenz zum klassischen Spritzgießen, da sich nun prinzipiell auch dünnwandige technische Formteile schäumen ließen. Die Entwicklung mikrozellulärer Schäume begann 1979 unter Leitung von Professor Nam P. Suh am Massachusetts Institute of Technology (MIT) [23]. Eine Vielzahl von Veröffentlichungen belegt die umfangreichen Aktivitäten, mikrozelluläre Schäume in den verschiedensten Thermoplasten zu generieren und den Aufschäumprozess zu verstehen. Allerdings wurde hier zunächst nur unter Laborbedingungen mit diskontinuierlichen Batch-Prozessen gearbeitet. Die ersten Ergebnisse der mikrozellulären Schaumextrusion stellten Anfang der 90er einen großen Schritt hinsichtlich der praxistauglichen Verarbeitung dar. Mitte der 90er Jahre wurde das physikalische Schaumspritzgießen zur Erweiterung der mikrozellulären Extrusionsschäume auf die gestalterischen Potenziale der Spritzgießtechnologie entwickelt. Diese Direktbegasungstechnologien wurden als exklusive Lizenzen an die Firma Trexel Inc. (damals noch unter dem Namen Axiomatics Corp. tätig) abgegeben, welche den Markennamen MuCell® für mikrozelluläre Thermoplaste und deren Verarbeitungsprozesse einführte. Parallel wurde aber auch in Deutschland an Verfahren zur physikalischen Direktbegasung im Spritzgießprozess gearbeitet. Das Ergocell®-Verfahren der Firma Demag Ergotech GmbH wurde 2001 auf der Kunststoffmesse in Düsseldorf vorgestellt [24, 25]. Obwohl es technologisch ein anderes Konzept verfolgt als das MuCell®-Verfahren, muss Lizenzgebühr an Trexel gezahlt werden. An der RWTH Aachen entwickelte man seit Ende der 90er Jahre eine Technologie, die mittlerweile kommerziell als Optifoam®-Verfahren zur Verfügung steht. Die Firma Sulzer Chemtech AG stellte es auf der Kunststoffmesse 2004 in Düsseldorf vor. Gegenwärtig gibt es eine Reihe von Anwendungen des TSG-Verfahrens, die anhand einiger Beispiele in Bild 2.6 gezeigt werden.

Im Gegensatz zu den frühen TSG-Niederdruckverfahren, ist den jüngsten Entwicklungen das schnelle Einspritzen gemein, die höhere Einspritzdrücke bewirken und als TSG-Hochdruckverfahren bezeichnet werden. Die Hochdruckverfahren weisen geringere Prozess- und Eigenschaftsschwankungen auf und hohe Druckabfallraten bieten die Grundvoraussetzung für besonders feine und mikrozelluläre Zellstrukturen.

Wie bereits erwähnt, wurden die mikrozellulären Polymerschaumstoffe (MCP) mit einem maximalen Zelldurchmesser von 10 µm und einer Zelldichte von mindestens 10^9 Zellen/cm^3 beschrieben [23, 26]. Im Bereich des Schaumspritzgießens wurde diese strenge Definition der mikrozellulären Schäume aber im Laufe der Zeit verzerrt. Beispielsweise beschreibt das im

Bild 2.6: Aktuelle Anwendungsbeispiele des TSG-Verfahrens
a) Druckergehäuse, b) Bügelverschlusskappe, c) Spielzeug

Jahr 2003 von einem Trexel Mitarbeiter herausgegebene Buch „Microcellular Processing" [27] das mikrozelluläre Schäumen. Interessanterweise wird hier, wie auch in den Trexel-Patenten, die obere Zellgrößengrenze von 10 auf 50 µm aufgeweicht [28]. Neuere Veröffentlichungen [29–35] bezeichnen sogar Schaumspritzgussteile mit Zellgrößen bis 100 µm als mikrozellulär. Die Verzerrung der Definition der maximalen Zellgröße mikrozellulärer TSG-Schäume um bis zu einer Größenordnung nach oben, führt bisweilen zu Unklarheiten und Missverständnissen. Der Begriff des TSG-Verfahrens (Engl.: foam injection moulding/structural foam moulding) scheint somit treffender und exakter als die Bezeichnung mikrozelluläres Schaumspritzgießen.

Das Schaumspritzgießen ist nach wie vor aktuell und hat sich zu einem erfolgreichen Spritzgießsonderverfahren entwickelt, was neue Produktanwendungen, Prozessvarianten und eine Vielzahl an wissenschaftlichen Arbeiten belegen. Ein Beispiel für aktuelle Produkte sind die großflächig, chemisch geschäumten VarioLine®-Platten der Firma PolymerPark GmbH, Dresden, die vor allem für leichte Aufbauten von Fahrzeugen und Booten entscheidende Vorteile im Bezug auf die spezifische Biegesteifigkeit bringen. Weiterhin ist an dieser Stelle der geschäumte Instrumententafelträger der BMW 3er-Reihe (E90), der seit 2005 mit einer Gewichtseinsparung von ca. 25 % gegenüber dem Vorgänger gefertigt wird [36]. Auf dem Gebiet der Schaumspritzgießprozesse gelang dem Spritzgießmaschinenhersteller Engel Austria

GmbH mit dem DOLPHIN-Verfahren, einem einstufigen Verfahren zur Herstellung von Kfz-Innenraumteilen mit Softtouch-Oberfläche, ein technischer Durchbruch. Weiterhin wurden auf der Werkstoffseite für das Schaumspritzgießen modifizierte glasfaserverstärkte Polyamide von Rhodia GmbH bzw. BASF SE eingeführt, die eine Herstellung von geschäumten Formteilen ohne typische Silberschlieren auf der Oberfläche ermöglichen [37]. Wissenschaftliche Arbeiten – wie die Dissertation von Müller [38] – ermöglichen aufgrund der gezielten Modellbildung eine Vorhersage mechanischer Eigenschaften des Schaumspritzgusserzeugnisses. Auch die Dissertation von Cramer zur Analyse und Optimierung von Bauteileigenschaften beim TSG-Verfahren [39] erweitert das Verfahrensverständnis und ermöglicht gezielte Prozessberechnungen und Prognosen.

Literatur zu Kapitel 2

[1] Laeis, M. E.: Der Spritzguss thermoplastischer Massen. Carl Hanser Verlag, München, 1956
[2] Laeis, M. E.: Der Spritzguss thermoplastischer Massen. Carl Hanser Verlag, München, 2. Auflage, 1959
[3] Pfleumer, F.: Verfahren zur Herstellung von heißvulkanisiertem Schaum aus Kautschuk, Guttapercha und Balata. Deutsches Patent Nr. 249777, 1910
[4] Alderson, W. L.: Process for obtaining cork-like products from polymers of ethylene. U.S. Patent Nr. 2,387,730, 1945
[5] Nickolaus, W.; Breitenbach, J.: Spritzgießen von treibmittelhaltigen Thermoplasten. Plastverarbeiter, 15(4): 208–212, 1964
[6] Ebneth, H.: ABS-Schaumstoffe, eine neue Klasse thermoplastischer Kunststoff-Schaumstoffe. Kunststoffe, 58(9): 598–603, 1968
[7] Nickolaus, W.; Breitenbach, J.: Spritzgießen von treibmittelhaltigen Thermoplasten. Plastverarbeiter, 15(12): 705–711, 1964
[8] Naetsch, H.; Nickolaus, W.: Neue Versuchsergebnisse beim Spritzgießen von treibmittelhaltigen Thermoplasten. Plastverarbeiter, 19(11): 851–858, 1968
[9] Armenat, G.: Niederdruck-Spritzgießmaschinen zur Verarbeitung treibmittelhaltiger Thermoplaste. Plastverarbeiter, 21(4): 249–256, 1970
[10] Coffman, P. M.; Gehl, J. H.: New fabricating techniques for plastics: solid-phase forming, structural foaming. SAE Journal, 76(6): 36–39, 1968
[11] Volland, H.: Einfluss der Verarbeitungstechnik auf die Eigenschaften von Spritzgussteilen. Kunststoffe, 47(8): 77–80, 1957
[12] Eckardt, H.: Einfluss des Treibmittels auf die Eigenschaften von Thermoplast-Strukturschaum-Formteilen. Kunststoffe, 68(1): 35–39, 1978
[13] Trausch, G.: Spritzgießen von thermoplastischen Strukturschaumstoffen. Kunststoffe, 64(5): 222–228, 1974
[14] Eckardt, H.: Besonderheiten und Bedeutung der verschiedenen Strukturschaumverfahren. Kunststoffe, 70(3): 122–127, 1980
[15] Eckardt, H.: Persönliche Mitteilung. Meinerzhagen, Juni 2005
[16] Eckardt, H.: Strukturschaumspritzgießen – gestern und heute. IKV-Seminar zur Kunststoffverarbeitung. Aachen, 1997
[17] Huber, H.; Dittrich, H.: Handbuch der Kunststoffverarbeitung im Möbelbau und Innenausbau. Deutsche Verlags-Anstalt, Stuttgart: 47–49, 1976

[18] N. N.: Infomarkt Finanzrecht – Beitrag 5. www.swr.de, 2003
[19] Rauh, R.: Persönliche Mitteilung. Kronach, Juli 2005
[20] Semerdjiew, S.; Popov, N.: Möglichkeiten und Einsatz des Gasgegendruckspritzgießverfahrens für die Herstellung von thermoplastischen Strukturschaumstoffen. Plaste und Kautschuk, 24(12): 810–812, 1977
[21] Keister, M. H.: Where's the boom in structural foam? Plastics Design and Processing, 17(7): 57–67, 1977
[22] Holzschuh, J.: Maschinentechnische Neu- und Weiterentwicklung für das Ein- und Mehrkomponenten-Spritzgießverfahren. Plastverarbeiter, 34(5): 433–435, 1983
[23] Suh, N. P.: Impact of microcellular plastics on industrial practice and academic research. Macromol. Symp., 201: 187–201, 2003
[24] Jäger, A.: Schäumen beim Spritzgießen neu entdeckt. Tagungshandbuch Präzisionsspritzguss heute. Lüdenscheid, Februar 2002
[25] Johannaber, F.: Die Zukunft des Spritzgießens: Sonderverfahren auf der K 2001 – Ein Streifzug vorab. Kunststoffe, 91(9): 144–151, 2001
[26] Guan, R.; Wang, B.; Lu, D.: Preparation of microcellular poly(ethylene terephthalate) and its properties. Journal of Applied Polymer Science, 88(8): 1956–1962, 2003
[27] Okamato, K. T.: Microcellular processing. 1. Auflage, Carl Hanser Verlag, München, 2003
[28] Xu, J.; Pierick, D.: Microcellular foam processing in reciprocating-screw injection molding machines. Trexel Technical Papers, 2003
[29] Turng, L. S.; Kahrbas, H.: Effect of process conditions on the weld-line strength and microstructure of microcellular injection molded parts. Polymer Engineering and Science, 43(1): 157–168, 2003
[30] Buchmann, M.; Busch, S.; Jäger, A.; Klenz, R.: Schaumspritzgießen – Nicht die Blasengröße ist entscheidend. Kunststoffe, 95(10): 216–220, 2005
[31] Yuan, M. J.; Turng, L. S.; Gong, S.; Caulfield, D.; Hunt, C.; Spindler, R.: Study of injection molded microcellular polyamide-6-nanocomposites. Polymer Engineering and Science, 44(4): 673–686, 2004
[32] Turng, L. S.; Yuan, M.; Kharbas, H.; Winata, H.; Caulfield, D. F.: Applications of nanocomposites and woodfiber plastics for microcellular injection molding. Seventh international conference on woodfiber-plastic composites, 217–225, 2003
[33] Kharbas, H.; Turng, L. S.; Spindler, R.; Burhop, B.: Study of Weld-Line Strength and Microstructure of Injection Molded Microcellular Parts. ANTEC, 2002
[34] Kharbas, H.; Turng, L. S.: Development of a hybrid solid-microcellular co-injection molding process. International Polymer Processing, 2004
[35] Bledzki, A. K.; Faruk, O.: Effects of the chemical foaming agents, and melt-flow index on the microstructure and mechanical properties of microcellular injection-molded wood-fiber/polypropylene composites. Journal of applied polymer science, 97(3): 1090–1096, 2005
[36] Melzig, J., Lehner, M.: Wirtschaftlicher Leichtbau durch thermoplastische Schäume am Beispiel eines Instrumententafelträgers, VDI-K, Kunststoffe im Automobilbau, Mannheim, Germany, 2004
[37] Zschau, A., Seifert, H. Schwitzer, K.: Surfaces without a Blemish, Kunststoff International 73–75, 4/2007
[38] Müller, N.: Spritzgegossene Integralschaumstrukturen mit ausgeprägter Dichtereduktion. Dissertation, Universität Erlangen, 2006
[39] Cramer, A.: Analyse und Optimierung der Bauteileigenschaften beim Thermoplast-Schaumspritzgießen. Dissertation, RWTH Aachen, 2008

3 Physik des Schäumens

In diesem Kapitel werden die physikalischen Grundlagen, insbesondere die Stofftransportvorgänge in Polymeren, vorgestellt. Dies ist Voraussetzung für das Verständnis von Schäumprozessen, wie dem TSG-Verfahren. Die einzelnen Prozessschritte lassen sich folgendermaßen einteilen:

- Bildung einer homogenen Mischung aus Polymerschmelze und Treibgas
- Nukleierung (Bildung der Zellkeime)
- Schaumwachstum
- Stabilisierung der Schaumzellen

Bild 3.1 veranschaulicht die Prozessschritte des Schaumspritzgießens und die einhergehenden Schaumstrukturen bzw. Phasenzustände der Polymer-Gas-Mischung. Der Schaumspritzgießzyklus beginnt mit der Plastifizierung des Polymers. Durch Einmischen eines Treibfluids (physikalisches Schaumspritzgießen) oder durch die Zersetzung eines chemischen Treibmittels (chemisches Schaumspritzgießen) entsteht eine Polymer-Gas-Mischung. Die Einphasigkeit dieser Polymer-Gas-Mischung ist hierbei von größter Wichtigkeit. Nur die molekulare Verteilung des Treibfluids in der Polymerschmelze bietet die Möglichkeit, eine homogene Schaumstruktur zu erreichen.

Die einphasige Polymer-Gas-Mischung wird am Ende der Plastifiziereinheit gespeichert. Noch während des Einspritzvorgangs kommt es beim Einströmen in die Kavität zum Druckabfall

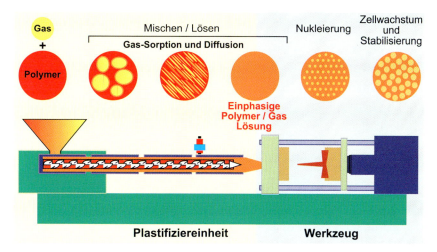

Bild 3.1: Schematische Darstellung der Prozessschritte und der Schaumstruktur beim Schaumspritzgießen

in der Polymer-Gas-Mischung. Die Schmelze übersättigt an gelöstem Treibgas und es bilden sich Keime, die zu kleinen Gasblasen wachsen. Das Zellwachstum hält so lange an, bis sich, durch das Abkühlen der Polymer-Gas-Mischung im Spritzgießwerkzeug, ein Kräftegleichgewicht zwischen dem Gasdruck in den Zellen und der Stabilität der Zellwände eingestellt hat. Anschließend kann das Schaumspritzgießbauteil entformt werden und der Zyklus beginnt von Neuem.

3.1 Einphasige Polymer-Gas-Lösung

Unabhängig vom Verarbeitungsverfahren beruht das Schäumen von Thermoplasten grundlegend auf Stofftransportvorgängen, die in diesem Kapitel beschrieben werden. Die Stofftransportvorgänge eines Fluids in einem Kunststoff bzw. einer Polymerschmelze beginnen mit der Adsorption der Fluidmoleküle an der Oberfläche. Die Aufnahme des Fluids im Polymer wird als Absorption bezeichnet. Das Fluid ist dabei – je nach Art – mehr oder weniger im Polymer löslich. Die Sorption beschreibt das maximale Aufnahmevermögen, also die Löslichkeit des Fluids im Polymer. Die Transportvorgänge der Fluidmoleküle im Polymer werden durch die Diffusion beschrieben und basieren auf Konzentrations- oder Partialdruckgefällen.

Während des Einmischens des Fluids in das Polymer hängt die Geschwindigkeit, mit welcher Konzentrationsunterschiede ausgeglichen werden, sowohl von der Temperatur als auch von der Art und dem Aufbau des Polymers und Fluids ab. Bei eindimensionalem Stofftransport lässt sich die Diffusionsgeschwindigkeit allgemein durch das *1. Fick'sche Gesetz* beschreiben (Gleichung 3.1):

$$\frac{dm}{dt} = -D \cdot A \cdot \rho \cdot \frac{dc}{dx} \tag{3.1}$$

m = Masse des diffundierenden Stoffs
t = Zeit
D = Diffusionskoeffizient
A = Fläche
ρ = Dichte
c = Konzentration
x = Ortskoordinate

Das *1. Fick'sche Gesetz* lässt sich als Beschreibung des zeitlichen Massetransports von Fluidmolekülen durch ein Polymer interpretieren. Dabei hängt die Diffusionsgeschwindigkeit von der Konzentration des gelösten Gases ab [1]. Die erwähnte Temperaturabhängigkeit der Diffusion aufgrund der *Brown'schen Molekularbewegung*, sowohl des niedermolekularen Treibfluids als auch des Polymers, wird durch einen *Arrhenius-Ansatz* für den Diffusionskoeffizienten beschrieben:

$$D = D_0 \cdot e^{-\frac{\Delta E_D}{R \cdot T}} \tag{3.2}$$

D_0 = Konstante für das Polymer-Treibfluid-System
ΔE_D = Aktivierungsenergie der Diffusion
R = allgemeine Gaskonstante
T = absolute Temperatur

Aus Gleichung 3.2 wird ersichtlich, dass der Diffusionskoeffizient und demzufolge auch die Diffusionsgeschwindigkeit (nach Gleichung 3.1) mit zunehmender Temperatur ansteigt. Nähert sich das Polymer seiner Sättigungsgrenze, so wird nach Gleichung 3.1 aufgrund des sinkenden örtlichen Konzentrationsunterschieds die Diffusionsgeschwindigkeit geringer. Diese Sättigungsgrenze des Polymers wird durch das Henry'sche Gesetz beschrieben (Gleichung 3.3), das die Beziehung zwischen der erreichten Konzentration und dem Beladungsdruck als linear darstellt:

$$c = S \cdot p \tag{3.3}$$

c = Konzentration des gelösten Gases im Polymer
S = Löslichkeitskoeffizient
p = Partialdruck des Gases

Nach dem Henry'schen Gesetz ist die Gaskonzentration im Polymer zum Druck direkt proportional. Der Löslichkeitskoeffizient ist bei hohen Drücken und hohen Konzentrationen eine Funktion der Temperatur (Gleichung 3.4) und des Drucks.

Für die Temperaturabhängigkeit des Löslichkeitskoeffizienten gilt:

$$S = S_0 \cdot e^{-\frac{E_S}{R \cdot T}} \tag{3.4}$$

S_0 = Koeffizient
E_S = Lösungswärme
R = Gaskonstante
T = Temperatur

Die Druck- und Temperaturabhängigkeit der Löslichkeit eines Gases in einem Polymer lässt sich schematisch in einer Grafik darstellen (Bild 3.2). Diese verdeutlicht, dass die Löslichkeit mit ansteigendem Druck zunimmt und mit steigender Temperatur abnimmt. Experimentelle Daten zur Gaslöslichkeit wurden insbesondere von Sato ermittelt und sind in der Literatur zu finden [2, 3, 4, 5, 6, 7, 8, 9].

Die Lösung eines Gases in einer Polymerschmelze führt zu einer ausgeprägten Viskositätserniedrigung. Die Anlagerung der Gasmoleküle zwischen den Makromolekülketten des Polymers führt zu einer Steigerung der Beweglichkeit der Segmente des Makromoleküls und so zu einer Reduzierung der Viskosität.

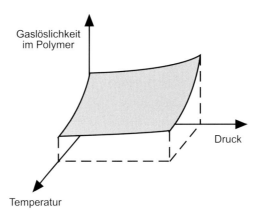

Bild 3.2: Schematische Darstellung des Einflusses von Temperatur und Druck auf die Löslichkeit eines Gases im Polymer nach [3]

Dieser Effekt lässt sich prozesstechnisch nutzen. Durch die Zugabe des Gases verringert sich die Viskosität der Schmelze so, als ob die Temperatur der Schmelze ohne Gasbeladung um eine gewisse Temperatur (ΔT) angehoben wurde. Für den Verarbeitungsprozess bedeutet dies, dass sich die Glasübergangstemperatur des Polymers um ΔT absenkt. Im Falle der Schaumextrusion wird in Hinblick auf eine möglichst feinzellige Schaumstruktur die Schmelzetemperatur im Bereich vor der Düse stark abgesenkt. Beim Schaumspritzgießverfahren lässt sich, aufgrund der hohen Dynamik des Prozesses, die Verarbeitungstemperatur nicht signifikant absenken. Oft wird deshalb lediglich eine geringe Reduktion der Verarbeitungstemperatur gewählt, da ein Kompromiss zwischen der verschlechterten Gasdiffusionsgeschwindigkeit und dem verfahrenstechnischen Vorteil einer geringeren Schmelzetemperatur gefunden werden muss.

Exakte Werte zur Viskositätsabsenkung sind in der Literatur für etliche Polymer- und Gasarten zu finden [9–13]. Im Fall von Polypropylen ist bemerkenswert, dass sich das unpolare CO_2 im ebenfalls unpolaren PP nur schlecht löst. Die Polarität eines Polymers sagt somit nicht unbedingt etwas über das Sorptionsvermögen aus. Die größten Wechselwirkungen geht CO_2 mit mäßig polaren Kunststoffen wie PMMA, PVC oder PC ein [14].

3.2 Nukleierung

Unabhängig vom Verarbeitungsprozess ist die Nukleierung der Schaumzellen einer der entscheidenden Schritte des Aufschäumens. Unter dem Begriff der Nukleierung ist das Erzeugen von Keimen, aus welchen die Schaumzellen wachsen, zu verstehen. Die Nukleierung selbst lässt sich in homogen und heterogen unterteilen [15].

Bei der homogenen Nukleierung werden die Keime durch eine thermodynamische Destabilisierung der einphasigen Polymer-Gas-Mischung erzeugt. Dies erfolgt bei der Schaumextrusion oder dem Schaumspritzgießen in der Regel durch einen Druckabfall. Durch den Druckabfall kommt es zu einer Übersättigung an gelöstem Gas und durch die Desorption des Gases zur Keimbildung. Diese metastabilen Keime stellen eine neue Phase dar. Die homogene Nukleierung setzt allerdings ein homogenes System ohne jegliche Verunreinigung voraus. Deshalb kann von vornherein davon ausgegangen werden, dass in realen Verarbeitungsprozessen nicht ausschließlich homogen nukleiert wird, sondern eine Überlagerung von homogener und heterogener Nukleierung auftritt [18].

Bei der heterogenen Nukleierung erfolgt die Keimbildung an der Grenzfläche zu einer zweiten Phase. Dies sind beispielsweise

- Partikel (Talkum, Titandioxid usw.) von gezielt zudosierten Nukleierungsmitteln,
- Zersetzungsrückstände chemischer Treibmittel,
- Verunreinigungen in flüssiger oder fester Form oder
- Oberflächen der Verarbeitungsmaschine oder des Spritzgießwerkzeugs.

Zur Keimbildung ist die Zunahme der freien Energie erforderlich. Die Nukleierungsrate für die homogene Nukleierung lässt sich nach Colton [16] nach folgender Gleichung 3.5 berechnen:

$$N_{hom} = C_0 \cdot f_0 \cdot e^{-\frac{\Delta G^*_{hom}}{k \cdot T}} \qquad (3.5)$$

C_0 = Konzentration der Nukleierungskeime
f_0 = Kontaktwahrscheinlichkeit
ΔG^*_{hom} = Freie Energie der homogenen Nukleierung

wobei:

$$\Delta G^*_{hom} = \frac{16 \pi \left(\gamma_{gl}\right)^3}{3 \left(\Delta p\right)^2} \qquad (3.6)$$

γ_{gl} = Oberflächenspannung der Schmelze

Anhand von Gleichung 3.6 wird klar, dass ein hoher Druck in der Schaumzelle und eine niedrige Oberflächenspannung der Polymerschmelze die Keimbildung begünstigen. Mit einer weiteren Funktion $S_{(\Theta)}$ kann die heterogene Nukleierung und der Einfluss der Phasengrenze zwischen Polymerschmelze und Nukleierungsmittel berücksichtigt werden (Gleichung 3.7).

$$\Delta G^*_{het} = \frac{16 \pi \left(\gamma_{gl}\right)^3}{3 \left(\Delta p\right)^2} S_{(\Theta)} \qquad (3.7)$$

Hierbei stellt $S_{(\Theta)}$ eine Funktion des Kontaktwinkels zwischen der Zellwand des Keims und der nicht benetzenden Phasengrenze dar (Gleichung 3.8).

$$S_{(\Theta)} = \frac{1}{4}(2+\cos\Theta)(1-\cos\Theta)^2 \tag{3.8}$$

Die Funktion $S_{(\Theta)}$ kann dabei nur Werte zwischen null und eins annehmen [17]. Die Nukleierungsrate für heterogene Nukleierung lässt sich folgendermaßen bestimmen (Gleichung 3.9):

$$N_{\text{het}} = C_1 \cdot f_1 \cdot e^{-\frac{\Delta G^*_{\text{het}}}{k \cdot T}} \tag{3.9}$$

Die grafische Darstellung (Bild 3.3) veranschaulicht den Unterschied der freien Energie der homogenen und der heterogenen Nukleierung.

Bild 3.3 zeigt die unterschiedlichen Niveaus der freien Energie für homogene und heterogene Nukleierung als Funktion des Radius. Deutlich lässt sich das Absenken der Aktivierungsenergie bei der heterogenen Nukleierung durch das Vorhandensein von Keimbildnern erkennen. Energetisch betrachtet ist die heterogene Nukleierung somit günstiger als die homogene. Die heterogene Keimbildung findet deshalb zuerst statt.

Allerdings hängt bei der heterogenen Nukleierung die Nukleierungsrate von der Anzahl der vorhandenen Grenzflächen ab. Huang beschreibt in seiner Arbeit [18], dass sich bei einer zu geringen Menge von Nukleierungsmitteln Schaumstrukturen mit wenigen uneinheitlichen Zellen ausbilden. Hohe Konzentrationen von Nukleierungsmitteln birgt aber die Gefahr der Agglomeration der Nukleierungspartikel, senkt also drastisch deren Wirksamkeit. An dieser Stelle darf der Einfluss der Partikelgröße selbst aber nicht vernachlässigt werden. Bei gleichen Konzentrationen von Nukleierungsmitteln generieren die feineren Partikel deutlich höhere Nukleierungsdichten, was sich mit der größeren Oberfläche erklären lässt [19]. Neben der klassischen Nukleierungstheorie, die nicht immer eine ausreichende Beschreibung des realen Vorgangs ermöglicht [20], gibt es weitere Ansätze, diese Modellvorstellung besser an den komplexen realen Prozess anzupassen [21–24]. Beispielsweise ein Modell zur scherinduzierten Nukleierung bei der Schaumextrusion, mit welchem das Auftreten besonders feiner Zellen an der Extrudatoberfläche beschrieben werden kann [25].

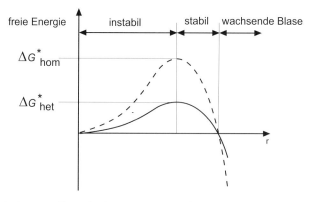

Bild 3.3: Schematische Darstellung der freien Energie von homogener und heterogener Nukleierung in Abhängigkeit vom Blasenradius [18]

Auch bei diesem Modell ist eine hohe Nukleierungsrate von einem großen Druckgradienten abhängig. Park zeigte experimentell bei der Extrusion mit einem speziellen Dekompressionselement, dass ein größerer Druckabfall zu einer höheren Nukleierungsrate führt [26, 27]. Bei der Schaumextrusion lässt sich der Druckgradient signifikant durch die Geometrie der Düse, also deren Querschnitt und Länge, beeinflussen [28, 29]. Im Falle der TSG-Verfahren kann eine hohe Druckabfallrate maßgeblich durch eine schnelle Einspritzgeschwindigkeit in Kombination mit einem hohen Staudruck erreicht werden.

3.3 Blasenwachstum

Das Blasenwachstum ist ein äußerst komplizierter Prozess und man behilft sich vereinfachender Annahmen, um diesen Prozess mit Modellvorstellungen beschreiben zu können [30].

Das klassische Blasenmodell eignet sich ausgezeichnet, um einige grundlegende Zusammenhänge, wie sie auch beim TSG stattfinden, zu beschreiben [31]. Eine einzelne Zelle, die von einer einphasigen Polymer-Gas-Mischung umgeben ist, ist repräsentativ für das gleichzeitige Wachsen aller Blasen (Bild 3.4). Zu Beginn entspricht die Gaskonzentration in der Schmelze überall c_0. Am Rand der Zelle ist die Gaskonzentration in der Schmelze gleich null. Die Zelle ist quasi von einer Schale umgeben, in der eine endliche Menge an Treibgas zur Verfügung steht. Das Wachsen erfolgt durch das Diffundieren des gelösten Gases in die Schaumzellen. Hierdurch ergibt sich aber, dass das Wachstum und somit der maximale Aufschäumgrad durch die Menge an gelöstem Gas begrenzt ist. Mit der Zeit sinkt die Gaskonzentration in der gesamten Schmelze und fällt überall auf null, da das gesamte Gas in die wachsende Zellen diffundiert ist.

Prinzipiell wächst eine Schaumblase solange weiter, bis sich ein Gleichgewicht zwischen der Energie, die zum Vergrößern der Blasenoberfläche aufgebracht werden muss, und der Volumenarbeit in der Blase eingestellt hat (Gleichung 3.10).

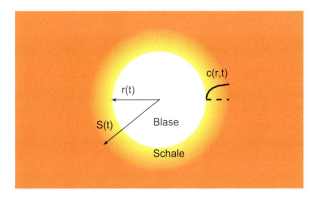

Bild 3.4: Schematische Darstellung zum Blasenwachstum nach [31, 32]

Mathematisch lässt sich dieser Zusammenhang für den statischen Zustand folgendermaßen beschreiben:

$$\gamma \cdot dA = p \cdot dV \tag{3.10}$$

γ = Oberflächenspannung
A = Oberfläche der Blase

Für die theoretische Betrachtung wird angenommen, dass die Schaumzelle kugelförmig ist und es gilt weiterhin:

$$\gamma \cdot 8 \cdot \pi \cdot r \cdot dr = p_i \cdot 4 \cdot \pi \cdot r^2 \cdot dr \tag{3.11}$$

p_i = Partialdruck
r = Blasenradius

Für den Partialdruck (Gleichung 3.12) ergibt sich damit folgender Zusammenhang:

$$p_i = \frac{2\gamma}{r} \tag{3.12}$$

Das heißt, bei konstanter Oberflächenspannung ist der Innendruck in kleinen Schaumzellen höher als in Großen. Beim Aufschäumvorgang ist davon auszugehen, dass Blasen unterschiedlicher Größe miteinander in Kontakt kommen. Diese Tatsache bewirkt das Diffundieren des Gases von kleinen Blasen in größere und begünstigt somit das Wachstum großer Blasen. Dieser Effekt ist für das TSG unerwünscht, da grobzellige und inhomogene Schaumstrukturen entstehen.

In diesem Zusammenhang spielt die Viskosität der Polymerschmelze eine wichtige Rolle. Nach dem Stoke'schen Gesetz (Gleichung 3.13) wird die Diffusionsgeschwindigkeit des Gases in eine bereits vorhandene Blase beschrieben:

$$w = \frac{g \cdot (2r)^2}{18\eta} \Delta\rho \tag{3.13}$$

w = Diffusionsgeschwindigkeit
g = Erdbeschleunigung
r = Blasenradius
η = dynamischen Viskosität
ρ = Dichte

Entsprechend Gleichung (3.13) steigt die Diffusionsgeschwindigkeit mit sinkender Viskosität der Schmelze und mit zunehmendem Blasendurchmesser.

Die Abnahme der Gasbeladung führt zu einer Erhöhung der Viskosität. Bei der Schaumextrusion ergibt sich durch diesen Effekt eine Stabilisierung des Extrudatstrangs. Beim

Schaumspritzgießen erfolgt die Formfüllung so schnell, dass dieser Effekt eher eine untergeordnete Rolle spielt.

3.4 Stabilisierung

Die wachsenden Schaumzellen müssen rechtzeitig stabilisiert werden, damit die Schaumstruktur möglichst fein und homogen bleibt. In dieser Phase überlagern sich die Effekte der Stabilisierung und Destabilisierung wie folgt:

Stabilisierende Effekte:

- Abkühlung der Schmelze erhöht deren Viskosität
- Ausdiffundierendes Treibgas erhöht die Schmelzeviskosität
- Zunehmende Dehnung der Zellwände durch das Zellwachstum führt zu einer Erhöhung der Dehnviskosität durch Verringerung der Stegdicke und zu einer Orientierung der Moleküle

Destabilisierende Effekte:

- Inhomogenitäten der Polymerschmelze können zum Reißen der Zellwände führen
- Bildung von Hohlräumen durch schnelle Dehnung

Beim TSG-Verfahren ist die Schaumstabilisierung entscheidend durch die Temperierung des Spritzgießwerkzeugs und die Wandstärke des Formteils geprägt. Eine geringe Wandstärke, verbunden mit einem relativ kalten Werkzeug, bewirkt eine schnelle Fixierung des wachsenden Schaums. Ferner ist in diesem Fall aber mit einer relativ dicken kompakten Deckschicht zu rechnen, d. h. die erzielbare Dichtereduktion ist stark begrenzt, weil unter Umständen nur ein kleiner Teil des Bauteilquerschnitts aufschäumen kann. Große Wandstärken oder relativ hohe Werkzeugtemperaturen bewirken, dass das Polymer im Kern des Formteils länger im Schmelzezustand verbleibt. Dies begünstigt Diffusionsvorgänge und Zellkoaleszenz, was zu großen Schaumzellen und inhomogenen Schaumstrukturen führen kann.

Zusammenfassend lässt sich feststellen, dass eine geringe Wandstärke und eine große Temperaturdifferenz zwischen Polymerschmelze und Werkzeugtemperatur durch frühzeitiges Einfrieren die Bildung einer homogenen mikrozellulären Schaumstruktur beim TSG-Verfahren begünstigen.

3.5 Fazit zur Physik des Schäumens

Die grundlegenden Erkenntnisse für die TSG-Verfahren aus der Physik des Schäumens lassen sich, wie in Tabelle 3.1 dargestellt, zusammenfassen.

Aus dem Stand der Technik lassen sich einige grundlegende Zusammenhänge und Mechanismen ableiten, um dieses Ziel zu erreichen (Tabelle 3.1).

Aus Tabelle 3.1 wird ersichtlich, dass beim TSG-Verfahren eine Prozesskontrolle durch gezielte Änderung der Regelgrößen entsprechend den Prozessschritten möglich ist. Allerdings muss beachtet werden, dass alle Parameter miteinander in Wechselwirkung stehen und dies zum Teil im umgekehrten Verhältnis zueinander. Beispielsweise ist beim Prozessschritt „Polymer-Gas-Lösung" eine Erhöhung der Schmelzetemperatur für die Diffusion des Gases durch das Polymer von Vorteil, aber für die Löslichkeit des Gases in der Schmelze nachteilig. Eine gezielte Optimierung der Prozessparameter des TSG-Verfahrens für jede Polymer-Gas-Kombination ist deshalb unumgänglich.

Tabelle 3.1: Mechanismen und Regelgrößen zum TSG-Verfahren

Prozessschritt	Regelgröße
Polymer-Gas-Lösung	*Einmischvorgang* Schneckenaufbau (Mischelemente; Länge) Einmischgeschwindigkeit ↑ => Schneckendrehzahl ↑ Einmischzeit ↑ => Schneckendrehzahl ↓ *Diffusion* Materialeigenschaften Polymer/Gas Druck ↑ Diffusionsweg ↓ Schmelzetemperatur ↑ *Löslichkeit* Wechselwirkung Polymer/Gas Druck ↑ Schmelzetemperatur ↓
Nukleierung	*Thermodynamische Instabilität* Gelöste Gasmenge ↑ Druckdifferenz ↑ Oberflächenspannung ↓ Schmelzetemperatur ↑
Schaumwachstum	*Diffusion* Druckabfallrate ↑ Temperatur ↓
Stabilisierung	*Viskosität* Schmelzetemperatur ↓

Literatur zu Kapitel 3

[1] Ramesh, N. S.; Malwitz, N.: Bubble growth dynamics in olefinic foams. *Polymer preprints*, 37(2): 783–784, 1996
[2] Park, C. B.; Suh, N. P.: The Role of Polymer/Gas Solutions in Continuous Processing of Microcellular Polymers. *MIT-Thesis*, 1993
[3] Baldwin, D. F.; Suh, N. P.: Microcellular Polymer Processing and the Design of a Continuous Sheet Processing System. *Dissertation*, 1994
[4] Cha, S. W.: A microcellular foaming/forming process performed at ambient temperature and a super-microcellular foaming process. *Dissertation*, 1994
[5] Sato, Y.; Iketani, T.; Takishima, S.; Masuoka, H.: Solubility of Hydrofluorocarbon (HFC-134a, HFC-152a) and Hydrochlorofluorocarbon (HCFC-142b) blowing agents in polystyrene. *Polymer Engineering and Science*, 40(6): 1369–1375, 2000
[6] Rindfleisch, F.; DiNoia, T. P.; McHugh, M. A.: Solubility of polymers and copolymers in supercritical CO_2. *J. Phys. Chem.*, 100(38): 15581–15587, 1996
[7] Sato, Y.; Takikawa, T.; Yamane, M.; Takishima, S.; Masuoka, H.: Solubility of carbon dioxide in PPO and PPO/PS blends. *Fluid Phase Equilibria*, 194–197: 847–858, 2002
[8] Sato, Y.; Fujiwara, K.; Takikawa, T.; Sumarno; Takishima, S.; Masuoka, H.: Solubilities and diffusion coefficients of carbon dioxide and nitrogen in polypropylene, high-density polyethylene, and polystyrene under high pressures and temperatures. *Fluid Phase Equilibria*, 162(1–2): 261–276, 1999
[9] Sato, Y.; Yurugi, M.; Fujiwara, K.; Takishima, S.; Masuoka, H.: Solubilities of carbon dioxide and nitrogen in polystyrene under high temperature and pressure. *Fluid Phase Equilibria*, 125(1–2): 129–138, 1996
[10] Lee, K. N.; Lee, H. J.; Kim, J. H.: Preparation and morphology characterization of microcellular styrene-co-acrylonitrile (SAN) foam processed in supercritical CO_2. *Polymer International*, 49(7): 712–718, 2000
[11] Chong, T. H.; Ha, Y. W.; Jeong, D. J.: Effect of dissolved gas on the viscosity of HIPS in the manufacture of microcellular plastics. *Polymer Engineering and Science*, 43(6): 1337–1344, 2003
[12] Areerat, S.; Nagata, T.; Ohshima, M.: Measurement and prediction of LDPE/CO_2 solution viscosity. *Polymer Engineering and Science*, 42(11): 2234–2245, 2002
[13] Lee, M.; Tzoganakis, C.; Park, C. B.: Effects of supercritical CO_2 on the viscosity and morphology of polymer blends. *Advances in Polymer Technology*, 19(4): 300–311, 2000
[14] Dahmen, N.; Piotter, V.; Hierl, F.; Roelse, M.: Überkritische Fluide zur Behandlung und Herstellung komplexer Werkstoffe und Oberflächenstrukturen. *Abschlußbericht Forschungszentrum Karlsruhe*, 2001
[15] Kumar, V.: Process synthesis for manufacturing microcellular thermoplastic parts: a case study in axiomatic design. *Dissertation (MIT-Thesis)*, 1988
[16] Colton, J. S.: The nucleation of microcellular thermoplastic foam. *Dissertation (MIT-Thesis)*, 1985
[17] Kweeder, J. A.; Ramesh, N. S.; Rasmussen, D.; Campbell, G. A.: A hypothesis for nucleation in conventional and microcellular foams. *Foams '99, first international conference on thermoplastic foam*, 1999
[18] Huang, Q.: Lösemittelfreie Herstellung von porösen polymeren Membranen durch Schaumextrusion. *Dissertation, Universität Hamburg*, 2000
[19] Rodrique, D.: The effect of nucleating agents on polypropylene foam morphology. *Rapra, Blowing Agents and Foaming Processes*, München 2003
[20] Baldwin, D. F.; Park, C. B.; Suh, N. P.: A microcellular processing study of poly(ethylene terephtalate) in the amorphous and semicrystalline states. Part I: Microcell nucleation. *Journal of Polymer Engineering and Science*, 36(11): 1437–1445, 1996

[21] Sun, X.; Liu, H.; Li, G.; Liao, X.; He, J.: Investigation on the cell nucleation and cell growth in microcellular foaming by means of temperature quenching. *Journal of Applied Polymer Science,* 93(1): 163–171, 2004

[22] Rodeheaver, B. A.; Colton, J. S.: Open-celled microcellular thermoplastic foam. *Journal of Polymer Engineering and Science,* 43(3): 380–400, 2001

[23] Han, J. H.; Han, C. D.: Bubble nucleation in polymeric liquids. Part II: Theoretical considerations. *Journal of Polymer Science, Part B,* 28(5): 743–761, 1990

[24] Colton, J. S.; Suh, N. P.: The nucleation of microcellular foam with additives, Part 1: Theoretical considerations. *Journal of Polymer Engineering and Science,* 27(7): 485–492, 1987

[25] Chen, L.; Wang, X.; Straff, R.; Blizard, K.: Shear stress nucleation in microcellular foaming process. *Polymer Engineering and Science,* 42(6): 1151–1158, 2002

[26] Park, C. B.; Suh, N. P.: Filamentary extrusion of microcellular polymers using a rapid decompressive element. *Journal of Polymer Engineering and Science,* 36(1): 34–48, 1996

[27] Park, C. B.; Baldwin, D. F.; Suh, N. P.: Effect of the pressure drop rate on cell nucleation in continuous processing of microcellular polymers. *Journal of Polymer Engineering and Science,* 35(5): 432–440, 1995

[28] Baldwin, D. F.; Park, C. B.; Suh, N. P.: An extrusion system for the processing of microcellular polymer sheets: Shaping and cell growth control. *Journal of Polymer Engineering and Science,* 36(10): 1425–1435, 1996

[29] Baldwin, D. F.; Park, C. B.; Suh, N. P.: Microcellular sheet extrusion system process design models for shaping and cell growth control. *Journal of Polymer Engineering and Science,* 38(4): 674–688, 1998

[30] Koopmans, R. J.; den Doelder, J. C. F.; Paquet, A. N.: Modeling foam growth in thermoplastics. *Adv. Mater.,* 12(23): 1873–1880, 2000

[31] Arefmanesh, A.; Advani, S. G.; Michaelides, E. E.: A numerical study of bubble growth during low pressure structural foam molding process. *Journal of Polymer Engineering and Science,* 30(20): 1330–1337, 1990

[32] Youn, J. R.; Park, H.: Bubble growth in reaction injection molded Parts foamed by ultrasonic excitation. *Polymer Engineering and Science,* 39(3): 457–468, 1999

4 Treibmittel

4.1 Einleitung

Kunststoffe können mit chemischen oder physikalischen Treibmitteln geschäumt werden. In einigen Fällen ist auch eine Kombination sinnvoll. Chemische Treibmittel sind Substanzen, die sich unter Wärmeeinwirkung zersetzen und dabei Treibgase wie Kohlendioxid oder Stickstoff abspalten. Unter bestimmten Bedingungen kann die thermische Zersetzung auch durch eine chemische Zersetzung überlagert werden, wenn z. B. saure und basische Treibmittelwirkstoffe kombiniert werden.

Unter physikalischen Treibmitteln werden Fluide verstanden, die dem Verarbeitungsprozess zugegeben werden und so ein Aufschäumen der Kunststoffschmelze bewirken. Hier kommt es zu keiner chemischen Reaktion sondern zu einem physikalischen Ausdehnen des Fluids (meist Gases) durch Druck- und Temperaturänderung bzw. durch Verdampfen einer Flüssigkeit.

Ein wesentlicher Unterschied der chemisch oder physikalisch geschäumten Fertigprodukte kann in ihrer Dichte liegen. Im Extrusionsprozess können mit physikalischen Treibmitteln niedrige Dichten von bis zu 15 kg/m^3 erzielt werden, bei der Verwendung von chemischen Treibmitteln liegen die Dichten bei minimal 0,35 g/cm^3.

Im herkömmlichen Spritzgussprozess allerdings kann die hohe Gewichtsreduzierung mit physikalischen Treibmitteln nicht erzielt werden. Beide Treibmittelsysteme führen bei diesem Verfahren zu einer Dichte von minimal 0,5 g/cm^3. Eine Ausnahme stellen vernetzte Schäume dar. Durch die Vernetzung, die peroxidisch oder mittels Strahlen erfolgt, verbleibt ein höherer Anteil des durch Reaktion erzeugten Treibgases im Bauteil, wodurch sehr niedrige Dichten erzielt werden.

Der weltweite Bedarf an chemischen Treibmitteln, die häufig mit der Abkürzung CFA für „Chemical Foaming Agents" bezeichnet werden, betrug im Jahr 2005 etwa 159.000 t bei einem Umsatzvolumen von 570 Mio. US$ [1]. Allein in China wurden davon 46 % verarbeitet. 23 % verteilen sich auf die anderen asiatischen Länder, 17 % auf Europa, 6 % auf Nordamerika und 8 % auf die restliche Welt.

Die chemischen Treibmittel werden dabei vom Azodicarbonamid (ADC) dominiert, der Anteil am Gesamtverbrauch betrug in 2005 etwa 88 %. Die endothermen Treibmittel haben mit lediglich 5 % den deutlich geringeren Anteil, die übrigen 7 % beinhalten unter anderem Oxybis(benzolsulfohydrazid) (OBSH).

Der hohe Anteil an Azodicarbonamid wird hauptsächlich für einfache Produkte (low-end Anwendungen) in Südostasien verwendet. Hier finden 70 % des ADC in EVA-Schuhsolen, vernetztem PE und PVC Verwendung. Hochwertige Anwendungen im Spritzgießbereich in Westeuropa werden dagegen größtenteils von endothermen Treibmittelmasterbatches abgedeckt [2].

Das Wachstum der chemischen Treibmittel beträgt momentan 3 bis 4 %, wobei der chinesische Markt fast doppelt so schnell wächst. Die Aufteilung des Weltverbrauchs an CFA nach Polymeren beträgt:

68 % in PVC,

10 % in LDPE,

6 % in PP,

16 % in sonstigen Kunststoffen.

Den Hauptanteil im PP nehmen geschäumte Lebensmittelverpackungsfolien ein.

Die größten Anbieter von Azodicarbonamid sind Dong Jin (Südkorea), Otsuka und Eiwa (Japan). Der größte Anbieter für endotherme Treibmittelsysteme ist Clariant (Deutschland) [1].

4.2 Physikalische Treibmittel

Physikalische Treibmittel werden in der Extrusion von Schäumen seit den 30er Jahren eingesetzt. Zu dieser Zeit wurde anfangs Kautschuk mit entsprechenden Systemen geschäumt. Seit den 50er Jahren werden Fluorchlorkohlenwasserstoffe (FCKW) in Schäumen verwendet.

Während bis Mitte der 80er Jahre diese FCKWs dominierten, sind sie wegen der Verursachung des Abbaus der Ozonschicht und der Erderwärmung weitestgehend ersetzt worden. Während einer Übergangszeit wurden verstärkt teilhalogenierte Kohlenwasserstoffe (H-FCKW) wie Difluorchlormethan (HCFC-22) und Chlordifluorethan (HCFC-142 b) für das physikalische Schäumen verwendet. Alternativ konnten Fluorkohlenwasserstoffe (FKW) wie Tetrafluorethan (HFC-134 a) und Difluorethan (HFC-152 a) eingesetzt werden, das Treibhauspotenzial dieser Typen ist aber ebenfalls sehr hoch, wie in Tabelle 4.1 zu sehen [3].

Der nächste Schritt weg von den halogenierten Kohlenwasserstoffen ging zu kurzkettigen Kohlenwasserstoffen wie Pentan und Butan. Diese Gase werden u. a. im Polystyrol XPS-Schaum für Lebensmittelverpackungsschalen oder für LDPE-Leichtschäume verwendet. Da diese Gase jedoch in Verbindung mit Luftsauerstoff stark brennbar sind, erfordert ihre Verarbeitung besondere Sicherheitsmaßnahmen. Der notwendige Einsatz explosionsgeschützter Anlagen beeinflusst die Kosten bei der Verwendung brennbarer Gase in einem sehr hohen Maße [3].

Das Ozone Depletion Potential (ODP) ist ein Maß für die Fähigkeit einer Substanz, Ozon abzubauen. Als Referenzsubstanz wurde CFC-11 (Trichlorfluormethan) mit einem Wert von 1,0 angesetzt, andere Substanzen werden relativ zu CFC-11 bewertet und eingeordnet. Das Treibhauspotenzial oder Global Warming Potential (GWP) gibt an, wie stark eine Substanz innerhalb eines bestimmten Zeitraums (z. B. 100 Jahre) zur Erderwärmung beiträgt. Vergleichbar mit dem ODP wird hier Kohlendioxid als Referenzsubstanz mit 1,0 herangezogen und alle anderen Substanzen werden dazu in Relation gesetzt.

Tabelle 4.1: Übersicht physikalischer Treibmittel [3]

Physikalisches Treibmittel	Chemische Formel	Molgewicht [g/mol]	Siedepunkt bei 1 bar [°C]	P_{Sat} bei 25 °C [°C]	brennbar	ODP	GWP (ITH 100)
n-Butan	C_4H_{10}	58,1	–0,5	2,4	Ja	0	ca. 3
Isobutan	C_4H_{10}	58,1	–11,7	3,4	Ja	0	ca. 3
n-Pentan	C_5H_{12}	72,2	36	0,67	Ja	0	ca. 3
Isopentan	C_5H_{12}	72,2	28	1,0	Ja	0	ca. 3
CFC-11	$CFCl_3$	137,4	23,8	1,04	Nein	1,0	4600
HCFC-22	CHF_2Cl	86,5	–40,8	10,4	Nein	0,055	1500
HCFC-142 b	CF_2ClCH_3	100,5	–9,8	3,4	Ja	0,066	1800
HFC-134 a	CH_2FCF_3	102	–26,5	6,6	Nein	0	1300
HFC-152 a	$C_2H_4F_2$	66	–24,7	6,1	Ja	0	140
Stickstoff	N_2	28	–195,8		Nein	0	0
Kohlendioxid	CO_2	44	–78,4	64,3	Nein	0	1

Aufgrund ihrer umweltfreundlicheren Eigenschaften verbreitet sich der Einsatz von nicht brennbaren, inerten Gasen wie Kohlendioxid und Stickstoff immer mehr. Der hohe Gasdruck und die geringe Löslichkeit in der Kunststoffschmelze machen einen Einsatz jedoch schwierig. In den Extrusionsprozessen ist der Wechsel zu CO_2 bei XPS-Boards, XPS- und LDPE-Folien bereits vollzogen. Stickstoff wird bei XPS-Traylinern oder PE-Kabelisolationen eingesetzt, um sehr feine Schäume zu erzielen.

Im Gegensatz zu einigen H-FCKW verdampfen Kohlendioxid und Stickstoff nicht während der Verarbeitung. Eine mit dem Phasenübergang einhergehende Kühlung und damit Stabilisierung der Schmelze liegt hier also nicht vor. Des Weiteren ist die Löslichkeit von Kohlendioxid und Stickstoff in den Polymeren wesentlich schlechter als bei den herkömmlichen physikalischen Treibmitteln [3].

Die technischen Vorteile von HFC und Kohlenwasserstoffen überwiegen zwar, allerdings scheint es sinnvoll, vor allem in neuen Anwendungen auf inerte Gase zu setzen und die noch bestehenden Probleme der unterschiedlichen Löslichkeit zu überwinden. Insbesondere gilt dies für den Spritzguss, wo die Gewichtsreduzierungen bauteilbedingt nicht ganz so hoch sein müssen. Hier betreffen die Entwicklungen vor allem die Art der Gasdosierung und das homogene Einmischen des Treibmittels in die Kunststoffschmelze.

Bei Stickstoff und Kohlendioxid wird bei der Eingasung der überkritische Zustand genutzt. Im überkritischen Zustand eines Fluids kann nicht mehr zwischen Flüssigkeit und Gas unterschieden werden. Vielmehr bietet ein überkritisches Fluid die Kompressibilität einer Flüssigkeit (vorteilhaft für die Dosierung) kombiniert mit der niedrigen Viskosität und der guten Diffusionseigenschaft eines Gases (vorteilhaft für das Einmischen in die Kunststoffschmelze).

Die kritischen Daten von Kohlendioxid betragen 73,8 bar und 31 °C, bei Stickstoff 34 bar und –147 °C. Hieraus wird ersichtlich, dass Stickstoff während den typischen Bedingungen der Kunststoffverarbeitung immer im überkritischen Zustand vorliegt und daher das beste Lösungsverhalten aufweist.

4.3 Chemische Treibmittel

Eine große Anzahl chemischer Substanzen eignen sich theoretisch als chemische Treibmittel, da sie bei der Zersetzung Gase abspalten. Nur wenige von ihnen haben allerdings wirtschaftliche Bedeutung erlangt. Es sind nur zehn Substanzen, die heute in der Kunststoffindustrie eingesetzt werden [4].

Chemische Treibmittel sind organische oder anorganische Substanzen, welche sich oberhalb einer bestimmten Temperatur zersetzen und gasförmige Komponenten freisetzen. Die Zersetzungsreaktion kann dabei auch über eine chemische Reaktion mit einem entsprechenden Reaktionspartner unterstützt werden. Die Zersetzungstemperatur wird über die im Verarbeitungsprozess dem Kunststoff zugeführte Prozesswärme erreicht. Eine gewisse Aktivierungsenergie muss dabei immer überschritten werden, um die Reaktion zu starten.

Da eine chemische Reaktion im System stattfindet, ist nur ein gewisser Umsatz von Wirkstoff zu Gas zu erwarten. Dieser ist im Spritzgussprozess vor allem von der Temperaturführung abhängig. Auch Verweilzeit, Systemdruck und Schmelzefestigkeit des Polymers sind entscheidende Faktoren, um eine optimale Gasausbeute zu erzielen. Umgekehrt ist das Treibmittelsystem genau auf diese Bedingungen abzustimmen, um einen möglichst vollständigen Umsatz zu erzielen. Eine vollständige Zersetzung des Treibmittels bedeutet aber nicht, dass auch die gesamte theoretisch mögliche Gasmenge im Polymer verbleibt. Nur ein Teil des Gases bleibt während des Einspritzvorgangs in Lösung, der andere Teil geht über die Werkzeugtrennfläche und die Entlüftung verloren.

Dies ist auch insofern zu beachten, als der Zersetzungsverlauf der chemischen Treibmittel häufig nicht eindeutig ist sondern wiederum von den äußeren Bedingungen, besonders der Temperatur, abhängt. Wichtig ist dies dann, wenn durch eine gezielte Temperaturführung oder eine Modifizierung des Treibsystems z. B. unerwünschte Nebenprodukte vermieden werden sollen.

Die Zersetzungstemperatur des Treibmittels sollte so ausgewählt werden, dass sie mindestens 10 °C unterhalb der Massetemperatur der Polymerschmelze liegt. Eine zu hohe Verarbeitungstemperatur bewirkt eine bereits in der Einzugszone beginnende Reaktion und kann zu Gasverlusten und damit zu Prozessschwankungen führen. Ist die Temperatur dagegen zu niedrig, wird die Reaktion gar nicht oder nur unvollständig ablaufen. Dies kann zu Störungen im Prozess oder zu unerwünschten nicht oder nur unvollständig zersetzten Nebenprodukten führen. Bild 4.1 zeigt eine TGA-Kurvenschar, die die Zersetzung eines chemischen Treibmittels bei unterschiedlichen Temperaturen zeigt.

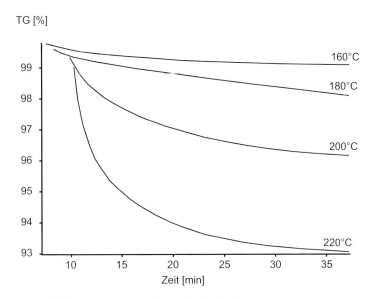

Bild 4.1: Isotherme TGA-Kurven eines chemischen Treibmittels

Der Zersetzungsbereich dieses Treibmittels liegt zwischen 190 und 230 °C, eine vollständige Zersetzung innerhalb kurzer Zeit ist daher nur bei entsprechend hoher Temperatur möglich. Von den sich zersetzenden pulverförmigen Substanzen werden 30 bis 50 % in Treibgase umgewandelt, der Rest besteht aus festen Zersetzungsrückständen, die im Polymer verbleiben.

Die wesentlichen Anforderungen an chemische Treibmittel sind im Folgenden aufgeführt:

- Breites Temperatur- und damit Verarbeitungsfenster
- Ein Wärmestau ist zu vermeiden (bei exothermen Systemen)
- Das Zersetzungsreaktion sollte kontrolliert und keinesfalls explosiv ablaufen
- Gute Lagerfähigkeit
- Gutes Handling, möglichst rieselfähige, staubfreie Produkte oder Masterbatche
- Hohe Gasausbeute und damit Wirtschaftlichkeit
- Zersetzungsrückstände und Gase müssen verträglich sein (Farbe, Geruch, Gesundheit, Korrosion)

Viele durch chemisches Schäumen hergestellte Produkte werden einer Nachbehandlung unterzogen. Besonders Gehäuseteile werden lackiert und teilweise bedruckt. Das in den Schaumblasen enthaltene Gas (siehe Tabelle 4.2) und die Umgebungsluft streben einen Gleichgewichtszustand an. Das Treibgas diffundiert aus den Zellen und Umgebungsluft gelangt in die Zellen. Dieser Gasaustausch sollte möglichst schnell erfolgen, damit geschäumte Bauteile lackiert werden können, ohne dass der Lack durch nicht abgeschlossene Entgasungsvorgänge Bläschen bildet oder abplatzt.

Tabelle 4.2: Die wichtigsten marktgängigen chemischen Treibmittel

Chemische Bezeichnung	Strukturformel	Zersetzungsbereich [°C]	Gasausbeute [ml/g]	Hauptanteil der Gase
Natriumhydrogencarbonat	$NaHCO_3$	130–170	160–170	CO_2, H_2O
Zitronensäure und deren Derivate	$ROOC-CH_2-C(OH)(COOR)-CH_2-COOR$	190–230	90–130	CO_2, H_2O
Azodicarbonamid (ADC)	$H_2N-CO-N=N-CO-NH_2$	200–220	280–320	N_2, CO, CO_2, (NH_3)
Modifiziertes Azodicarbonamid	$H_2N-CO-N=N-CO-NH_2$	150–190	220–300	N_2, CO, CO_2, (NH_3)
Toluolsulfonylhydrazid (TSH)	$H_3C-\langle\rangle-SO_2-NH-NH_2$	110–140	120–140	N_2, H_2O
Oxybis(benzolsulfohydrazid) (OBSH)	(Tetrazol-Phenyl-Struktur)	155–160	120–150	N_2, H_2O
5-Phenyl Tetrazol (5-PT)	$H_2N-NH-SO_2-\langle\rangle-O-\langle\rangle-SO_2-NH-NH_2$	110–140	120–140	N_2, H_2O

4.3.1 Bedeutung der Stoffklassen endotherm und exotherm

Chemische Treibmittel können nach Art Ihrer Zersetzung unterschieden werden. Man unterscheidet je nach Zersetzungsenthalpie in endotherme und exotherme chemische Treibmittel. Die endothermen Treibmittel nehmen bei der Zersetzung Energie auf, die exothermen Systeme geben bei der Zersetzung Energie ab.

Bild 4.2: Endotherme (weiß) und exotherme (orange) Treibmittelmasterbatche

4.3.1.1 Exotherme Treibmittel

Ist die Zersetzungstemperatur eines exothermen Treibmittels einmal überschritten, ist die Zersetzungsreaktion nicht mehr durch den Verarbeitungsprozess steuerbar. Charakteristisch sind eine schnelle Zersetzung und die Freisetzung des Treibgases innerhalb eines sehr engen Temperaturfensters.

Der Einsatz exothermer Treibmittel erfolgt hauptsächlich in der Extrusion, hier vor allem in Hart-PVC sowie in PVC-Pasten und -Plastisol, auch Gummi wird mit ADC sowie OBSH und TSH verschäumt. Wichtigster Vertreter der exothermen Treibmittel ist das Azodicarbonamid (ADC), welches weltweit einen Anteil von 80 bis 90 % ausmacht. Reines Azodicarbonamid zersetzt sich bei 200 bis 230 °C mit spontaner, exothermer Reaktion. Die Gasausbeute beträgt 220 bis 300 ml/g. ADC ist ein hellgelbes bis orangefarbenes, kristallines Pulver. Die wesentlichen gasförmigen Zersetzungsprodukte sind Stickstoff, Kohlenmonoxid, Kohlendioxid und Ammoniak. Die Haupteinsatzgebiete für Azodicarbonamid liegen in der hart und weich PVC-Verarbeitung, bei vernetzten PE- und EVA-Schäumen sowie im Gummibereich [5].

Die Herstellung von Azodicarbonamid (ADC) erfolgt in zwei Stufen [4]. Im Sauren wird aus Hydrazin und Harnstoff in der 1. Stufe das Hydrazodicarbonamid gebildet und dieses in der 2. Stufe durch Oxidation in Azodicarbonamid überführt:

$$H_2N-NH_2 + 2\ H_2N-CO-NH_2 \xrightarrow{(H^+)} H_2N-CO-HN-NH-CO-NH_2 + 2\ NH_3$$
Hydrazin   Harnstoff   Hydrazodicarbonamid

$$H_2N-CO-HN-NH-CO-NH_2 \xrightarrow{(O)} H_2N-CO-N=N-CO-NH_2 + H_2O$$
Hydrazodicarbonamid   Azodicarbonamid

Zur Oxidation können Chlor, Chlorate, Wasserstoff oder Salpetersäure verwendet werden. Das gebildete Azodicarbonamid liegt als kristallines Pulver mit einer Dichte von 1,65 g/cm^3 und je nach Partikelgröße in einer orangen bis hellgelben Färbung vor. Bei der thermischen Zersetzung von Azodicarbonamid an Luft bilden sich folgende Zersetzungsprodukte (Tabelle 4.3) [4]:

Tabelle 4.3: Zersetzungsprodukte von Azodicarbonamid

Gasförmige Bestandteile	32 Gew.-%	Feste Rückstände	68 Gew.-%
Stickstoff	65 Vol.-%	Urazol	57 Gew.-%
Kohlenmonoxid	32 Vol.-%	Cyanursäure	38 Gew.-%
Kohlendioxid	3 Vol.-%	Hydrazodicarbonamid	3 Gew.-%
		Cyamelid	2 Gew.-%

Abhängig von der Temperatur und dem Mischungsaufbau erfolgt die Zersetzung auf zwei Reaktionswegen:

$$H_2N-CO-N=N-CO-NH_2 \rightarrow H_2N-CO-NH_2 + N_2 + CO$$
Azodicarbonamid   Harnstoff

$$H_2N-CO-NH_2 \rightarrow NH_3 + HOCN$$
$$\text{Cyanursäure}$$

$$\underset{\text{Azodicarbonamid}}{H_2N-CO-N=N-CO-NH_2} \rightarrow \underset{\text{Hydrazodicarbonamid}}{H_2N-CO-HN-NH-CO-NH_2}$$

Aus dem Hydrazodicarbonamid bildet sich durch Ringschluss und unter Abspaltung von Ammoniak das Urazol.

$$\underset{\text{Hydrazodicarbonamid}}{H_2N-CO-HN-NH-CO-NH_2} \rightarrow \underset{\text{Urazol}}{\begin{array}{c} HN-NH \\ | \quad | \\ O=C \quad C=O \\ \backslash \quad / \\ N \end{array}} + NH_3$$

Bei unzureichender Trocknung und Gegenwart von Säuren oder Basen wird das Azodicarbonamid bei höheren Temperaturen hydrolysiert und es entstehen Hydrazodicarbonamid, Stickstoff, Kohlendioxid und Ammoniak. Auch ist eine Umsetzung des Azodicarbonamids mit einer Alkalilösung zu dem entsprechenden Salz möglich. Das entstandene Alkaliazodicarboxylat zerfällt durch Erhitzen in Hydrazin, Alkalicarbonat, Kohlendioxid und Stickstoff [6].

Mit Ausnahme der gegen Ammoniak empfindlichen Thermoplaste, wie z. B. Polycarbonat, lassen sich fast alle Thermoplaste mit Azodicarbonamid verschäumen. Um den Zersetzungsbereich dem Verarbeitungsfenster der jeweiligen Thermoplaste anzupassen, wird das Azodicarbonamid modifiziert. Durch einen Aktivator (Katalysator, Kicker) lässt sich die Anspringtemperatur in einem Bereich von 155 bis 220 °C variieren [7].

Diese sogenannten Kicker oder Aktivatoren können bei einigen exothermen Treibmitteln den Zersetzungsverlauf stark beeinflussen. Bei Azodicarbonamid werden diese besonders häufig eingesetzt, da nur so ein Einsatz in PVC möglich wird. Als Aktivatoren wirken hier basische Metallseifen und -salze sowie Harnstoff, Amine und Zinkoxid. Des Weiteren wird der Zersetzungsverlauf gesteuert, unerwünschte Nebenprodukte wie die für Ablagerungen verantwortliche Cyanursäure können durch die Wahl des richtigen Kickersystems vermieden werden.

Zinkoxid und Harnstoff bewirken eine schnelle Zersetzung bei niedrigen Temperaturen (155 bis 170 °C) während Zink- oder Calciumstearat langsame Zersetzungen bei zum Teil höheren Temperaturen bewirken.

Azodicarbonamid ist in den letzten Jahren in Verruf geraten. Da der Zersetzungsverlauf wie oben beschrieben nicht ganz eindeutig ist, kann ein mögliches Zersetzungsprodukt Semicarbazid sein. Semicarbazid wurde in Gläsern mit Babynahrung nachgewiesen, dessen Verschlüsse eine mit ADC geschäumte Dichtung aus PVC-Plastisol hatten. Dieses Semicarbazid steht im Verdacht, krebserregend zu sein. Es wurde daher der Einsatz von ADC in Lebensmittelverpackungen in Europa gebannt. Eine Umstellung vieler geschäumter Produkte auf endotherme Systeme ist bereits erfolgt und auch bei anderen sensiblen Anwendungen wird mehr und mehr auf ADC verzichtet.

Weitere exotherme Vertreter, die auch im Spritzguss anzutreffen sind, sind das 4,4′-Oxybis(benzolsulfohydrazid) (OBSH) und das 5-Phenyltetrazol (5-PT).

OBSH hat eine Zersetzungstemperatur von ca. 160 °C. Die Gasausbeute beträgt ca. 140 ml/g. Die Zersetzung erfolgt sehr spontan, die entstehenden Treibgase bestehen aus Stickstoff und Wasser. OBSH ist ein weißes Pulver, die Zersetzungsprodukte bleiben farblos. Das Handling von OBSH ist allerdings problematisch. Die Pulverform darf wegen der Reaktivität nur unter großen Sicherheitsvorkehrungen verarbeitet werden. Die Möglichkeit eines Einsatzes in Lebensmittelverpackungen ist nur bedingt gegeben.

Bei der Zersetzung des für Hochtemperaturkunststoffe eingesetzten 5-PT entsteht lediglich Stickstoff als Treibgas. Dies macht es besonders für den Einsatz in Polycarbonat interessant, welches in Verbindung von Wasser und Ammoniak hydrolysiert wird und stark abbaut. Das exotherm reagierende 5-PT bringt allerdings den Nachteil mit sich, dass in einigen Fällen eine pinke Verfärbung der Bauteile beobachtet wird. Die festen Zersetzungsrückstände stehen im Verdacht, toxisch zu sein. Aus diesen Gründen werden auch hier vermehrt gesundheitlich unbedenkliche endotherme Alternativen eingesetzt.

Der Einsatz von exothermen Treibmitteln erscheint auch im Spritzguss aufgrund der hohen Gasausbeute wirtschaftlich und sinnvoll, lässt sich aber schwer steuern und resultiert wegen der zusätzlich entstehenden Wärme in längeren Zykluszeiten. Ausnahmen sind Schuhsohlen aus vernetztem EVA, hier werden große Mengen ADC eingesetzt, um auf sehr niedrige Dichten zu kommen. Diese Artikel werden vorwiegend in Indonesien und Vietnam produziert. Die vorgenannten Nachteile, die aus den organischen Reaktionsprodukten entstehen, schließen einen Einsatz z. B. im Automobilinnenraum aus.

4.3.1.2 Endotherme Treibmittel

Die meisten endothermen Treibmittel erzeugen bei ihrer Zersetzung Kohlendioxid und Wasser, welches bei den üblichen Verarbeitungstemperaturen gasförmig vorliegt. Die endotherme Zersetzungsreaktion verbraucht Wärme. Wird die Prozesswärme durch Kühlung entzogen, endet die Reaktion. Der Prozess ist somit sehr gut kontrollierbar. Natriumhydrogencarbonat (Backpulver), auch Natriumbicarbonat genannt, stellt heutzutage das wichtigste endotherme Treibmittel in der Kunststoffverarbeitung dar. Hauptanwendungsgebiet ist die PVC-Extrusion, aber auch im Spritzguss bieten modifizierte Typen viele Einsatzmöglichkeiten.

Die Zersetzung von Natriumbicarbonat erfolgt endotherm bei ca. 160 °C. Der Herstellungsprozess erfolgt nach dem Solvay-Verfahren nach folgendem Schema:

$$NaCl + NH_3 + H_2O + CO_2 \rightarrow NaHCO_3 + NH_4Cl$$

Bei der Zersetzung entstehen Natriumcarbonat (Soda) sowie die beiden Treibgase Kohlendioxid und Wasser.

$$2\ NaHCO_3 \rightarrow Na_2CO_3 + H_2O + CO_2$$

Das Bicarbonat hat mit 160 ml/g eine recht hohe Gasausbeute. Wird es unmodifiziert eingesetzt, wird die Schaumstruktur meist relativ grob, was zu einer Verschlechterung der mechanischen Eigenschaften der geschäumten Bauteile führt.

Mit seiner relativ niedrigen Zersetzungstemperatur von 160 °C erfolgt der Einsatz in PVC, thermoplastischen Elastomeren und Polyethylen oder PE-Copolymeren wie EVA.

Derivate der Zitronensäure, meist Alkalisalze und Esterverbindungen, stellen die zweite große Gruppe der endothermen chemischen Treibmittel. Bei der Zersetzung entstehen ebenfalls Kohlendioxid und Wasser sowie feste Reaktionsrückstände (Salze), die im Polymer verbleiben.

$$\begin{array}{c} H_2C-COOH \\ | \\ HO-C-COOH \\ | \\ H_2C-COOH \end{array} \longrightarrow \begin{array}{c} \text{(Anhydridstruktur)} \\ CH_3 \end{array} + CO_2 + 2\,H_2O$$

Die Zitronensäurederivate, insbesondere die Zitrate, bilden einen sehr feinen regelmäßigen Schaum. Die Gasausbeute ist mit ca. 120 ml/g etwas geringer als die des Natriumhydrogencarbonats. Der Zersetzungsbereich der Zitrate liegt zwischen 190 und 230 °C. Verwendung finden sie hauptsächlich in der Extrusion von PP-Schmuckbändchen und Verpackungsfolien sowie im Spritzguss von Polypropylen und technischen Thermoplasten.

4.3.1.3 Kombinationen endothermer Treibmittel

Natriumhydrogencarbonat und Zitronensäurederivate lassen sich sehr gut miteinander kombinieren. Das Verarbeitungsfenster wird auf einen Bereich von 160 bis 230 °C erweitert, Abmischungen sind so für eine große Zahl von Kunststoffen einsetzbar. Zusätzlich zu einer thermischen Zersetzung kommt es hierbei zu einer Neutralisationsreaktion zwischen dem sauren Zitrat und dem basischen Bicarbonat. Dies bewirkt eine zusätzliche Freisetzung von Kohlendioxid und erhöht damit die Gasausbeute. Des Weiteren ist diese Mischung ab einem bestimmten Verhältnis neutral. Unerwünschte Reaktionen mit dem Polymer oder Korrosion von Stahlwerkzeugen können so vermieden werden.

4.3.1.4 Kombination aus endothermen und exothermen Treibmitteln

Auch diese Kombination findet Anwendung, hauptsächlich in der Hart-PVC-Extrusion.

Man verbindet hier die positiven Eigenschaften und die unterschiedlichen Treibgase von Azodicarbonamid (N_2) und Natriumbicarbonat (CO_2). Bei einigen Anwendungen wie PVC-Freischaumplatten wird zusätzlich OBSH eingesetzt. Mit diesen Abmischungen kann der Anwender die Eigenschaften des Treibmittelsystems auf seine Zwecke maßschneidern.

4.3.2 Charakterisierung von chemischen Treibmitteln

Folgende Punkte sind zur Charakterisierung eines Treibsystems wichtig und werden deshalb auch in der Auswahl und Qualitätssicherung in Betracht gezogen:

- Thermische und chemische Gasausbeute
- Beginn und Ende der Zersetzung, Zersetzungsverlauf
- Korngröße- und Verteilung der Pulvermischung, Rieselfähigkeit
- Treibmittelgehalt im Masterbatchsystem
- Anwendungsspezifisches Verhalten, z. B. Blasengröße und -dichte

Einige Prüfmethoden haben sich in der Praxis zur Beurteilung der Qualität eines chemischen Treibmittels bzw. Treibmittelmasterbatches durchgesetzt.

DSC-Messung

Die DSC- Messung (Differential Scanning Calorimetry) ist eine häufig angewendete Methode, um chemische Treibmittel zu charakterisieren. Hierbei wird eine kleine Probenmenge gegen eine Referenzprobe (Nullprobe) in Abhängigkeit der Zeit um eine definierte Temperatur erwärmt. Finden in der Probe thermische Vorgänge (Schmelzen, Kristallisieren, Zersetzung) statt, die in einer endothermen oder exothermen Reaktion resultieren, so registriert die DSC-Apparatur einen Temperaturunterschied zwischen Probe und Referenz. In der Folge wird die Probe entweder stärker erwärmt oder gekühlt, um den Unterschied zur Referenzprobe auszugleichen. Diese aufzubringende Differenzenergie wird dann gegen die Temperatur aufgezeichnet und bildet die für ein Treibsystem typische DSC-Kurve. Eine Treibmittelmischung weist im Kurvenverlauf mehrere Peaks auf.

TGA-Messung

Zusätzlich zur DSC-Messung wird häufig eine thermogravimetrische Analyse (TGA) durchgeführt. Auch hier wird eine kleine Probe in konstanten Temperaturzeitschritten erwärmt. Die Probe befindet sich dabei auf einer präzisen Waage, die sehr kleine Gewichtsänderungen aufnimmt. Zersetzt sich das chemische Treibmittel, so entweicht das Treibgas und die Probe wird leichter. Dieser Gewichtsverlust wird in einem Diagramm gegen die Temperatur aufgetragen und kann in Prozent im Verhältnis zur Einwaage ausgedrückt werden. Mit dieser Methode kann der Treibmittelgehalt in einem Masterbatch bestimmt werden. Eine Treibmittelmischung zeigt in der Kurve einzelne Stufen. Auch der Beginn der Zersetzung ist ersichtlich und meist spezifiziert.

Die Bilder 4.3 bis 4.6 zeigen den Vergleich zwischen endothermer und exothermer Zersetzung. Man erkennt in Bild 4.3 den breiteren Peak der DSC-Kurve beim endothermen System, während das exotherme Treibmittel innerhalb eines Temperaturanstiegs von wenigen Grad zersetzt ist. In der TGA-Kurve (Bild 4.4) erkennt man den weichen Zersetzungsbeginn des endothermen Systems gegenüber dem scharfen Abknicken des exothermen Azodicarbonamids.

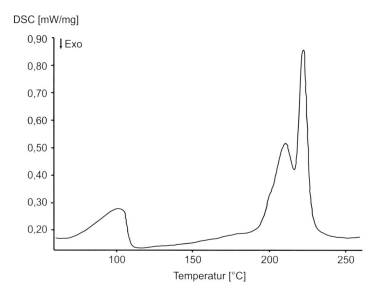

Bild 4.3: DSC-Kurve eines endothermen chemischen Treibmittels

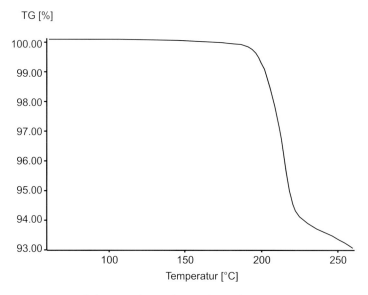

Bild 4.4: TGA-Kurve eines endothermen chemischen Treibmittels

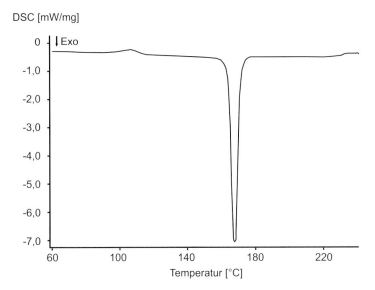

Bild 4.5: DSC-Kurve eines exothermen chemischen Treibmittels

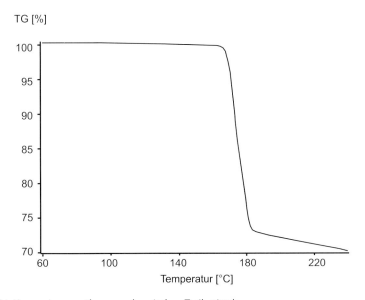

Bild 4.6: TGA-Kurve eines exothermen chemischen Treibmittels

Die beiden oberen Kurven (Bilder 4.7 und 4.8) zeigen einen Blend aus unterschiedlichen endothermen Treibmitteln. Hier sind die frühe Zersetzung des Bicarbonats und die später einsetzende Zersetzung des Zitronensäurederivats gut zu erkennen. Während die DSC-Kurve zwei getrennte Peaks zeigt, ist der Zersetzungsverlauf der TGA-Kurve eher fließend, was dem tatsächlichen Zersetzungsvorgang in der Plastifiziereinheit einer Verarbeitungsmaschine näher kommt.

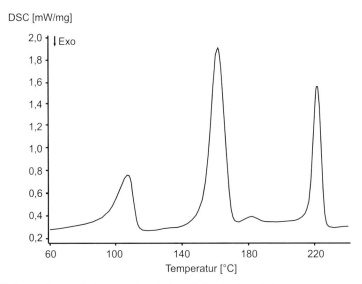

Bild 4.7: DSC-Kurve eines endothermen chemischen Treibmittelgemischs

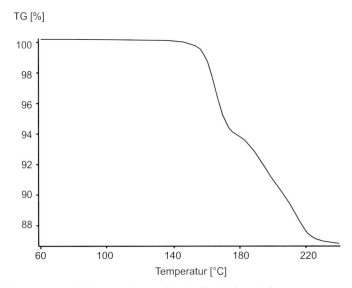

Bild 4.8: TGA-Kurve eines endothermen chemischen Treibmittelgemischs

Gasausbeute

Es gibt neben der TGA weitere Methoden, um die Gasausbeute eines Treibmittels analytisch zu bestimmen. Das thermische Zersetzen einer Probe und das Auffangen des Treibgases führen zur so genannten thermischen Gasausbeute. Die gemessenen Werte werden in ml/g angegeben und auf die Einwaage der Probe bezogen. Die Genauigkeit der Messung ist sehr stark vom vorhandenen Equipment und den vorherrschenden Randbedingungen abhängig, entsprechend schwanken die Werte, die für chemische Treibmittel in der Literatur angegeben werden (siehe Tabelle 4.2). Die thermische Gasausbeute ist jedoch für relative Vergleichsmessungen gut geeignet und wird daher in Ergänzung zur TGA in der Qualitätssicherung eingesetzt.

Die Gasausbeute kann auch chemisch ermittelt werden, das heißt, das Treibgas wird nicht durch Erwärmen sondern durch eine chemische Reaktion erzeugt. Diese Methode ist relativ einfach und schnell durchzuführen und kann bei einigen Treibmitteln zur Sicherung der Qualität herangezogen werden.

Partikelgrößenbestimmung

Die Partikelgröße des eingesetzten chemischen Treibmittels hat einen entscheidenden Einfluss auf die Schaumstruktur. Je feiner das eingesetzte Grundpulver, desto feiner wird auch der Schaum, da aus mehr Ausgangskeimen bzw. CFA-Partikeln auch mehr Schaumzellen entstehen. Bei gleichem zur Verfügung stehendem Volumen hat dies eine größere Zelldichte und damit feineren Schaum zur Folge. Eine konstante Partikelgrößenverteilung des Treibmittelpulvers ist also ein wichtiges Qualitätskriterium. Die Partikelgröße kann z. B. mittels Laserbeugung bestimmt werden.

4.3.3 Pulver und Masterbatch, Aufbau eines Treibmittelsystems für das Spritzgießen

Ende der 60er, Anfang der 70er Jahre begann man damit, Treibmittelsysteme, wie sie auch in der Backmittelindustrie verwendet wurden, in Thermoplasten zu erproben. Hier ist das Natriumhydrogencarbonat zu erwähnen, welches als Hauptbestandteil des Backpulvers diente und wegen seiner vorteilhaften Eigenschaften schnell in der PVC-Schaumextrusion Einzug hielt. Durch Abmischungen mit anderen pulverförmigen Wirkstoffen wie Zitronensäurederivaten oder Azodicarbonamid konnten bestimmte Eigenschaftsprofile der Endprodukte gesteuert werden. Man begann, die Vorteile einer Gesamtrezeptur zu erkennen und versuchte über immer neue Pulvermischungen mit verschiedenen Füll- und Hilfsstoffen optimale Produkte Maß zu schneidern.

Während diese Pulvermischungen für die PVC-Extrusion nach wie vor eingesetzt werden, bevorzugen die Verarbeiter granulatförmiger Kunststoffe und vor allem die Spritzgießer das zu applizierenden Treibsystem in Form eines ebenfalls granulatförmigen Masterbatches. Unter einem granulatförmigen Masterbatch versteht man ein Farb- oder Additivkonzentrat welches dem Basispolymer in einem definierten Prozentsatz zugegeben wird. In dem Masterbatch werden Additive wie die chemischen Treibmittel in Konzentrationen von üblicherweise 5 bis 70 % in einem geeigneten thermoplastischen Trägersystem eingebettet. Die Dosierung eines Masterbatches in das Basispolymer sollte wirtschaftlich sein und liegt üblicherweise zwischen 1 und 3 %. In diesem Bereich wird außerdem eine homogene Verteilung in der Schmelze erzielt.

Während die meisten chemischen Treibmittel pulverförmig vorliegen, so gibt es auch einige in flüssiger Form. Um diese auf Kunststoffverarbeitungsmaschinen verarbeiten zu können, werden sie durch geeignete Verfahrensschritte ebenfalls in Granulatform überführt.

Vorteile von Masterbatch gegenüber Pulver:

- Staubfrei
- Leichter zu dosieren
- Bessere Dispergierung
- Einstellbarer Füllgrad

Aufbau eines Masterbatchsystems:

- Polymerträger (z. B. PE, EVA, PS, Wachse)
- Wirkstoffe (ADC, Bicarbonat, Zitrat usw.)
- Füll- und Hilfsstoffe (Kreiden, Silica)
- Zusätzliche Nukleierung (Talkum)
- Additive (z. B. Stabilisatoren oder Gleitmittel)

Eine besondere Bedeutung hat hierbei das Trägersystem. Während bei vielen Farb- und Additivkonzentraten das gleiche Polymer gewählt wird wie das verwendete Basispolymer des Bauteils, geht man bei Treibsystemen einen Kompromiss ein. Da das Trägersystem vor dem Einbringen des Treibmittels aufgeschmolzen werden muss, kommen nur solche in Frage, die eine niedrige Schmelzetemperatur ermöglichen. Der Schmelzpunkt des Trägers muss niedriger als die Zersetzungstemperatur des Treibmittels sein, um eine vorzeitige Zersetzung auszuschließen. Gängige Trägerpolymere sind PE, EVA und niedrigschmelzende Wachse. Durch entsprechende Rezeptierung gewährleistet der Masterbatchhersteller, die Verträglichkeit zum Anwendungspolymer.

4.3.4 Produktion von Treibmittelmasterbatches

Beim Schaumspritzgießen werden chemische Treibmittel heutzutage fast ausschließlich in Form von granulatförmigen Masterbatches eingesetzt. Dies erfordert zwar eine weitere Dosierstation an der Maschine, allerdings sind so die besten Ergebnisse hinsichtlich Bauteilqualitäten zu erzielen. Die moderne Masterbatchproduktion erfolgt auf Doppelschneckenextrudern in großen Losgrößen, um eine gute Dispergierung und damit eine hohe Gleichmäßigkeit der Beladung zu erzielen, die für den Spritzgießprozess entscheidend ist. Hierbei werden die meist durch Vermahlung oder Coating vorveredelten Pulvermischungen über einen zusätzlichen seitlich angeordneten Extruder (Sidefeeder-Technologie) dem bereits aufgeschmolzenen Trägersystem zu dosiert.

Ausreichende Schneckenlänge sowie Schneckenkonfiguration in Kombination mit schonender Temperaturführung sind für die Produktion eines optimalen Masterbatches essenziell. Die Granulierung kann in unterschiedlichen Verfahren erfolgen, für hochgefüllte Produkte wird häufig ein Strangabschlag mit Wasser- oder Luftkühlung gewählt. Für durchsatzstarke Produkte haben sich moderne Wasserring- oder Unterwassergranulierungen (UWG) bewährt. Neben den extrudierten Masterbatches kommen Flüssigtreibmittel, Kompaktate und in Weichmachern dispergierte Pasten zum Einsatz.

4.3.5 Auswirkungen chemischer Treibmittel auf das Endprodukt

Neben gasförmigen Zersetzungsprodukten entstehen bei den chemischen Treibmitteln auch feste Spaltprodukte. Je nach Zersetzungsreaktion beträgt deren Anteil ungefähr die Hälfte des eingesetzten Materials. Bei den endothermen Systemen sind dies Salze, die in der Polymerschmelze verbleiben.

Die festen Rückstände haben in der Regel einen positiven Effekt auf die Schaumstruktur, da sie als Nukleierungskeime wirken. In der direkt begasten Extrusion wird dieser Effekt seit Langem zur Erzielung sehr feinzelliger Schäume genutzt. Hier sind die Zersetzungsrückstände meist feiner als es Substanzen wie z. B. Talkum sein können, die als unzersetzte Feststoffe dem Prozess zugegeben werden. Man spricht dann auch von einer aktiven Nukleierung (Bild 4.9).

Was in der Extrusion seit langem Stand der Technik ist, kann auch auf den Spritzguss übertragen werden. Die festen Rückstände der Treibmittel sorgen für einen Selbstnukleierungseffekt, die entstehenden Gasbläschen lagern sich bevorzugt an den vielen Nukleierungskeimen an und bilden dadurch eine feinzellige Schaumstruktur.

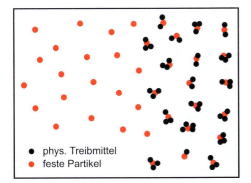 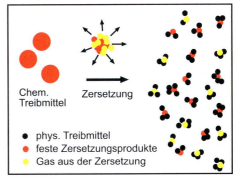

Bild 4.9: Passive Nukleierung (links) und aktive Nukleierung (rechts) mit chemischen Treibmitteln

Ausgasungen

Das durch Treibmittel erzeugte Gas bildet die Schaumzellen und ist nach dem Abkühlen und Einfrieren der Schmelze zunächst in der Zelle eingeschlossen. Das eingeschlossene Gas und die Umgebungsluft streben jedoch einen Ausgleich an. Das heißt, nach einer Phase des Gasaustauschs ist die Zelle mit Umgebungsluft gefüllt. Je nach Polymermatrix und eingesetztem Gas ist dieser Vorgang mehr oder weniger schnell abgeschlossen. Handelt es sich um relativ große Moleküle (wie bei FCKW) kann es sehr lange dauern, bis ein Gasaustausch stattgefunden hat bzw. das Gas verbleibt zum großen Teil ganz in der Schaumzelle.

Bei Bauplatten zur Wärmeisolierung kann dies ein gewünschter Effekt sein, da die Wärmeleitfähigkeit des Treibgases geringer sein kann als die von Luft und somit die Isolierwirkung verbessert wird.

Bei den chemischen Treibmitteln können durch das Ausgasen auch Spaltprodukte aus dem Fertigartikel heraus diffundieren. Besonders die exothermen Treibmittel mit ihren häufig unerwünschten stark riechenden Spaltprodukten wie Ammoniak oder Schwefelwasserstoff können hier negativ auffallen. Für Anwendungen im Automobilinnenraum wird man daher eher endotherme Treibmittelsysteme auswählen oder die Masterbatchrezeptur so gestalten, dass unerwünschte Substanzen neutralisiert werden.

Literatur zu Kapitel 4

[1] Markarian, J.: Cost saving opportunities push foaming agents forward. Plastics, Additives and Compounding, 8(5), S. 22–25 (2006)
[2] Piechota, H.; Röhr, H.: Integralschaumstoffe. Carl Hanser Verlag, München (1975)
[3] Kropp, D.: Extrusion thermoplastischer Schäume mit alternativen Treibmitteln. Verlag Mainz, Aachen (1999)
[4] Hurnik, H.: Chemische Treibmittel, in Gächter, R., Müller, H.: Taschenbuch der Kunststoffadditive. 3. Auflage, Carl Hanser Verlag, München (1989)
[5] Wegner, J.-E.: Farb und Additiv-Masterbatches in der Praxis, VM Verlag, Köln (2006)
[6] Lübke, G.: Jedem das Seine, IKV-Vortrag (2001)
[7] N. N.: Direkt leichter, direkt feiner, Clariant Firmenbroschüre (2002)

5 Matrixmaterialien

Die Eigenschaften des im TSG-Verfahren gefertigten Kunststofferzeugnisses werden in entscheidendem Maße vom verwendeten Matrixmaterial, also von der Kunststoffsorte selbst geprägt. In Abschnitt 5.1 wird zunächst nur auf Polypropylen als Matrixmaterial eingegangen. Anhand signifikant unterschiedlicher Polypropylentypen wird gezeigt, welche für das TSG-Verfahren geeignet sind und welche Eigenschaften des Matrixmaterials dafür entscheidend sind. In Abschnitt 5.2 wird ein Überblick zu verschiedenen technischen Thermoplasten als Matrixmaterialien gegeben. Hierbei werden insbesondere die Unterschiede von amorphen und teilkristallinen Materialien sowie Kunststoffblends vorgestellt und hinsichtlich ihrer Eigung für TSG-Verfahren beurteilt.

5.1 Polypropylen

Polypropylen zeichnet sich durch ein ausgewogenes Eigenschaftsbild und ein exzellentes Kosten-Nutzen-Verhältnis aus. Aus diesem Grund substituiert PP viele andere Kunststoffe sowie traditionelle Materialien wie Metall, Glas oder Papier [1]. Im Spritzgießverfahren werden typischerweise PP Homo- und Copolymerisate verwendet, bei denen das Eigenschaftsprofil in weiten Grenzen modifiziert werden kann [2].

Dem Anwender stellt sich an dieser Stelle die Frage, welcher PP-Typ für das Thermoplast-Schaumspritzgießen geeignet ist und warum. Hierzu muss neben dem TSG-Verfahren auch die Schaumextrusion beleuchtet werden. Die Schaumextrusion mit PP ist großtechnisch seit Langem in der Industrie etabliert. Auf den permanenten Druck einer kosteneffizienteren Verarbeitung und verbesserter Produkteigenschaften haben die PP-Hersteller durch Optimierung der PP-Typen reagiert. Ein entscheidender Durchbruch gelang einigen Kunststoffherstellern hierbei mit langkettenverzweigtem Polypropylen PP-HMS[1]. Die Vorteile, wie höhere Verarbeitungsgeschwindigkeit und verbesserte Produkteigenschaften, sind gravierend. Die Kunststoffhersteller erzeugen das PP-HMS entweder durch physikalische Behandlung (Bestrahlung) oder chemische Modifizierung in einem Compoundierprozess. Kleine Chargen und die komplizierte Prozessführung bei der Herstellung bedingen den, verglichen mit Standard-PP, deutlich höheren Preis für das PP-HMS. Der Verarbeiter mischt dieses PP-HMS mit anderen PP-Typen. Genaue Vorgehensweisen und Rezepturen bleiben dem Kunststoffhersteller somit verborgen und sind Know-how des Verarbeiters.

Beim Schaumspritzgießen findet man eine völlig andere Marktsituation vor. Die Spritzgießverarbeiter fordern vom Kunststoffhersteller einen PP-Typ der für das angestrebte Spritz-

---

[1] HMS (high melt strength bzw. hohe Schmelzefestigkeit); wird oft auch als LCB-PP (long chain branched bzw. langkettenverzweigt) bezeichnet.

gießverfahren und die Produktanforderungen des Endkunden optimiert ist. Insbesondere im Automotivebereich ist ein Qualitätsmanagementsystem (z. B. nach der EN ISO 9000 Normenreihe) üblich und dadurch für alle beteiligten Firmen erforderlich. Der Kunststoffverarbeiter kann deshalb keine eigenen PP-Abmischungen auf seinen Maschinen verarbeiten, sondern benötigt einen zertifizierten PP-Typ vom Kunststoffhersteller.

Vor diesem Hintergrund wird deutlich, dass die Entwicklung eines optimierten PP-Typen für das TSG-Verfahren sehr aufwendig ist, da neben dem HMS-Gehalt, der Viskosität, dem Co- oder Homopolymeraufbau auch diverse Füll- und Verstärkungsstoffe zur Wahl stehen. Aus dieser Vielzahl an Parametern kann nicht ein universelles TSG-PP entwickelt werden, da durch das TSG-Verfahren selbst und das Spritzgießwerkzeug wiederum eine Vielzahl an Parametern ins Spiel kommen.

Aus der Schaumextrusion ist bekannt, dass mit langkettenverzweigtem PP, die auch als PP hoher Schmelzefestigkeit (PP-HMS) bezeichnet werden, verglichen mit linearem PP größere Dichtereduktionen erzielbar sind. Dabei sind deutlich feinere und homogenere Schaummorphologien erzielbar [3–5]. Die Langkettenverzweigung bietet auch ohne den Zusatz von Talkum als Nukleierungsmittel eine deutlich feinere und gleichmäßigere Schaumstruktur [6, 7]. In der Dissertation von Stange ist der gegenwärtige Stand der Forschung ausführlich dargestellt und diskutiert [8]. Allerdings muss hierbei beachtet werden, dass die Ergebnisse aus der Literatur mit zähfließenden Extrusionstypen durchgeführt wurden (niedriger MFI). Für Spritzgießverfahren, und somit auch dem TSG-Verfahren, sind deutlich leichtfließende PP-Typen erforderlich (hoher MFI) und das Wissen aus der Schaumextrusion kann nicht pauschal auf das TSG-Verfahren übertragen werden [9].

Aus ökonomischen Gründen ist es interessant, welcher bestehende PP-Typ sich für das TSG-Verfahren eignet. Darüber hinaus ist es von besonderem Interesse, wie sich die Werkstoffeigenschaften durch das Schäumen gegenüber dem ungeschäumten Ausgangsmaterial ändert. Um das gesamte Spektrum der für das Spritzgießen verfügbaren PP-Typen abzudecken, wurden

Tabelle 5.1: Werkstofftypen

Kurzbezeichnung	Material	Handelsname	MFI/MFR*	Füllstoff	E-Modul**
PP	PP Homo	PS601A	20	–	1400
PPH	PP hochkristallin	PC55XMOD	20	–	2000
PPM	PP-HMS	50 %PS601A + 50 % WB130HMS	12	–	1600
PP1M	PP-HMS	75 % PS601A + 25 % WB130HMS	16	–	1750
PPT	PP-T20	PS65T20	20	Talkum	2750
PPG	PP-GF30	GB300U	3,0	Glasfaser kurz	3800
PPL	PP-LGF30	GB303U	2,5	Glasfaser lang	4200

*   ISO 1133 230 °C/2,16 kg
** ISO 178 +23 °C)

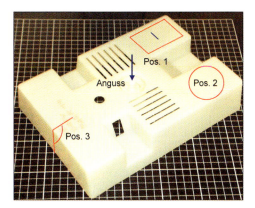

Bild 5.1: Das untersuchte Bauteil
    Pos. 1   Prüfkörper für Zug- und Biegeprüfung;
                  die blaue Linie kennzeichnet die Stelle, an der die Schliffe entnommen werden
    Pos. 2   Prüfkörper für Impact
    Pos. 3   Messung des Winkelverzugs; Winkel im Werkzeug: 90,5 °

sieben signifikant unterschiedliche Compounds der Firma Borealis untersucht. Neben einem Standard-Homopolymer (PP) wurde ein hochkristalliner Typ (PP-HC), eine Abmischung mit langkettenverzweigtem HMS-PP WB130HMS (PP-HMS) sowie talkum- und glasfaserverstärkte Typen (PP-T20, PP-GF30) untersucht. Details sowie Typenbezeichnungen können Tabelle 5.1 entnommen werden.

Die in Tabelle 5.1 genannten Werkstoffe wurden auf einer Engel ES 2550/400HL mit Schneckendurchmesser 60 mm und einem L/D-Verhältnis von 28 verarbeitet. Die Spritzeinheit der Maschine ist mit einer MuCell®-Zusatzausrüstung bestückt. Das Werkzeug für das abgebildete Bauteil wurde von der BASF Corporation zur Verfügung gestellt. Es ist ein Versuchswerkzeug zur Untersuchung von Bindenahtbereichen, Durchbrüchen und Rippenstrukturen. Das Volumen beträgt inklusive Anguss rund 220 cm^3. Die mittlere Wanddicke liegt bei zirka 2,5 mm. Die Kavität wird über einen Schirmanguss in der Mitte des Bauteils gefüllt.

Aus jedem PP-Typ wurden kompakte (ungeschäumt) und geschäumte Bauteile gespritzt. Die geschäumten Bauteile wurden sowohl mit chemischem Treibmittel als auch physikalisch im MuCell®-Verfahren hergestellt. Bei den geschäumten Formteilen wird der Dosierweg so gewählt, dass das Werkzeug durch die Expansion des Schaumes gerade volumetrisch gefüllt ist, also die maximal mögliche Gewichts- bzw. Dichtereduzierung erzielt wird. Das Spritzen der kompakten Bauteil erfolgte mit einem Nachdruck von 400 bar nach der volumetrischen Füllung.

Bei der Fertigung der Bauteile wurde bei gleicher Gasbeladung lediglich die Einspritzgeschwindigkeit verändert. Die verwendeten Materialien und deren Herstellparameter sind in Tabelle 5.2 aufgelistet. Bei GB303U (langfaserverstärktes Polypropylen, PPL) wird die Gasrate von 0,75 auf 0,35 kg/h reduziert, da sonst keine vollständige Lösung des Gases in der Schmelze möglich ist. Bei einer unvollständigen Lösung treten starke Schwankungen im Bauteilgewicht auf, die Schmelze kann nicht mehr exakt dosiert werden.

Tabelle 5.2: Verarbeitungsparameter der Polypropylentypen (CF40E, CF20T – chemische Treibmittel)

Proben-bezeichnung	Material	t_w [°C]	v_e [mm/s]	GFR [kg/h]	Treibmittel	Gasbeladung [%]
PPK	PP	20	50	kompakt	–	–
PP1	PP	20	400	0,75	N_2	0,407
PP2	PP	20	50	0,75	N_2	0,399
PPC	PP	20	400	0	2,5 % CF 40E	–
PPHK	PPH	20	50	kompakt	–	–
PPH1	PPH	20	400	0,75	N_2	0,443
PPH2	PPH	20	50	0,75	N_2	0,463
PPHC	PPH	20	400	0	2,5 % CF 40E	–
PPTK	PPT	20	50	kompakt	–	–
PPT1	PPT	20	400	0,75	N_2	0,477
PPT2	PPT	20	50	0,75	N_2	0,460
PPTC	PPT	20	400	0	2,5 % CF 40E	–
PPMK	PPM	20	50	kompakt	–	–
PPM1	PPM	20	300	0,75	N_2	0,448
PP1MK	PP1M	20	50	kompakt	–	–
PP1M1	PP1M	20	300	0,75	N_2	0,484
PPGK	PPG	20	50	kompakt	–	–
PPG1	PPG	20	50	0,75	N_2	0,414
PPG2	PPG	20	400	0,75	N_2	0,410
PPLK	PPL	20	50	kompakt	–	–
PPL1	PPL	20	50	0,35	N_2	0,397
PPL2	PPL	20	400	0,35	N_2	0,346
PPLC	PPL	20	400	0	2,5 % CF 20T	–

Starke Blasenbildung an der Oberfläche bei den PP-HMS-Dry-Blends (PPM, PP1M) erforderte die Reduktion der Einspritzgeschwindigkeit von 400 auf 300 mm/s. Dadurch ist wieder ausreichende Schaumstabilität gegeben. Die Dosierung der chemischen Treibmittel erfolgte entsprechend der maximal empfohlenen Herstellerangabe, um eine größtmögliche Dichtereduktion zu erzielen.

Folgende Prüfungen wurden an den fertigen Bauteilen durchgeführt:

- Während der Produktion wurden die Spritzgussteile gewogen und daraus die relative Dichte als Quotient der Massen des geschäumten und des kompakten Bauteils ermittelt.

- Die Höhe des Zylinders im Angussbereich wurde zur Bestimmung der freien Schwindung herangezogen. Sie wurde mit einer Schiebelehre an einer definierten Stelle bestimmt und mit der Zylinderhöhe im Werkzeug (47,2 mm) verglichen.
- Für den Winkelverzug wurde dem Bauteil an Position 3 ein 2 cm breiter Streifen entnommen. Nach dem Entgraten wurde der Winkel an der Außenseite mit einem Winkelmesser gemessen.
- Der Forminnendruck wurde mit einem angussnahen Druckaufnehmer bestimmt.
- Für den Zugversuch wurde ein Prüfkörper nach ISO 527, der aus dem Bauteil an Position 1 herausgefräst wurde, eingesetzt. Der Elastizitätsmodul wurde mit einem Aufsteckextensiometer bei einer Prüfgeschwindigkeit von 0,5 mm/min in einem Dehnbereich zwischen 0,05 und 0,25 % gemessen. Zur Messung von Streckgrenze und Bruchdehnung wurde die Geschwindigkeit auf 10 mm/min erhöht.
- Im Drei-Punkt-Biegeversuch nach DIN EN 178 wurden pro Material fünf Probekörper mit den Maßen 80 × 10 mm bei einer Prüfgeschwindigkeit von 1,075 mm/s und einer Stützweite von 40 mm geprüft. Die Probekörperdicke ist materialabhängig und beträgt rund 2,5 mm. Der Biege-Elastizitätsmodul wurde im Bereich zwischen 0,1 und 0,2 mm Durchbiegung gemessen. Das entspricht einer Randfaserdehnung von rund 0,1 bis 0,2 %.
- An ausgewählten Proben wurden mittels Lichtmikroskop Untersuchungen zur Schaumstruktur durchgeführt.
- Der Impactversuch wurde an kreisförmigen Probekörpern mit einem Durchmesser von 60 mm und einer Dicke, die, abhängig von den Herstellungsparametern und vom Material, rund 2,5 mm beträgt, bestimmt. Diese wurden aus dem Bauteil an Position 2 entnommen. Der Durchmesser der Auflagefläche in der Einspannvorrichtung beträgt 40 mm. Geprüft wurde in Anlehnung an DIN 53443, Teil 2, mit einer Geschwindigkeit von 4,4 mm/s. Die absorbierten Energien werden an drei Punkten miteinander verglichen (Bild 5.2).

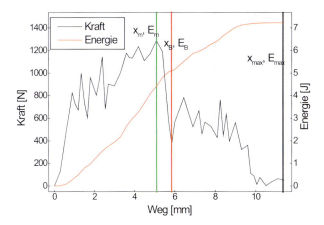

Bild 5.2: Definition der Messpunkte im Impactversuch; Index „m" bezieht sich auf das Maximum der auftretenden Kraft, Index „B" bezeichnet den Bruch und Index „max" das Ende der Durchdringung

5.1.1 Dichtereduktion

Die Resultate entsprechen im Großen und Ganzen den Erwartungen: mit zunehmender Einspritzgeschwindigkeit ist eine höhere Dichtereduktion möglich (siehe Bild 5.3) und die heterogen nukleierende Polymere (PPT, PPG und PPL) zeigen bei den hier verwendeten Gasraten ein besseres Schäumverhalten. Besonders langglasfaserverstärktes Polypropylen (PPL) zeichnet sich durch gute Schäumbarkeit schon bei einer niedrigen Gasrate aus. Der Grund dürfte dabei in der niedrigen Viskosität des Matrixwerkstoffs liegen.

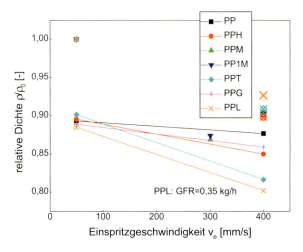

Bild 5.3: Relative Dichte als Funktion der Einspritzgeschwindigkeit (Treibmittel N_2); GFR = 0,5 kg/h, T_w = 20 °C; Messpunkte mit einem Kreuz im Zentrum bezeichnen die chemisch geschäumten Probekörper

Die chemisch geschäumten Proben zeigen ein schlechteres Verhalten in Bezug auf die Dichtereduktion. Vor allem bei langglasfaserverstärktem Polypropylen (PPL) ist die Dichtereduktion wesentlich geringer als beim physikalischen Schäumen. Diese Ergebnisse zeigen, dass die geringste relative Dichte mit höchstmöglicher Gasrate und Einspritzgeschwindigkeit erreicht werden kann.

5.1.2 Schwindung und Winkelverzug

Die Schwindung wird durch das MuCell®-Verfahren nicht beeinflusst. Die Abweichungen bewegen sich in der statistischen Streubreite. Nur die mit Talkum bzw. Glasfasern modifizierten Typen weisen dem Füllgrad entsprechende Reduktionen auf. Bei chemisch geschäumten Teilen ist die Schwindung tendenziell etwas höher, was auf das geringere Treibpotential des Treibmittels zurückgeführt werden kann.

Der Winkelverzug hat bei thermoplastischen Spritzgussteilen zwei Ursachen:

- Durch die schlechtere Wärmeabfuhr aus der Innenseite der Ecke weist dort der Thermoplast nach dem Abkühlen eine höhere Kristallinität auf. Je höher die Werkzeugwandtemperatur T_w ist, desto größer ist der Winkelverzug; dieses Verhalten ist unabhängig vom Gasgehalt der Schmelze und tritt bei verstärkten und unverstärkten Kunststoffen gleichermaßen auf.
- Die unterschiedlichen thermischen Ausdehnungskoeffizienten in radialer und tangentialer Richtung bewirken eine zusätzliche Winkeländerung. Dieser Effekt tritt vor allem bei glasfaserverstärkten Thermoplasten auf, da die Fasern in Fließrichtung (tangential) orientiert sind und somit die thermische Ausdehnung in dieser Richtung behindern. Wird die Schmelze begast, gleicht der Druck des Gases während der Nachdruckphase die Schwindung in radialer Richtung aus und eine drastische Minderung des Winkelverzugs wird erzielt.

Die Versuche zeigen deutlich, dass mit der Begasung der Schmelze eine Verbesserung des Winkelverzugsverhaltens von bis zu 2° zu erzielen ist (PP, PP1M, Bild 5.4).

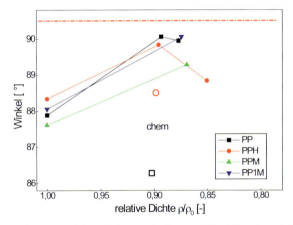

Bild 5.4: Winkelverzug der unverstärkten Polypropylentypen als Funktion der relativen Dichte; der Winkel im Werkzeug beträgt 90,5° (rote Linie); die offen dargestellten Punkte zeigen die chemisch geschäumten Polypropylentypen

5.1.3 Druckbedarf im Werkzeug

Der Dosierweg wird durch Anspritzversuche ermittelt, um ein möglichst geringes Bauteilgewicht zu erzielen. Der Verlauf des Forminnendrucks ist bei geschäumten gegenüber kompakten Bauteilen grundsätzlich verschieden:

- Der Forminnendruck ist bei geschäumten Teilen zum Umschaltzeitpunkt wesentlich niedriger als bei kompakten Teilen.
- Da ohne Nachdruck gearbeitet wird, liegt das Druckmaximum beim Umschaltpunkt und nicht in der Nachdruckphase.

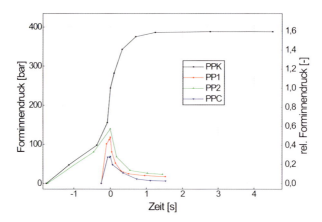

Bild 5.5: Forminnendruckverlauf bei verschiedenen Einspritzgeschwindigkeiten, Gasraten und Wandtemperaturen am Beispiel von PP; der relative Forminnendruck bezieht sich auf den Forminnendruck des kompakten Materials beim Umschaltzeitpunkt

Die bereits erwähnten Unterschiede sind in Bild 5.5 zu erkennen. Der Forminnendruck beim Umschaltpunkt der geschäumten Bauteile beträgt nur rund 50 % des Druckes der kompakten Bauteile. Weiters ist ersichtlich, dass sich in der Abkühlphase ein relativ konstantes Druckniveau einstellt, welches verglichen mit den chemisch geschäumten Bauteilen höher ist. Das höhere Druckniveau in der Abkühlphase bewirkt eine Verringerung der Schwindung und des Winkelverzugs.

Bei geschäumtem Polypropylen zeigt sich, dass chemisch geschäumte Teile zum Umschaltpunkt einen niedrigeren Forminnendruck aufweisen. Eine Ausnahme bildet hier PPL (langfaserverstärktes Polypropylen), dessen Matrix eine sehr niedrige Viskosität zeigt. Die niedrige Viskosität dürfte der Grund für den geringen Forminnendruck sein. Aber auch das Druckniveau in der Abkühlphase ist wesentlich niedriger als bei physikalisch geschäumten Bauteilen. Der Druck der chemischen Treibmittel ist deutlich niedriger als der des gelösten N_2. Der niedrige Druck in der Abkühlphase führt zu einer höheren Schwindung und zu einer schlechteren Oberflächenqualität. Zudem zeigt sich ein leichter Abfall des relativen Forminnendrucks mit erhöhter Einspritzgeschwindigkeit.

5.1.4 Zugversuch

Bild 5.6 zeigt, dass der Elastizitätsmodul überproportional mit der relativen Dichte fällt. Bei einer relativen Dichte von 0,75 beträgt er nurmehr rund 50 % des kompakten Materials, liegt jedoch noch höher als bei den chemisch geschäumten Kunststoffen.

Der Elastizitätsmodul folgt dabei der Funktion

$$\frac{E_S}{E_M} = \rho_{rel}^4 - \rho_{rel}^2 + \rho_{rel} \qquad (5.1)$$

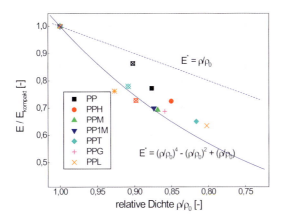

Bild 5.6: Relativer Elastizitätsmodul und relative Dichte; Messpunkte mit einem Kreuz im Zentrum bezeichnen die chemisch geschäumten Probekörper.

wobei ρ_{rel} der Quotient aus der Dichte des Schaums und der Dichte des kompakten Materials ist. Bild 5.6 zeigt, dass diese Gleichung eine gute Näherung darstellt. Bei den Streckspannungen ist derselbe Trend wie beim Elastizitätsmodul zu erkennen, sie sinken auch überproportional zur relativen Dichte. Die Änderung der Streckdehnung über der relativen Dichte ist bei den gefüllten Materialien (PPT, PPG, PPL) gering, nimmt aber bei ungefüllten stark ab. Im Spannungs-Dehnungs-Diagramm bleibt die Dehnungsachse bis zur Streckgrenze annähernd gleich, die Spannungsachse wird der relativen Dichte entsprechend neu skaliert. Die Streckgrenze der ungefüllten Materialien dürfte aufgrund der nicht mehr mikrozellularen Blasenstruktur auf so niedrige Werte sinken.

Das Schäumen wirkt sich auf die Bruchdehnung bei Standard-Polypropylen (PP) und Mischungen von Standard-Polypropylen mit schmelzesteifem Polypropylen (PPM, PP1M) signifikant aus (Bild 5.7). Haben die kompakten Probekörper eine Bruchdehnung jenseits von 250 %,

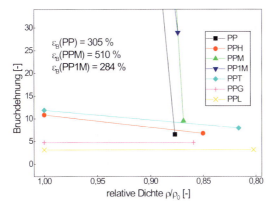

Bild 5.7: Bruchdehnung und relative Dichte; die Bruchdehnungen der unverstärkten kompakten Polypropylentypen wurden im Diagramm nicht dargestellt

so erreichen die geschäumten weniger als 30 %. Der Grund für diese drastische Abnahme liegt in der groben Blasenstruktur. Die Blasen erhöhen die Kerbwirkung und führen zu einer Spannungsüberhöhung im Restquerschnitt.

Die Auswirkungen auf die Bruchdehnung von hochkristallinem Polypropylen sind weniger drastisch, da die Bruchdehnung der kompakten Prüfkörper nur bei rund 11 % liegt und im geschäumten Zustand auf rund 8 % sinkt. Die Bruchdehnung der glasfaserverstärkten Materialien zeigt keine Änderung, ist also unabhängig von der relativen Dichte und wird nur von der Bruchdehnung der Glasfasern bestimmt.

5.1.5 Biegeversuch

Die Biegesteifigkeit ist in erster Linie eine Funktion der Probekörperdicke und der Randschichtdicke. Letztere wird vor allem durch die Nukleationsgeschwindigkeit bestimmt und ist bei heterogen nukleierenden Polymeren (PPT, PPG und PPL in Bild 5.8) geringer als bei homogen nukleierenden (PP, PPH, PPM und PP1M). Dadurch zeigen die homogen nukleierenden Polypropylentypen eine höhere relative Biegesteifigkeit.

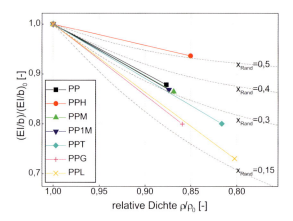

Bild 5.8: Relative Biegesteifigkeit der Polypropylentypen; der rechnerische Randschichtanteil ist gestrichelt eingezeichnet

5.1.6 Impactversuch

Es werden Kraft, Energie und Weg an den in Bild 5.2 definierten Punkten verglichen. Der Vergleich des Stempelweges bei den ungefüllten PP-Typen zeigt, dass durch das Schäumen keine Verschlechterung des Impactverhaltens auftritt. Bei PP und PPH bleibt die Absenkung bei maximaler Kraft X_m und die Bruchabsenkung X_B annähernd konstant, nur der Weg bis zur endgültigen Durchdringung X_{max} ändert sich. Bei den beiden PP/PP-HMS-dry-blends (PP1M, PPM) nehmen sowohl X_m als auch X_B zirka um den Faktor zwei zu, der Weg bis zur

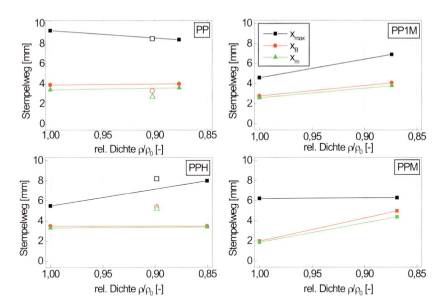

Bild 5.9: Stempelabsenkung im Kraftmaximum X_m, beim Bruch X_B und bei der vollständigen Durchdringung X_{max} für unverstärkte Polypropylentypen; offen dargestellt sind die Werte für chemisch geschäumtes PP und PPH

vollständigen Durchdringung X_{max} ändert sich bei PPM nicht, nimmt jedoch bei PP1M noch zu (siehe Bild 5.9).

Dieses Verhalten kann durch die feinere Schaumstruktur von PPM und PP1M und deren ausgeprägten Randschichten erklärt werden (Bild 5.13) [10]. PP und PPH hingegen zeigen eine gröbere Struktur mit Poren, die teilweise von der Mitte bis knapp unter die Oberfläche des Bauteils gehen (Bild 5.12) und somit schon als makroskopische Materialschädigung betrachtet werden können. Geschäumtes kurz- und langglasfaserverstärktes Polypropylen weist grundsätzlich unterschiedliches Impactverhalten auf:

- Geschäumtes kurzglasfaserverstärktes Polypropylen (PPG2, links in Bild 5.14) zeigt die erste Schädigung bei rund 7 mm Absenkung und versagt danach innerhalb weniger Millimeter. Nach Erreichen der Schädigung kann das Material kaum mehr Energie aufnehmen.
- Geschäumtes langglasfaserverstärktes Polypropylen (PPL2, rechts in Bild 5.14) zeigt eine erste Schädigung schon bei zirka 5 mm, die völlige Durchdringung findet aber erst bei rund 15 mm statt. Bei der ersten Schädigung hat das Material erst ungefähr ein Drittel der gesamtmöglichen Energie aufgenommen.

Bei einer Absenkung von rund 5 mm, einer Probekörperdicke von 2,61 mm und einer freien Einspannlänge von 40 mm herrscht in der Randfaser eine Dehnung von

$$\varepsilon_{RF} = \frac{600 \cdot 2{,}61 \cdot 5}{40^2} \approx 4{,}9\,\% \tag{5.2}$$

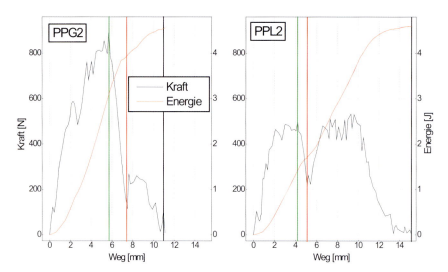

Bild 5.10: Vergleich des Impactverhaltens von geschäumten (PPG2, links) und langglasfaserverstärktem Polypropylen (PPL2, rechts)

Berücksichtigt man noch eine Kompression des Probekörpers durch den Druck des Stempels, also die Abnahme der Probekörperdicke, liegt die Randfaserdehnung zirka im Bereich der Bruchdehnung der Glasfasern. Es brechen daher bei dieser Absenkung zuerst Fasern, die in der Randschicht in Belastungsrichtung angeordnet sind. In weiterer Folge werden die auftretenden Spannungen auf die umgebenden Fasern verteilt und bei zunehmender Absenkung steigt die Fähigkeit zur Energieaufnahme wieder.

Möglich ist auch eine Kompression des Schaums bis zum Kollabieren der Kernschicht und nachfolgende Einzelbiegung der kompakten Deckschichten. Die Spannungsbelastung ändert sich dadurch von einer Biegespannung zu einem reinen Membranspannungszustand. Durch den Kollaps der Kernschicht treten nur mehr Zugspannungen in den Randschichten auf, die wesentlich kleiner als die Zug- und Druckspannungen – hervorgerufen durch die Biegebelastung – sind. Auf die aufgenommene Energie beim Impactversuch hat das Schäumen der Probekörper bei den unverstärkten Polypropylentypen im Wesentlichen keinen Einfluss. Lediglich bei PP1M erhöht sich die Energie im Kraftmaximum und die Energie bei der ersten Schädigung, die Energie für die vollständige Durchdringung bleibt jedoch annähernd konstant. Vergleicht man die aufgenommene Energie bei chemisch und physikalisch geschäumten Probekörpern, so erkennt man, dass die Art des Schäumens kaum einen Einfluss hat. Einzige Ausnahme bildet PP-HC (PPH), das beim chemischen Schäumen eine feinere Blasenstruktur ausbildet. Diese Struktur führt zu einer geringeren Kerbwirkung als die großen Blasen des physikalisch geschäumten PP-HC.

Bei den glasfaserverstärkten Polypropylentypen (PPG und PPL in Bild 5.11) ist die aufgenommene Energie vor allem von den Glasfasern abhängig, deren Gehalt mit zunehmender relativer Dichte abnimmt. Daher ist allgemein ein Abfall über die relative Dichte zu erkennen.

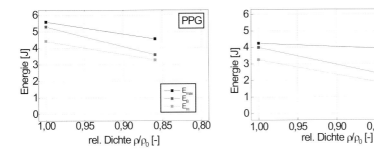

Bild 5.11: Absorbierte Energie im Kraftmaximum E_m, beim Bruch E_b und bei der vollständigen Durchdringung E_{max} für kurzglasfaserverstärkte (PPG, links) und langglasfaserverstärktes Polypropylen (PPL, rechts)

5.1.7 Schaumstruktur

Die Schliffe werden in einem Auflichtmikroskop betrachtet und die Bilder bei normaler Beleuchtung mit denen im Dunkelfeld verglichen. Bei der Dunkelfeldmikroskopie wird jenes Licht aus dem Strahlengang gefiltert, das direkt von der Oberfläche der Probe reflektiert wird. Nur Licht, das in tieferen Bereichen der Probe an Poren oder anderen Fehlstellen gestreut wird, gelang zum Okular. Dadurch sieht man Schaumstrukturen sehr viel besser als mit normaler Beleuchtung. Kompakte Bereiche erscheinen im Dunkelfeld unstrukturiert.

Die größten Abweichungen in der Schaumstruktur wurden beim ungefüllten Polypropylen festgestellt. PP1 bildet in der dünnen Kernschicht einen sehr feinporigen Schaum, jedoch auch in der Randschicht zeigen sich größere Schaumstrukturen, die bis zur Oberfläche wachsen. Diese größeren Zellen zeigen eine starke Abweichung von der sphärischen Idealform und entstehen wahrscheinlich durch Agglomeration während der Abkühlphase (Bild 5.12, links). Chemisch geschäumtes Standard-Polypropylen hingegen zeigt eine ausgeprägt kugelige Schaumstruktur ohne Agglomerationen mit einer definierten Randschicht. Physikalisch geschäumtes PP-HC (PPH1, Bild 5.12, rechts) zeigt eine gänzlich andere Schaumstruktur. Die Blasen entstehen schon während des Einspritzvorgangs, die Schmelze ist noch in Bewegung. Durch die Scherströmung in der Kernschicht werden die Zellen stark deformiert und in Fließrichtung orientiert. Chemisch geschäumtes PP-HC nukleiert im Gegensatz zu physikalisch geschäumten PP-HC heterogen. Die Größe und regelmäßige Verteilung zeigt den Einfluss der aktiven Nukleierungsmittel auf die Schaumbildung und die Nukleationsgeschwindigkeit. Der größere Druck in den kleinen Blasen behindert deren Deformation und lässt sie nach dem Stillstand der Schmelze wieder ihre sphärische Form annehmen.

Eine dritte Möglichkeit, Schaum zu bilden, zeigt PP1M. Es handelt sich hierbei um ein Dryblend aus 75 % Standard PP und 25 % PP-HMS schmelzesteifem Polypropylen. Bei der untersuchten Probe sind große, deformierte Blasen und feinzelliger Schaum zu erkennen (Bild 5.13, links). Die großen Blasen umgibt ein Bereich kompakten Materials. Diese Struktur deutet auf eine Entmischung der beiden Polymere hin, deren Viskosität stark unterschiedlich ist.

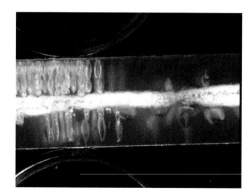 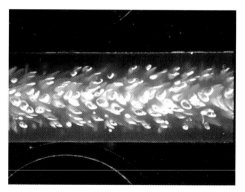

Bild 5.12: Dunkelfeldaufnahmen der Schaumstruktur bei PP1 (links: $v_e = 400$ mm/s, $t_w = 20$ °C) und PPH1 (rechts: $v_e = 400$ mm/s, $t_w = 20$ °C)

 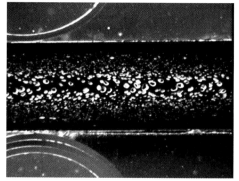

Bild 5.13: Dunkelfeldaufnahmen der Schaumstruktur bei PP1M (links: $v_e = 300$ mm/s, $t_w = 20$ °C) und PPT1 (rechts: $v_e = 400$ mm/s, $t_w = 20$ °C)

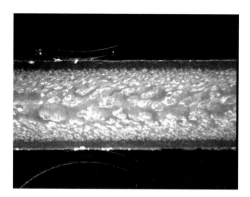 

Bild 5.14: Dunkelfeldaufnahmen der Schaumstruktur bei PPG2 (links: $v_e = 400$ mm/s, $t_w = 20$ °C) und PPL2 (rechts: $v_e = 400$ mm/s, $t_w = 20$ °C)

Während des Einspritzvorgangs bildet sich in dem Bereich, in dem PP-HMS vorliegt, ein feinstrukturierter Schaum, der durch die hohe Schmelzesteifigkeit von PP-HMS gut stabilisiert wird. In den umgebenden Bereichen, in denen kein PP-HMS vorhanden ist, wird die Agglomeration der Blasen durch die geringe Schmelzesteifigkeit gefördert. Der Druck in den Blasen des feinporigen PP-HMS-Schaums ist höher als in den großen Blasen des Standard-PP-Schaums, sie werden also nicht so leicht deformiert und behalten daher ihre annähernd kugelige Gestalt bei.

Im Fall von gefülltem bzw. verstärktem Polypropylen führt die ausreichende Anzahl von Nukleationskeimen (Talkum oder Glasfasern) beim Schäumen zu rein heterogener Nukleation. Die Zelldichte ist daher abhängig vom Füllstoffgehalt und der Grenzflächenenergie zwischen Polymer und Partikel. Talkumgefülltes Polypropylen zeigt beim Schäumen wieder die bekannte kugelige Struktur mit definierten Randschichten. Die physikalisch geschäumten Proben weisen im Vergleich zu den chemisch geschäumten durch die größere Menge an gelöstem Gas eine höhere Zelldichte und kleinere Blasen auf. Durch den hohen Gehalt an Nukleationspunkten (30 % Talkum) tritt nur heterogen Nukleation auf, die Blasen sind im Vergleich zu homogen nukleierten Zellen größer. Bei PPT1 zeigt sich eine klar definierte Randschicht, deren Grenze durch feine Bläschen markiert ist (Bild 5.13, rechts).

Kurzglasfaserverstärktes Polypropylen (PPG2, Bild 5.14, links) bildet eine unregelmäßige Blasenstruktur mit großen Blasen in der Kernschicht, deren Größe zu den Randschichten hin abnimmt. Die Zelldichte ist niedrig, und der mittlere Blasendurchmesser ist nicht mehr in der Größenordnung des Faserdurchmessers. Die Randschichten sind klar von der Kernschicht abgegrenzt. Langglasfaser-verstärktes Polypropylen (PPL2, Bild 5.14, rechts) bildet beim Schäumen eine feinere Struktur als kurzglasfaserverstärktes Polypropylen aus. Die Zelldichte ist im Gegensatz zu kurzglasfaserverstärktem Polypropylen über den Querschnitt homogen verteilt. Chemisch geschäumtes, langglasfaserverstärktes Polypropylen bildet eine gröbere, unregelmäßig geformte Blasenstruktur. Fasern ragen vereinzelt in die Blasen, sind daher nicht auf ihrer ganzen Länge mit der Matrix in Kontakt.

5.1.8 Fazit zur Verarbeitung von Polypropylen im Schaumspritzgießverfahren

Die Dichtereduktion steigt proportional zu Einspritzgeschwindigkeit und dem Gasgehalt der Schmelze. Die freie Schwindung ist bei kompakten Bauteilen abhängig vom Nachdruckniveau und vom Füllstoffgehalt des Compounds. Je höher Nachdruck und Füllstoffgehalt sind, desto geringer ist die freie Schwindung. Geschäumte Bauteile zeigen das gleiche Schwindungsverhalten wie kompakte, es muss jedoch angemerkt werden, dass diese Teile ohne äußeren Nachdruck hergestellt werden und der Druck des gelösten Gases somit die Schwindung in Längsrichtung kompensiert.

Anders als die Schwindung in tangentialer (Längs-)Richtung wird der Winkelverzug neben den thermischen Verhältnissen im Werkzeug durch das Verhältnis von radialer zu tangentialer Schwindung bestimmt. Dieser Effekt tritt vor allem bei glasfaserverstärkten Thermoplasten mit stark anisotropen thermischen Ausdehnungskoeffizienten auf. Am Ende des Fließwegs kann der von außen aufgebrachte Nachdruck die radiale Schwindung nicht mehr ausgleichen. Bei physikalisch geschäumten Teilen bewirkt der relativ hohe Druck in der Abkühlphase eine Kompensation der radialen Schwindung und somit eine Minimierung des Winkelverzugs.

Das in der Schmelze gelöste Gas bewirkt eine Verringerung der Viskosität und dadurch eine Reduktion des Forminnendrucks. Zum Umschaltzeitpunkt beträgt der Werkzeuginnendruck angussnah bei den geschäumten Bauteilen rund die Hälfte des Drucks der kompakten Teile. Jedoch weisen kompakte und geschäumte Teile einen gänzlich anderen Verlauf der Innendruckkurven auf: Während bei den kompakten Teilen nach dem Umschaltpunkt erst der Nachdruck aufgebracht wird, der bei diesen Versuchen nur rund 50 % über dem Umschaltdruck liegt, haben die geschäumten Teile, da sie ohne äußeren Nachdruck hergestellt werden, das Druckmaximum im Umschaltpunkt. In der Abkühlphase wirkt der Druck des expandierenden Gases und sorgt so für einen gleichmäßigen (inneren) Nachdruck über den gesamten Fließweg. Der Unterschied in den Innendruckverläufen bewirkt bei den geschäumten Bauteilen eine Reduktion der Schließkraft um rund zwei Drittel.

Viskositätsreduktion und ein signifikant niedrigerer Forminnendruck bei gleichzeitig höherer Abbildungstreue zeichnen das physikalische Schäumen für die Herstellung großflächiger, dünnwandiger Bauteile aus. Einerseits können durch die niedrige Viskosität hohe Fließweg-Wanddicken-Verhältnisse realisiert werden, andererseits erlaubt der geringe Forminnendruck die Verwendung einer vergleichsweise kleineren Schließeinheit und damit einer kleineren Spritzgießmaschine.

Der Vergleich von chemischen mit physikalisch geschäumten Teilen zeigt einen wesentlichen Unterschied in der Nachdruckphase. Die geringer Gasmenge, die durch die Zersetzung des Treibmittels freigesetzt wird, kann nicht den Druck des gelösten Gases beim physikalischen Schäumen aufbauen, wodurch sich beim chemischen Schäumen ein geringerer Werkzeuginnendruck ergibt.

Die mechanischen Eigenschaften von geschäumten Bauteilen hängen in erster Linie von der relativen Dichte und vom Anteil der Randschicht ab. Bei geschäumten Teilen nimmt der Elastizitätsmodul (linearelastischer Bereich) überproportional mit der relativen Dichte ab. Im plastischen Bereich, also jenseits der Streckgrenze, kommt die Struktur des Schaumes zum tragen. Große Poren führen zu Spannungsüberhöhung und wirken Riss initiierend. Bei leicht fließenden Polymeren (z. B. Polypropylen) wird daher die Reißdehnung drastisch gesenkt.

Im Gegensatz zur einachsigen Belastung des Zugversuchs zeigen geschäumte Strukturen bei Biegebelastung meist eine höhere Steifigkeit. Ausschlaggebend für die Biegesteifigkeit ist die Bauteildicke und der Anteil der kompakten Randschicht. Bei geschäumten Bauteilen wird die Schwindung in radialer Richtung durch den über den gesamten Fließweg annähernd konstanten inneren Nachdruck kompensiert. Das geschäumte Teil ist daher dicker als vergleichbare kompakte Teile. Diese Dickenerhöhung in Kombination mit der Sandwich-Struktur geschäumter Bauteile kann in einigen Fällen zu gleichbleibender Biegesteifigkeit bei niedrigerer relativer Dichte führen. Allgemein nimmt die Biegesteifigkeit je nach Randschichtdicke unterproportional mit der relativen Dichte ab.

Durch das Schäumen tritt im Allgemeinen keine Änderung des Impactverhaltens auf. Sowohl der Stempelweg als auch die aufgenommene Energie bleiben im untersuchten Bereich über die relative Dichte annähernd konstant. In der Schaumstruktur zeigt sich der grundlegende Unterschied zwischen homogener und heterogener Nukleation:

- Heterogen nukleierte Schäume weisen eine feinporige Struktur mit Blasendurchmessern im Bereich der Glasfaserdurchmesser auf. Durch die hohe Nukleationsgeschwindigkeit können jedoch keine ausreichend dicken kompakten Randschichten entstehen und die Vorteile einer Sandwich Struktur, zum Beispiel hohe Biegesteifigkeit bei geringem Gewicht, kommen somit nicht zum tragen.
- Nukleiert der Schaum homogen, bilden sich klar definierte kompakte Randschichten aus. Die Dicke der Randschicht ist bei gleicher Massetemperatur im Zylinder abhängig von der Einspritzgeschwindigkeit und der Werkzeugwandtemperatur. Bei der homogenen Nukleation lässt sich die Nukleationsgeschwindigkeit durch Steigerung der Gasrate und der Einspritzgeschwindigkeit erhöhen, die Schaumstruktur wird dadurch feiner.

Die Untersuchung der Schaumstruktur zeigt den Einfluss des Thermoplasten auf die Schaumbildung. Bei zu niedriger Schmelzesteifigkeit agglomerieren die Blasen in der Abkühlphase und es entsteht ein unregelmäßiger, grobzelliger Schaum.

Die Herstellung geschäumter Bauteile im TSG-Verfahren aus Polypropylen erfordert stets die Abwägung zwischen gewünschter Dichtereduktion und geforderten mechanischer Eigenschaften.

5.2 Technische Thermoplaste für das TSG-Verfahren

Nachdem im vorangegangenen Abschnitt der Werkstoff Polypropylen und seine Modifikationen hinsichtlich ihrer Eignung für das TSG-Verfahren untersucht wurden, wird in diesem Abschnitt die Materialseite der technischen Thermoplaste behandelt. Es wurden sowohl amorphe als auch teilkristalline Thermoplaste sowie Polymerblends untersucht. Die Erkenntnisse zum Schaumspritzgießen von technischen Thermoplasten wurden am Lehrstuhl für Polymere Werkstoffe der Universität Bayreuth im Rahmen von verschiedenen Forschungsvorhaben erarbeitet.

Die Werkstoffe wurden auf einer Battenfeld MuCell®-Spritzgießmaschine mit 35 mm Schneckendurchmesser und einem Tauchkantenwerkzeug zu geschäumten Probekörpern verarbeitet (siehe Bild 5.15). Es wurde das Verfahren atmendes Werkzeug eingesetzt, d. h., die Kavität wurde vollständig volumetrisch mit gasbeladenem Polymer gefüllt, wodurch eine Schaumbildung unterbunden wurde. Nach einer kurzen Verzögerungszeit zwischen 3 und 6 Sekunden wurde das Werkzeug um einen definierten Weg geöffnet, wodurch die noch flüssige plastische Seele aufschäumt. Der Kunststoff bildet eine Integralschaumstruktur mit ungeschäumten Deckschichten und einem Schaumkern aus. Die Dichtereduktion wird bestimmt durch die Wandstärke vor und nach dem Atmen, d. h. Einspritzen einer 2 mm dicken Platte und Öffnen auf 4 mm ergibt eine Dichtereduktion von 50 % bzw. analog 2 auf 3 mm (33 % Dichtereduktion).

Bild 5.15: Spritzgegossene Probekörper, das Aufschäumen (Atmen) erfolgt in Dickenrichtung

5.2.1 Werkstoff- und Treibmittelauswahl

Das TSG-Verfahren mit physikalischen Treibmitteln wie Stickstoff (N_2) ist prinzipiell für alle Thermoplastwerkstoffe geeignet. Das in die Polymerschmelze injizierte inerte Treibmittel Stickstoff geht in der Regel keine negative Wechselwirkung mit dem Polymer ein, sodass mit dem gleichen Treibmittel sowohl einfache Commodities wie PS oder PP, technische Thermoplaste (SAN; ABS; PC; PA; PBT) als auch Hochtemperaturthermoplaste wie PEEK geschäumt werden können. In diesem Abschnitt soll eine Übersicht über typische Thermoplastwerkstoffe gegeben werden. Tabelle 5.3 gibt eine Übersicht der ausgewählten Polymere.

Tabelle 5.3: Übersicht behandelter Thermoplaste

Amorph	Teilkristallin	Blends
Styrol-Acryl-Nitril (SAN)	Polyamid 6	PC/SAN
Polycarbonat (PC)		
Acrylnitril-Butadien Styrol (ABS)		

Für viele technische Anwendungen kommt in der Regel nicht das reine Polymer sondern Modifikationen mit anderen Polymeren (Polymerblends) oder mit Füll- und Verstärkungsstoffen zum Einsatz. Der amorphe Werkstoff SAN wird als ein Basispolymer verwendet und es soll der Einfluss von verschiedenen Modifikationen wie Blenden, Verstärken und Schlagzähmodifizieren untersucht werden. Als Blendpartner für SAN dient PC. Als Verstärkungsstoffe für SAN werden Kohlenstoffnanofasern (Carbon Nanofibers, CNF) bzw. Ruß (Carbon Black, CB) eingesetzt. Weiterhin wird der Einfluss der Kautschukmodifizierung auf das spröde SAN am Beispiel von ABS dargestellt. Am Beispiel des teilkristallinen PA 6 wird der Einfluss der Verstärkung mit Kohlenstoffnanofasern untersucht. Die hergestellten Probekörper werden hinsichtlich Morphologie (Zellstruktur/Integralschaumstruktur) und ihren mechanischen Eigenschaften charakterisiert.

Die Festlegung der benötigten Menge an Treibmittel richtet sich nach den Anforderungen an Oberflächenqualität und der benötigten Dichtereduktion. Hierbei ist zu beachten, dass die Löslichkeit des Treibmittels in jedem Werkstoff unterschiedlich ist. Dementsprechend muss die richtige Treibmittelbeladung an jedem Werkstoff und für jede Anwendung ausgehend von bekannten Richtwerten individuell optimiert werden. Typische Gasbeladungen liegen beim MuCell®-Verfahren zwischen 0,2 und 1,0 % Stickstoff. Die Gasbeladung sollte beim MuCell®-

Verfahren so hoch wie nötig, jedoch so gering wie möglich gewählt werden. Neben dem ökonomischen Aspekt der Treibmittelkosten ist stets darauf zu achten, dass die eingebrachte Treibmittelmenge während des Plastifizierens vollständig in Lösung geht. Dementsprechend sind beim MuCell®-Verfahren relativ hohe Staudrücke zu wählen, typischerweise zwischen 120 und 200 bar. Zu niedrige Staudrücke bzw. zu hohe Gasbeladungen führen im Bauteil zur Blisterbildung, d. h., es bilden sich makroskopisch große Blasen unmittelbar unter der Bauteiloberfläche. Gasbeladungen über 1,0 % N_2 führen oftmals zu Prozessschwankungen, da der Stickstoff nicht mehr zuverlässig in der Schmelze gelöst werden kann.

Höhere Gasbeladungen führen in der Regel zu einer schlechteren Oberflächenqualität der Formteile, d. h., es treten mehr Silberschlieren auf. Zu niedrige Gasbeladungen führen zu einer geringeren Dichtereduktion, da weniger Treibmittel für die Expansion zur Verfügung steht. Die Festlegung des optimalen Treibmittelgehalts sollte ausgehend von einem Startwert (z. B. 0,5 % N_2) anhand von Erfahrung über Vorversuche an den Anwendungsfall angepasst werden. Wenn die gewünschte Dichtereduktion mit dem Startwert erreicht wird, sollte die Gasbeladung in 0,1-%-Schritten reduziert werden, um die Oberflächenqualität zu verbessern. Durch die Zugabe von Füll- und Verstärkungsstoffen, wie Talkum oder Glasfasern, sollte der Treibmittelgehalt entsprechend der Menge an Füllstoff reduziert werden, um bezogen auf das Polymer stets die gleiche Treibmittelmenge zu haben.

5.2.2 Schaumspritzgießen von SAN/PC-Blends

Die reinen Polymere Polycarbonat (PC, Bayer Makrolon 2605) und Styrol-Acryl-Nitril (SAN, BASF SE Luran 358 N mit 19 % Anteil an Acrylnitril) wurden als Blendpartner ausgewählt, um daraus Mischungen in 10-%-Schritten herzustellen (0/100, 10/90, etc.). Für die Compoundierung wurde ein gleichläufiger Doppelschneckenextruder Berstorff ZE25 mit einem L/D-Verhältnis von 32 bei einer Temperatur von 230 °C eingesetzt.

An den Compounds wurden rheologische Messungen in Scherung und Dehnung durchgeführt. Die scherrheologischen Messungen wurden an einem Platte-Platte Rheometer (ARES, Rheometric scientific) sowie an einem Hochdruckkapillarviskosimeter HKV (Göttfert Rheograph 6000) durchgeführt. Die Platte-Platte-Messungen erfolgten bei 220 und 240 °C im linear-viskoelastischen Bereich in einem Frequenzbereich von 0,1 bis 500 rad/s. Es wurden der Speichermodul G' und die dynamische Viskosität h^* in Abhängigkeit der Frequenz w gemessen. Die HKV-Messungen erfolgten an jedem Material mit drei unterschiedlich langen Düsen (10, 20, 30 mm) bei einem Durchmesser von 2 mm. Zur Bestimmung der wahren Scherviskosität wurden die Messwerte nach Bagley und Rabinowitsch korrigiert.

Die dehnrheologischen Eigenschaften der Schmelze werden mit einem Göttfert Rheotensgerät bestimmt. Die Schmelze wird in einem Kapillarrheometer aufbereitet und durch eine Düse mit einer Länge von 30 mm und einem Durchmesser von 2 mm bei einer Temperatur von 220 °C gedrückt. Das Rheotensgerät befindet sich dabei 95 mm unterhalb der Düse. Das Polymer wird bei einer Scherrate von 43,2 1/s extrudiert und den Rheotenswalzen zugeführt. Die Walzengeschwindigkeit wird bei einer linearen Beschleunigung von 12 mm/s^2 erhöht. Es wird die Abzugskraft in Abhängigkeit der Abzugsgeschwindigkeit gemessen. Die Messung ist beendet, wenn der verstreckte Schmelzestrang abreist. Die Maximalkraft wird als Schmelzefestigkeit und die Geschwindigkeit beim Abriss als Schmelzedehnbarkeit bezeichnet. Ein analytisches Modell nach Wagner wird genutzt, um die scheinbare Dehnviskosität als Funktion der Dehnrate zu berechnen. Eine genaue Beschreibung dieses Modells kann bei Wagner et al. [11] gefunden werden.

Die SAN/PC-Blends werden beim Schaumspritzgießen zu geschäumten Probekörpern verarbeitet. Die verwendete hydraulische Battenfeld-Schaumspritzgießmaschine ist mit einer 35 mm MuCell®-Schnecke (BA 1500/630 + 400 BK) und einem Plattenwerkzeug mit den Maßen $230 \times 64 \times 2$ mm^3 ausgestattet. Dieses Werkzeug bietet die Möglichkeit der Gasgegendrucktechnologie sowie der Werkzeugatmung (Tauchkante). Das Polymer wird bei 280 °C plastifiziert und bei einem Staudruck von 180 bar mit 0,5 Gew.-% Stickstoff begast. Vor dem Einspritzen wird die Kavität des Spritzgießwerkzeugs mit einem Gasgegendruck von 60 bar beaufschlagt, um das Aufschäumen während der Füllung zu vermeiden. Nach der volumetrischen Füllung der Kavität wird der GGD abgebaut und die 2,0 mm dicke Kavität nach einer Verzögerung von 2 Sekunden um 1,0 auf 3,0 mm vergrößert. Durch die Kavitätsvergrößerung erfährt die Schmelze einen Druckabfall von ca. 500 auf ca. 50 bar, wodurch die plastische Seele des Spritzlings aufschäumt. Im Anschluss folgt eine 60 Sekunden lange Restkühlzeit, nach der das Werkzeug vollständig geöffnet werden kann und die fertig geschäumten Formteile entnommen werden können. Die hergestellten Formteile haben bei einer Wandstärke von 3,0 mm eine Dichtereduktion von ca. 33 % gegenüber dem ungeschäumten Material. Zusätzlich zu den geschäumten Platten wurden aus den SAN/PC-Blends noch ungeschäumte Platten mit einer Wandstärke von 2,0 mm gefertigt.

Die hergestellten Formteile wurden sowohl morphologisch als auch mechanisch charakterisiert. Die Strukturaufklärung beinhaltet die Dichtemessung nach ISO 1183-1, die Analyse des Aufbaus der Integralschaumstruktur (Dicke des Bauteils, der kompakten Deckschichten sowie des Schaumkerns) und die Messung der mittleren Zellgrößenverteilung. Hierfür wurden an kryo-gebrochenen Proben rasterelektronenmikroskopische Aufnahmen an einem Jeol JSM-IC 848 bei einer Beschleunigungsspannung von 15 kV angefertigt.

Für die mechanische Prüfung wurden Probekörper mit $80 \times 10 \times d$ mm (d = Dicke) aus den Platten gesägt. Die Biegeprüfung erfolgt an einer Universalprüfmaschine des Typs Zwick 2.5 kN nach der Norm ISO 178. Die Schlagbiegeprüfung erfolgt an gekerbten Proben an einem Roell-Amsler Schlagpendel nach der Norm ISO 179-2/eA. Zusätzlich wurden an quadratischen Proben (60 × 60 mm) Durchstoßversuche an einem Fallbolzengerät Ceast Impactor Fractovis plus bei einem Fallgewicht von 14,4 kg nach ISO 6603-2 durchgeführt.

5.2.2.1 Scherrheologie von SAN/PC-Blends

Bild 5.16 a zeigt den doppelt-logarithmischen Plot der komplexen Viskosität über der Scherfrequenz. Die reinen Polymere SAN und PC zeigen bei niedrigen Frequenzen ein Newton'sches Verhalten und bei höheren Frequenzen ein strukturviskoses Verhalten. Die genauere Betrachtung zeigt für SAN eine geringere Scherviskosität als für PC und darüber hinaus ein stärker ausgeprägtes strukturviskoses Verhalten. Wie zu erwarten war, liegt die Viskosität der Blends aus diesen beiden Polymeren zwischen den beiden Ausgangsmaterialien. Bei niedrigen Fre-

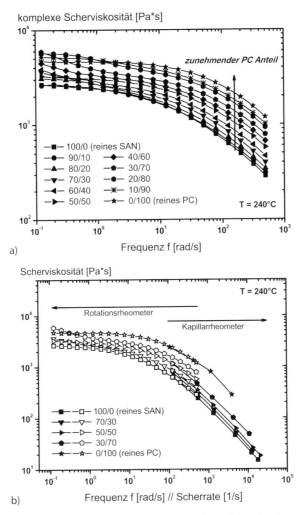

Bild 5.16: a) Komplexe Scherviskosität von SAN/PC-Blends als Funktion der Frequenz
b) Vergleich der komplexen Scherviskosität und der Scherrate von SAN/PC-Blends bei 240 °C

quenzen zeigen die Blends SAN/PC 40/60 und SAN/PC 40/70 eine Fließgrenze, was auf eine Veränderung der Blendmorphologie hindeutet.

Bild 5.16 b zeigt die Viskosität aus Platte-Platte-Rheologie und den HKV-Messungen. Hierzu wurde das Modell nach Cox-Merz angewendet, wonach die komplexe Scherviskosität (Platte-Platte) und die stetige Scherviskosität (HKV) für numerisch gleiche Werte der Scherfrequenz und der Scherrate übereinstimmen, vgl. Gleichung 5.3.

$$|\eta^*(\omega)| = \sqrt{\eta'(\omega)^2 + \eta''(\omega)^2} = \eta(\dot{\gamma}) \quad \text{für } \dot{\gamma} = \omega \tag{5.3}$$

In Bild 5.16 b ist zu erkennen, dass die Cox-Merx-Regel für die reinen Polymere SAN bzw. PC sehr gut übereinstimmt, jedoch für die zweiphasigen Blends SAN/PC deutliche Abweichungen zwischen Platte-Platte-Messungen und HKV-Messungen vorliegen. Die Abweichungen steigen bei höherem PC-Anteil und sind für teilmischbare Polymerblends wie SAN/PC bekannt.

Bild 5.17 zeigt den Speichermodul der SAN/PC-Schmelze bei 220 und 240 °C sowie bei einer sehr niedrig konstanten Scherfrequenz von 0,126 rad/s. Die Zugabe von PC in SAN führt zu einem Anstieg des Speichermoduls und bei den Zusammensetzungen von SAN/PC 30/70 bzw. SAN/PC 70/30 zu zwei lokalen Maxima. Aus der Literatur ist bekannt, dass diese lokalen Maxima des Speichermoduls auf eine Veränderung der Blendmorphologie hinweisen. Außerhalb dieser Grenzen 30/70 bzw. 70/30 SAN/PC liegt ein System aus dispersem SAN in einer PC-Matrix bzw. dispersem PC in einer SAN-Matrix vor. Innerhalb der Maxima liegen die beiden Phasen SAN bzw. PC co-kontinuierlich vor.

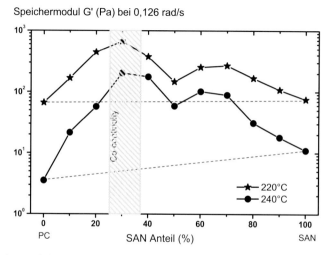

Bild 5.17: Speichermodul der Polymerschmelze der SAN/PC-Blends bei konstanter Frequenz von 0,126 rad/s

Dehnrheologie von SAN/PC-Blends

Dehneigenschaften von Polymerschmelzen wie Schmelzefestigkeit und Schmelzedehnbarkeit sind wichtige Kenngrößen zur Charakterisierung des Schäumverhaltens. Nach einem Druckabfall bilden sich viele kleine Zellen (Nukleierung) und das gelöste Treibmittel diffundiert in die Zellen, wodurch innerhalb der Schaumzellen der Druck steigt. Dieser Druckanstieg in den Schaumzellen führt zur Expansion der Schaumzellen (Wachsen), wodurch das Polymer gedehnt wird. Zum Wachsen der Zelle muss der Gasdruck in den Zellen den Widerstand der umgebenden Polymerschmelze überwinden. Dementsprechend wachsen Zellen in einem Polymer mit niedriger Dehnviskosität schneller als mit hoher Dehnviskosität. Wenn der Polymerschaum nicht schnell genug abgekühlt und stabilisiert wird, neigen Polymere mit niedriger Schmelzefestigkeit zu Zellkoaleszenz, d. h., die Zellen wachsen unkontrolliert weiter und es entsteht anstelle vieler kleiner Zellen schließlich nur eine große Zelle. Neben einer hohen Schmelzefestigkeit ist beim Schäumen auch eine hohe Schmelzedehnbarkeit wichtig, da eine hohe Dehnbarkeit besonders bei hohen Expansionsgraden ein Platzen der Zellwände unterbindet. Folglich sind zum Erreichen von feinzelligen Schaumstrukturen sowohl eine hohe Schmelzedehnbarkeit als auch eine hohe Schmelzefestigkeit vorteilhaft.

Bild 5.18 a zeigt das dehnrheologische Verhalten der SAN/PC-Blends bei 220 °C im Rheotensversuch. Die Schmelzefestigkeit des PC ist mit 130 cN doppelt so hoch wie von SAN mit 65 cN. Die Zugabe von PC in SAN erhöht die Schmelzefestigkeit. Es ist anzumerken, dass weder bei den reinen Materialien SAN und PC noch bei den Blends ein Abriss des Schmelzestrangs auftrat, d. h., diese Polymere bieten eine ausreichend Schmelzedehnbarkeit. Bild 5.18 b zeigt

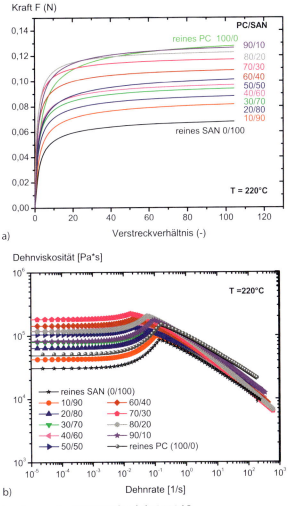

Bild 5.18: a) Rheotenskurven der SAN/PC-Blends bei 220 °C,
b) Scheinbare Dehnviskosität von SAN/PC-Blends berechnet nach dem analytischen Modell nach Wagner

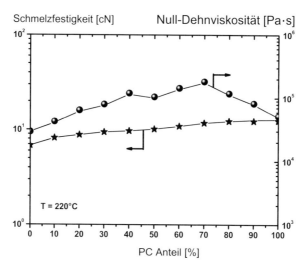

Bild 5.19: Schmelzefestigkeit und berechnete Null-Dehnviskosität der SAN/PC-Blends bei 220 °C

die aus den Rheotensmesskurven berechneten scheinbaren Dehnviskositäten als Funktion der Dehnraten der SAN/PC-Blends nach Wagner. Es ist zu erkennen, dass sowohl SAN als auch PC eine deutliche Dehnverfestigung aufweisen, wobei PC eine höhere Dehnviskosität besitzt als SAN. Interessanterweise zeigen die Blends aus SAN und PC höhere Dehnviskositäten als die reinen Materialien. Analoges Verhalten ist aus der Literatur für andere Blendsysteme (z. B. PA-SAN) bekannt. Der Blend SAN/PC 30/70 zeigt im direkten Vergleich die höchste Dehnviskosität und gleichzeitig die geringste Dehnverfestigung.

Bild 5.19 zeigt die Schmelzefestigkeit und die berechnete Null-Dehnviskosität bei 220 °C. Während die Schmelzefestigkeit einen nahezu linearen Zusammenhang als Funktion der Blendzusammensetzung aufweist, treten bei der Null-Dehnviskosität lokale Maxima auf. Diese Maxima deuten auch auf einen Wechsel der Blendmorphologie von dispers auf co-kontinuierlich hin. Bei vergleichbarer Zusammensetzung treten sowohl Maxima der Null-Dehnviskosität als auch des Speichermoduls auf, vgl. die Messungen zur Scherviskosität.

5.2.2.2 Struktur der SAN/PC-Integralschäume

Die Dichten von ungeschäumtem SAN und ungeschäumtem PC liegen bei 1,07 bzw. 1,19 g/cm^3 und die ungeschäumten Blends SAN/PC zeigen je nach Zusammensetzung einen linearen Anstieg mit zunehmendem PC-Gehalt. Durch das Schäumen von 2,0 auf 3,0 mm Wandstärke ergibt sich gegenüber den kompakten Materialien eine Dichtereduktion von 33 % (siehe Bild 5.20 a). Neben der Dichte wurden an REM-Aufnahmen der Integralschaumproben die Schichtdicken der kompakten Deckschicht und des Schaumkerns bestimmt. Da der Zeitraum zwischen der Werkzeugfüllung und dem Schäumen konstant 2 Sekunden beträgt, werden bei allen Proben gleich dicke Randschichtanteile erwartet. Nach Bild 5.20 b ist dies jedoch nicht der Fall, da der Anteil der ungeschäumten Deckschichten mit zunehmendem PC-Anteil

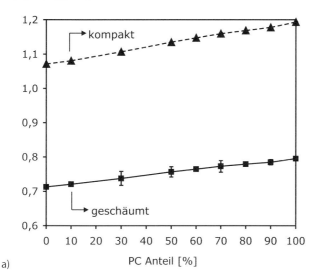
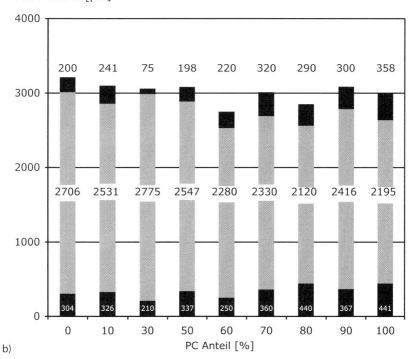

Bild 5.20: a) Dichte von kompakten und geschäumten SAN/PC-Blends,
b) Schichtdickenverteilung von SAN/PC-Integralschäumen

steigt. Dieses Verhalten ist auf die höhere Glasübergangstemperatur von PC mit ca. 150 °C gegenüber SAN mit ca. 110 °C sowie auf die Blendmorphologie zurückzuführen. Wenn PC als kontinuierliche bzw. co-kontinuierliche Phase im Blend vorliegt, bilden sich aufgrund der höheren Erstarrungstemperatur von PC bei gleichen Schäumbedingungen dickere ungeschäumte Randschichten im Integralschaum aus. Darüber hinaus wurde festgestellt, dass die obere Deckschicht in der Regel immer etwas dünner als die untere Deckschicht ist, was eine Konsequenz des verwendeten Werkzeugkonzepts mit Tauchkante ist.

Die Dichte des Schaumkerns wird zur Berechnung der Zellnukleierungsdichte benötigt und kann nach Gleichung 5.4 berechnet werden. Die gemessenen Schaumkerndichten liegen zwischen 0 und 0,67 g/cm³. Es wird angenommen, dass der Schaumkern selbst eine homogene Dichteverteilung aufweist.

$$\rho_{\text{foamcore}} = \rho_{\text{compact}} \cdot \left[\frac{t_{\text{compact}} - (t_{\text{skin-1}} + t_{\text{skin-2}})}{t_{\text{structuralfoam}} - (t_{\text{skin-1}} + t_{\text{skin-2}})} \right] \quad (5.4)$$

Bild 5.21 zeigt typische REM-Aufnahmen von ausgewählten SAN/PC-Schäumen. Bild 5.22 zeigt die daraus bestimmten mittleren Zelldurchmesser und die mittlere Zellnukleierungsdichte der SAN/PC-Integralschäume als Funktion der Zusammensetzung. Die Zellnukleierungsdichte kann aus der Anzahl der Zellen nach Gleichung 5.5 berechnet werden.

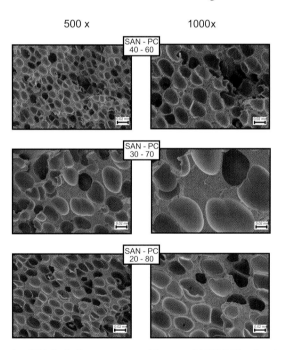

Bild 5.21: Repräsentative REM-Aufnahmen von geschäumten SAN/PC-Blends mit der Zusammensetzung SAN/PC 40/60, 30/70 und 20/80

$$\text{Zellnukleierungsdichte}\left[\frac{1}{\text{cm}^3}\right] = \left[\left(\frac{\text{Anzahl}_{\text{Zellen}}}{\text{Fläche}_{\mu m}}\right)^{\frac{3}{2}} \cdot 10^9\right] \cdot \left(\frac{\rho_{\text{Kompakt}}}{\rho_{\text{Schaumkern}}}\right) \quad (5.5)$$

Da die mittlere Zellgröße und die mittlere Zellnukleierungsdichte in direktem Zusammenhang stehen, wird im Weiteren nur die mittlere Zellgröße diskutiert. Im direkten Vergleich zeigt das reine SAN mit 43 μm die größten Zellen, während im geschäumten reinen PC nur 25 μm große Zellen vorhanden sind. Da beim Schäumen der reinen SAN bzw. PC-Schäume keine Fremdphase vorliegt, kann von homogener Nukleierung durch die 0,5 Gew.-% gelösten Stickstoff ausgegangen werden. Die kleineren Zellen im PC sind die Folge der höheren Schmelzefestigkeit als auch des höheren Glasübergangs. Bei gleichem Aufschäumdruck wachsen die Zellen im PC aufgrund der höheren Schmelzefestigkeit langsamer als im SAN. Darüber hinaus werden bei vergleichbaren Herstellungsbedingungen (Temperaturen, Zeiten, Drücke) die kleineren Zellen des PC-Schaums bereits eher eingefroren, da die Glasübergangstemperatur von PC ca. 40 K oberhalb des SAN liegt.

In den Integralschäumen der SAN/PC-Blends sinkt die Zellgröße bis zu einem Anteil von 50 % PC. Hier kann keine homogene Zellnukleierung vorausgesetzt werden, da die disperse PC-Phase im SAN eine Vielzahl an Grenzflächen für heterogene Nukleierung zur Verfügung stellt. Außerdem steigt auch die Dehnviskosität der Blends gegenüber dem reinen SAN an. Dementsprechend tritt in diesen Blends sowohl eine höhere Zellnukleierungsdichte als auch ein langsameres Zellwachstum auf. Bei PC-Anteilen über 80 % kann ein ähnlicher Effekt beobachtet werden. Die Zellen bei SAN/PC 20/80 und 10/90 sind kleiner als im reinen PC.

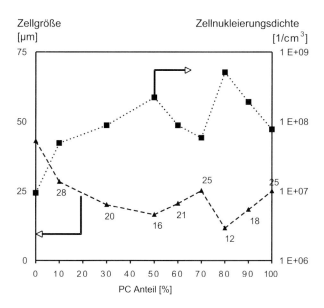

Bild 5.22: Mittlerer Zelldurchmesser und Zellnukleierungsdichte der SAN/PC-Integralschäume

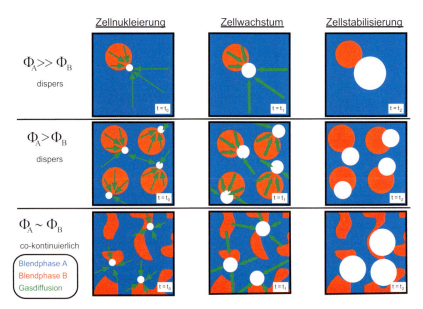

Bild 5.23: Schematisches Modell der Zellnukleierung in einem binären Blend als Funktion der Zusammensetzung

Interessanterweise tritt in der co-kontinuierlichen Region um SAN/PC 40/60 und 30/70 eine deutliche Abweichung dieses Trends auf. Obwohl die heterogene Nukleierung gerade in der co-kontinuierlichen Region maximal sein sollte, wird ein lokaler Anstieg der mittleren Zellgröße beobachtet.

Ein Modell, dargestellt in Bild 5.23, hilft zur Beschreibung der Zellentstehung in dem co-kontinuierlichem SAN/PC-Blend. In der Regel tritt bei Polymerblends die Zellnukleierung an der Grenzfläche Polymer A zu Polymer B auf. Folglich soll das Maximum an Grenzfläche bei co-kontinuierlicher Morphologie auch zu einer maximalen Anzahl an nukleierten Zellen und somit zu kleinen Zellen führen. Bei dem hier untersuchten System SAN/PC wird jedoch die höchste Dehnviskosität bei der co-kontinuierlichen Zusammensetzung von SAN/PC 30/70 beobachtet. Hierbei ist zu beachten, dass eine höhere Dehnviskosität die Aktivierungsenergie bei der Nukleierung der Zellen erhöht, was zu einem Anstieg des kritischen Zellradius führt. Folglich entstehen beim Schäumen des SAN/PC-Blend 30/70 weniger Zellen, da die Wachstumsbarriere aufgrund der höheren Dehnviskosität höher ist. Der Effekt der hohen Dehnviskosität führt zu der beschriebenen Verringerung der Zellnukleierungsdichte und zu einem größeren mittleren Zelldurchmesser.

5.2.2.3 Mechanische Eigenschaften der SAN/PC-Integralschäume

Analog zur Korrelation von Rheologie und Schaummorphologie der SAN/PC-Blends werden im Folgenden die mechanischen Eigenschaften von kompakten und geschäumten SAN/PC-Blends untersucht. Es werden die statischen Biegeeigenschaften als auch die dynamischen Impakteigenschaften der SAN/PC-Blends untersucht und die Eigenschaften mit der Blend- und Schaumstruktur korreliert. Zum besseren Vergleich erfolgt die Darstellung der Kennwerte normalisiert, d. h., die Kennwerte werden durch die tatsächliche Dichte der Proben geteilt.

Bild 5.24 zeigt den normalisierten Biege-E-Modul und die Biegefestigkeit der kompakten und geschäumten SAN/PC-Blends. Der generelle Trend zeigt sowohl im kompakten als auch im geschäumten Material eine Abnahme des Biege-E-Moduls mit zunehmendem PC-Gehalt. Während die kompakten SAN/PC-Blends eine beinahe lineare Abnahme zeigen, kann bei den SAN/PC-Integralschäumen eine deutliche Abweichung vom linearen Verhalten erkannt werden. Die Nicht-Linearität wird auf die dickeren ungeschäumten Deckschichten mit größerem PC-Anteil im Blend zurückgeführt. Da der Biege-E-Modul bei sehr geringer Deformation gemessen wird, wird kein Zusammenhang zwischen der Zellgröße und dem Biege-E-Modul erkannt.

Die Bild 5.24 b zeigt die normalisierte Biegefestigkeit der SAN/PC-Blends. Die Integralschäume zeigen im Vergleich zum ungeschäumten Material einen überproportional starken Festigkeitsabfall. Während die kompakten SAN/PC-Proben mit zunehmendem PC-Anteil einen linearen Trend zeigen, ist bei den geschäumten Proben ein nicht-lineares Verhalten zu erkennen. Bei einem PC-Anteil von 50 % und mehr ist der Abstand zum kompakten Material relativ gering, was auf die dickeren kompakten Deckschichten zurückgeführt wird. Bei den geschäumten Proben ist von 0 bis zu 30 % PC ein leichter Anstieg der Biegefestigkeit zu verzeichnen, was jedoch nicht auf den Einfluss der Deckschichtdicke zurückgeführt werden kann. In diesem Fall kommen die kleineren Zellen bei 10 bzw. 30 % PC zum Tragen, da kleinere Zellen in der relativ spröden SAN-Matrix eine höhere Lastaufnahme ermöglichen.

Im Allgemeinen steht die Zähigkeit eines Werkstoffs für die Energie, die beim Versagen/Brechen eines Werkstoffs benötigt wird. Für die Charakterisierung der SAN/PC-Blends wurden die gekerbte Schlagzähigkeit nach Charpy und der Fallbolzentest ausgewählt. Die gekerbte Charpy Schlagzähigkeit repräsentiert die Energie, die benötigt wird, um einen Riss in einem bereits vorgeschädigten Probekörper (Kerbe) weiter wachsen zu lassen. Im Gegensatz dazu steht die Durchstoßzähigkeit für die Energie, die benötigt wird, um erstens einem Riss/Defekt in einem ungeschädigten Probekörper zu erzeugen und zweitens für die Energie, um diesen Riss weiter wachsen zu lassen. Es wurde ganz bewusst auf die Prüfmethode ungekerbter Charpy verzichtet, da die Probekörper aus Platten herauspräpariert wurden und diese Messmethode sehr empfindlich auf eventuelle durch die Probenpräparation vorhandene Kratzer reagieren könnte.

Die reinen Materialien SAN bzw. PC zeigen extrem unterschiedliche Zähigkeitsverhalten. Während reines SAN ein extrem sprödes Bruchverhalten nahezu ohne jegliche plastische Deformation zeigt, wird beim reinen PC ein relativ zähes Brechen mit plastischem Fließen beobachtet. Beim gekerbten Schlagbiegeversuch wird beim Bruch von PC 60-mal mehr Energie verbraucht als beim Bruch von reinem SAN. Der Trend beim Bruchverhalten der kompakten Materialien zeigt sich auch bei den entsprechenden Integralschäumen, obwohl das Energieniveau beim Integralschaum verringert ist.

Das Zähigkeitsverhalten der SAN/PC-Integralschäume zeigt eine deutliche und bemerkenswerte Abweichung vom linearen Verhalten als Funktion der Zusammensetzung. Bis zu einem

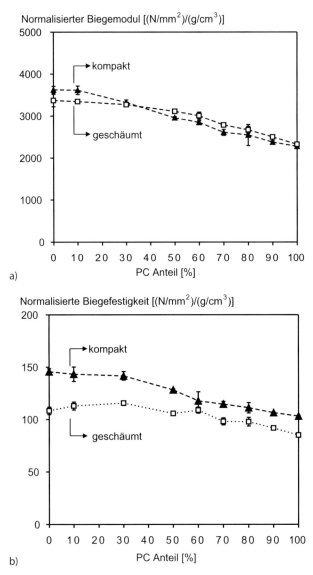

Bild 5.24: Normalisierter Biegemodul a) und Biegefestigkeit b) von kompakten und geschäumten SAN/PC-Blends

PC-Gehalt von 50 % dominiert sowohl beim Charpy Versuch als auch beim Durchstoßversuch das spröde SAN das Bruchverhalten der SAN/PC-Blends, da das SAN hier die kontinuierliche Matrix bildet, während das PC nur dispers verteilt vorliegt. Oberhalb eines PC-Gehaltes von 50 % muss jedoch zwischen gekerbtem Schlagbiegeversuch und Durchstoßversuch unterschieden werden.

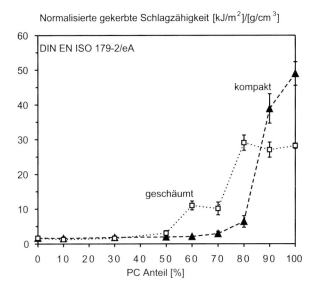

Bild 5.25: Normalisierte gekerbte Schlagzähigkeit von kompakten und geschäumten SAN/PC-Blends

Beim Schlagbiegeversuch der kompakten SAN/PC-Blends wird erst ab einem PC-Gehalt von 90 % ein deutlicher Anstieg der Zähigkeit beobachtet. Im Gegensatz dazu zeigen die geschäumten SAN/PC-Blends einen zweistufigen Anstieg der Zähigkeit mit zunehmendem PC-Gehalt. Der erste Zähigkeitsanstieg wird bei der Zusammensetzung SAN/PC 40/60 und der zweite Anstieg bei SAN/PC 20/80 beobachtet (siehe Bild 5.25). Außerdem zeigen die Integralschäume bei den Zusammensetzungen SAN/PC 40/60 bis SAN/PC 20/80 eine höhere gekerbte Schlagzähigkeit als die entsprechenden kompakten Materialien. Diese Ergebnisse zeigen, dass bei SAN/PC-Integralschäumen im Bereich einer co-kontinuierlichen Blendzusammensetzung die Risswachstumsenergie höher ist, als in den entsprechenden ungeschäumten co-kontinuierlichen SAN/PC-Blends.

Das Durchstoßverhalten der SAN/PC-Integralschäume zeigt analog zum gekerbten Charpy ebenfalls bei SAN/PC 40/60 bzw. SAN/PC 20/80 einen zweistufigen Anstieg der Durchstoßenergie (siehe Bild 5.26). Im Gegensatz dazu offenbart das Durchstoßverhalten der ungeschäumten SAN/PC-Blends einen anderen Trend gegenüber dem Charpyversuch, da bereits bei einer Zusammensetzung von SAN/PC 40/60 ein signifikanter Anstieg der Durchstoßenergie zu verzeichnen ist. Außerdem sind die Durchstoßenergien der kompakten Proben immer deutlich oberhalb der geschäumten Proben. Die Ergebnisse zeigen eindeutig, dass die Energie zur Rissbildung bei kompakten SAN/PC mehr Energie verbraucht als in den geschäumten SAN/PC-Integralstrukturen. Da die Integralschäume aus SAN/PC sowohl beim Durchstoßversuch an ungeschädigten Proben als auch im Charpy an gekerbten/geschädigten Proben denselben Trend der Zähigkeitssteigerung als Funktion der Zusammensetzung zeigen, kann daraus gefolgert werden, dass die Schaumzellen im Material als bereits existierende Risse betrachtet werden müssen. Dementsprechend ist es im Integralschaum irrelevant, ob eine Kerbe in die Proben eingebracht wird oder nicht.

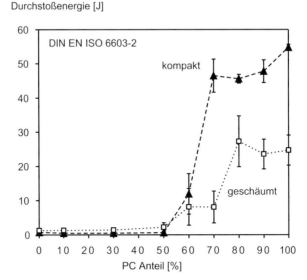

Bild 5.26: Durchstoßenergie von geschäumten und kompakten SAN/PC-Blends

Es kann festgehalten werden, dass die Mikrostruktur der SAN/PC-Blends das Zähigkeitsverhalten des Werkstoffs signifikant beeinflusst, wobei besonders zwei Zusammensetzungsbereiche hervorzuheben sind. Mit Beginn des co-kontinuierlichen Bereiches mit einem PC-Anteil von 60 bis 80 % als auch ab 90 % PC treten Veränderungen beim Bruchmechanismus auf.

5.2.2.4 Zusammenfassung für geschäumte SAN/PC-Blends

Die Scher- und Dehnrheologie von SAN/PC zeigt typische Eigenschaften im Bezug auf Speichermodul und Null-Dehnviskosität, was auf einen co-kontinuierlichen Bereich zwischen 40 und 70 % PC hindeutet. Mit zunehmendem PC-Anteil wird eine Verringerung der mittleren Zellgröße in den Integralschäumen aufgrund heterogener Nukleierung der Fremdphase beobachtet. Interessanterweise wird bei der co-kontinuierlichen Zusammensetzung SAN/PC 30/70 ein lokaler Anstieg der mittleren Zellgröße im Vergleich zu den angrenzenden Bereichen festgestellt. Dieses Verhalten widerspricht der Theorie der heterogenen Zellnukleierung. Die großen Zellen beim SAN/PC 30/70 sind die Folge einer verminderten Nukleierungsdichte aufgrund der sehr hohen Dehnviskosität bei diesem Blend.

Die mechanischen Eigenschaften werden durch die Blendzusammensetzung als auch durch die Struktur der Integralschäume bestimmt. Insbesondere zeigt die Zähigkeit signifikante Unterschiede bei kompakten und geschäumten SAN/PC-Blends.

Der Biege-Modul als auch die Biegefestigkeit fallen mit zunehmendem PC-Anteil, da PC von Haus aus geringere Kennwerte bietet. Das nicht-lineare Verhalten der Biegeeigenschaften bei SAN/PC-Integralschäumen wird durch die Dicke der ungeschäumten Deckschichten der Integralschäume dominiert.

Die Bruchzähigkeit der kompakten und geschäumten SAN/PC-Blends zeigt einen interessanten Trend als Funktion der Blendzusammensetzung. Es ist bekannt, dass reines SAN sehr spröde bricht, während reines PC ein sehr zähes Bruchverhalten aufweist. Es wurden zwischen kompakten und geschäumten SAN/PC-Blends bedeutende Unterschiede bei der Bruchzähigkeit festgestellt, wenn die Probekörper vorgeschädigt (gekerbt) oder nicht-vorgeschädigt getestet wurden. Bei gleicher Blendzusammensetzung z. B. SAN/PC 30/70 verbraucht der geschäumte Probekörper mit Kerbe mehr Energie als der kompakte Probekörper. Umgekehrt ist zu beobachten, dass bei der Prüfung eines ungeschädigten Probekörpers (Durchstoß) gleicher Zusammensetzung nun das kompakte Material zäher ist als der entsprechende Integralschaum. Es ist hierbei zwischen der Energie für Rissinitiierung und der Energie für Risswachstum zu unterscheiden. Wenn wie beim gekerbten Charpyversuch nur Energie für Risswachstum benötigt wird, ist der Integralschaum zäher. Wenn jedoch – wie beim Durchstoßversuch – erst ein Riss entstehen muss, ist der ungeschäumte Werkstoff zäher. Folglich verhalten sich die Schaumzellen in den Integralschäumen ähnlich wie bereits vorhandene Risse bzw. Kerben, wodurch der Widerstand gegenüber Rissinitiierung signifikant verringert wird. Im Bezug auf den Widerstand gegenüber Risswachstum zeigen Integralschäume aus SAN/PC 30/70 eine höhere Zähigkeit, da die feinen Zellen zur Abstumpfung der Rissspitze bei der Rissausbreitung beitragen (crack-blunting). Dieser Zusammenhang ist in Tabelle 5.4 verdeutlicht.

Tabelle 5.4: Bruchmechanismen bei kompaktem und geschäumtem SAN/PC 30/70

Zusammensetzung SAN/PC 30/70	Gekerbter Charpy	Durchstoß	FAZIT
Bruchmechanismus	Risswachstum	Rissinitiierung + Risswachstum	
Ungeschäumtes Material	Niedrige Zähigkeit	Hohe Zähigkeit	
Integralschaum	Mittlere Zähigkeit	Mittlere Zähigkeit	Schaum ist wegen Zellen bereits vorgeschädigt!

5.2.3 Schaumspritzgießen von schlagzähmodifiziertem SAN (ABS)

Der amorphe Thermoplast SAN zeigt bei mechanischer Beanspruchung ein sehr sprödes Bruchverhalten ohne plastische Deformation. Durch die Zugabe von Gummipartikeln, z. B. Polybutadien (PB), kann die Zähigkeit von SAN signifikant gesteigert werden, da sich der Bruchmechanismus von Sprödbruch zu duktilem Bruchverhalten ändert (siehe Bild 5.27). Schlagzähmodifiziertes SAN wird als ABS (Acrylonitril-Butadien-Styrol) bezeichnet und findet Anwendung als Werkstoff für Gehäuse und Verkleidungen von z. B. weißer Ware, HiFi-Geräten oder im Automobilinnenraum. Die hier vorgestellten Versuche basieren auf dem Werkstoff BASF Terluran GP22, ein Standard-ABS.

78   5 Matrixmaterialien

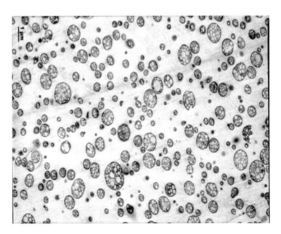

Bild 5.27: TEM-Aufnahme eines kompakten ABS mit runden Gummipartikeln

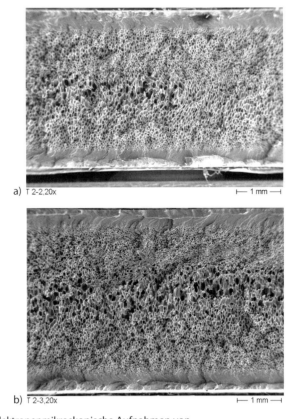

Bild 5.28: Rasterelektronenmikroskopische Aufnahmen von
  a) geschäumtem ABS bei einer Dichtereduktion von 42 % (Atmen von 2 → 3,5 mm) bzw.
  b) 50 % (Atmen von 2 → 4 mm)

Durch Schaumspritzgießen mit atmendem Werkzeug wurden, ausgehend von einer Wandstärke von 2 mm, Integralschäume mit einer Dichtereduktion von 33, 42 und 50 % hergestellt. Die Massetemperatur lag bei 250 °C und die Werkzeugtemperatur bei 50 °C. Bei der Verarbeitung von ABS Terluran GP22 im MuCell®-Verfahren muss der Staudruck auf über 200 bar gewählt werden, um eine vollständige Lösung der benötigten 0.6 % N_2 zu erreichen. Zwei repräsentative Integralschaumstrukturen sind in Bild 5.28 dargestellt. Mit dem gewählten Treibmittelgehalt sind sehr gleichmäßige Schaumstrukturen zu erzielen. Es ist jedoch zu erwähnen, dass bereits bei einem Aufschäumgrad von 50 % Delamination beobachtet wird, die bei weiterem Aufschäumen > 50 % zur Separation der Schaumstruktur führen würde. Bei einer Verzögerung zwischen Einspritzen und Atmen (Schäumen) von 3,0 Sekunden stellt sich eine mittlere Randschichtdicke von jeweils ca. 0,4 mm ein. Somit stehen bei einer Ausgangswandstärke von 2,0 mm vor dem Schäumen ca. 1,2 mm an plastischer Seele zur Expansion zur Verfügung. Trotz hohem Aufschäumgrad von 50 % bleibt die mittlere Zellgröße mit ca. 50 bis 70 µm feinzellig. Die Oberfläche der geschäumten ABS-Probekörper zeigt sehr viele Schlieren und wird als sehr schlecht eingestuft.

Die möglichen Dichtereduktionen sind im Vergleich zu einem Werkstoff ohne Weichphase z. B. reines SAN oder PP-Homopolymer geringer. Die geringen möglichen Dichtereduktionen sind darauf zurückzuführen, dass ein Teil des Treibmittels nicht zum Aufschäumen genutzt wird, sondern in der Gummiphase gelöst bleibt. Ein weiterer Nachteil des Polybutadien im SAN ist die Notwendigkeit eines sehr hohen Staudruckes von mindestens 200 bar, um das Treibmittel in Lösung zu bringen. Der Vorteil des Gummis ist aber die heterogene Nukleierungswirkung in den Grenzflächen SAN zu PB, wodurch die Schaumstrukturen sehr homogen und gleichmäßig werden. Diese Modellvorstellung der heterogenen Zellnukleierung sowie der Gasdiffusion beim Schaumwachstum ist in Bild 5.29 dargestellt.

Die quasi-statischen mechanischen Eigenschaften dieser Integralschäume wurden mit 3-Punkt-Biegung nach ISO 178 bestimmt. Die dynamischen Zähigkeitseigenschaften wurden sowohl an gekerbten Schlagbiegeprobekörpern (ISO 170-2/eA) als auch im Fallbolzenversuch ermittelt (ISO 6603-2).

Die Biegeeigenschaften in Abhängigkeit der Dichtereduktion sind in Bild 5.30 dargestellt. Der Biegemodul der ABS-Integralschäume sinkt in Abhängigkeit der Dichtereduktion von 2700 MPa relativ linear auf ca. 1500 MPa (bei 50 % Dichte), was einer Reduzierung von ca. 44 % entspricht. Die Veränderung des Biegemoduls entspricht den Erwartungen und deckt sich mit den Erkenntnissen von Müller (vgl. Kapitel 8). Die Biegefestigkeit nimmt von ca. 100 auf 39 MPa (bei 50 % Dichte), was einer Reduzierung von 60 % entspricht. Während der Biegemodul lediglich das linear-elastische Verformungsverhalten beschreibt, wird die Biegefestigkeit durch ein Versagen des Integralschaums bestimmt. Der Biegemodul wird hauptsächlich durch die Struktur des Integralschaums bestimmt (Dichte, Deckschichtanteil). Die Biegefestigkeit fällt immer stärker als der Biegemodul und wird weniger durch die Struktur des gesamten Integralschaums als vielmehr durch ein Kollabieren der Zellstege bestimmt. Der Vorteil von geatmeten Proben gegenüber dem Standard-MuCell® liegt besonders in der Zunahme der Biegesteifigkeit bei gleichbleibendem Flächengewicht. Durch den Einsatz eines atmenden Werkzeugs kann die Biegesteifigkeit des kompakten ABS-Materials von 1800 N·mm^2 bei 2 mm kompakten Proben auf knapp 8000 N·mm^2 bei geschäumten 4 mm Proben gesteigert werden (+ 440 %).

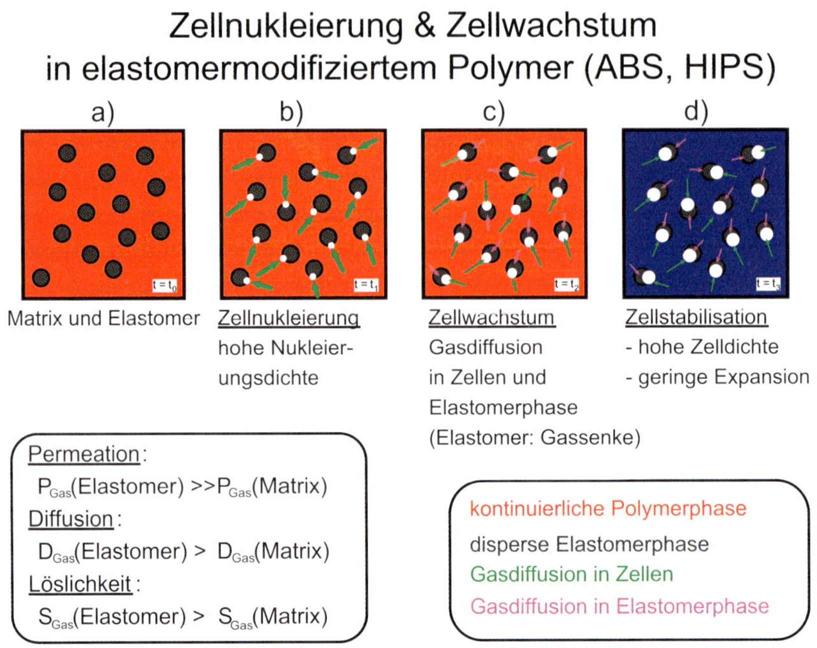

Zellnukleierung & Zellwachstum in elastomermodifiziertem Polymer (ABS, HIPS)

a) Matrix und Elastomer
b) Zellnukleierung
hohe Nukleierungsdichte
c) Zellwachstum
Gasdiffusion in Zellen und Elastomerphase
(Elastomer: Gassenke)
d) Zellstabilisation
- hohe Zelldichte
- geringe Expansion

Permeation:
$P_{Gas}(Elastomer) \gg P_{Gas}(Matrix)$
Diffusion:
$D_{Gas}(Elastomer) > D_{Gas}(Matrix)$
Löslichkeit:
$S_{Gas}(Elastomer) > S_{Gas}(Matrix)$

kontinuierliche Polymerphase
disperse Elastomerphase
Gasdiffusion in Zellen
Gasdiffusion in Elastomerphase

Bild 5.29: Modellvorstellung des Aufschäummechanismus von Gummipartikel modifiziertem SAN (ABS)

Neben dem positiven Verhalten bei den statischen Biegeeigenschaften zeigt das geschäumte ABS bei einer Dichtereduktion zwischen 33 und 50 % eine sehr starke Versprödung beim gekerbten Charpy-Schlagbiegeversuch. Bei den mit Kerbe (Form A) versehenen Proben sinkt die Schlagzähigkeit von 26,7 auf lediglich 4,5 kJ/m^2 (bei 50 % Dichte), was eine Reduzierung von ca. 83 % darstellt (siehe Bild 5.31). Die Verringerung der Zähigkeit ist insbesondere durch die signifikante Abnahme der plastischen Deformationsfähigkeit des geschäumten Werkstoffs zurückzuführen.

Neben der gekerbten Schlagzähigkeit wurde an den ABS-Probekörpern die Durchstoßenergie an 60 mm großen Probekörpern bestimmt. Hierbei ist zu beachten, dass die Proben beim Durchstoßversuch keine Vorschädigung aufweisen. Darüber hinaus ist zu beachten, dass die Belastungsrichtung senkrecht zur Plattenebene erfolgt, wodurch die Durchstoßenergie sehr stark durch die Wandstärke der Proben dominiert wird. Dementsprechend wird zum besseren Vergleich die Zähigkeit je Millimeter Probendicke angegeben (siehe Bild 5.32). Hierbei ist zu sehen, dass bei kompakten Proben aus ABS die Durchstoßzähigkeit zwischen 6 und 8 J/mm liegt. Die Durchstoßenergie für die geschäumten ABS-Proben mit einer Dichtereduktion von 33 bis 50 % liegt zwischen 2,0 und 1,4 J/mm. Außerdem ist eine leichte Abnahme mit größerer Dichtereduktion zu erkennen. Bezogen auf die Mittelwerte kann die Aussage getroffen werden, dass die Durchstoßzähigkeit durch das Schäumen um ca. 75 % abnimmt.

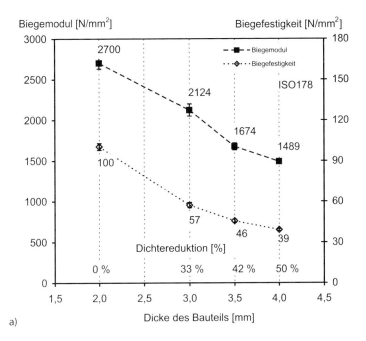

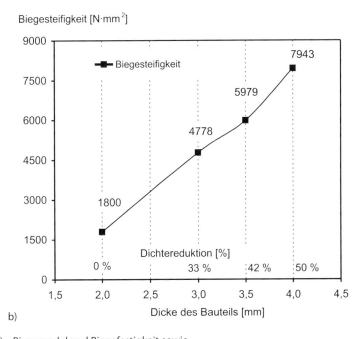

Bild 5.30: a) Biegemodul und Biegefestigkeit sowie
b) Biegesteifigkeit von ABS in Abhängigkeit der Dichtereduktion bzw. der Wandstärke

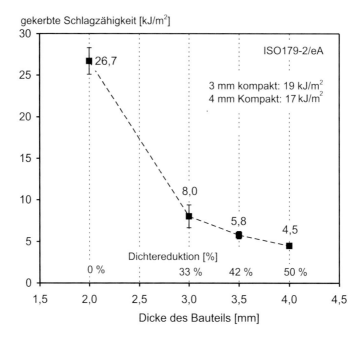

Bild 5.31: Zähigkeit im Kerbschlagbiegeversuch nach Charpy von ABS in Abhängigkeit der Dichtereduktion

Zusammenfassend kann gesagt werden, dass das Polymer ABS Terluran GP 22 der Firma BASF SE gut zum Schaumspritzgießen mit physikalischen Treibmitteln geeignet ist, wenn das Treibmittel Stickstoff bei hohen Staudrücken über 200 bar eingemischt wird. Die Oberfläche dieser geschäumten Formteile aus ABS ist aber mit deutlichen Schlieren überzogen. Die möglichen Dichtereduktionen sind mit 50 % aufgrund der zuvor beschriebenen Wirkung des Polybutadien relativ gering.

Die Biegeeigenschaften entsprechen den Erwartungen. Die Zähigkeit des im kompakten Zustand sehr zähen ABS wird durch das Schäumen signifikant verringert, was sowohl bei gekerbten Proben als auch im Durchstoßversuch zu beobachten ist.

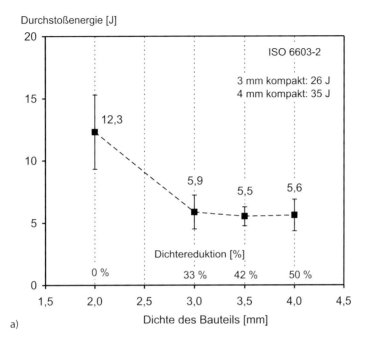

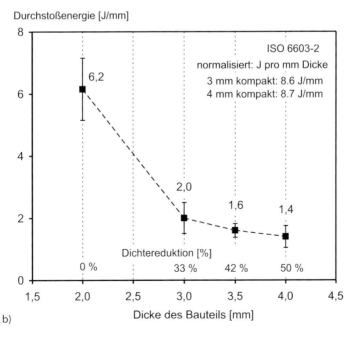

Bild 5.32: a) Zähigkeit im Durchstoßversuch ABS in Abhängigkeit der Dichtereduktion und
b) normalisiert auf Joule pro Millimeter Dicke

5.2.4 Schaumspritzgießen von SAN-Nanokompositen

(Die nachfolgend vorgestellten Ergebnisse wurden im Rahmen einer Diplomarbeit am Lehrstuhl für Polymere Werkstoffe der Universität Bayreuth von Herrn Christian Greiner erarbeitet.)

Nachdem im vorherigen Abschnitt einige Charakteristika von Polymerblends am Beispiel von SAN/PC beim TSG-Verfahren erläutert worden sind, soll dieser Abschnitt den Einfluss von Füll-/Verstärkungsstoffen auf die Eigenschaften des Polymers SAN aufzeigen. Als Füllstoffe wurden Ruß (Carbon Black (CB) von Akzo Nobel) und Kohlenstoffnanofasern (Carbon Nano Fibres (CNF) von Applied Sciences Inc.) ausgewählt. Die beiden Zusatzstoffe bestehen aus Kohlenstoff, wobei Ruß ein sphärisches Partikel mit der Partikelgröße von ca. 1 µm ist und Kohlenstoffnanofasern ein Additiv mit hohem Aspektverhältnis darstellt (Durchmesser ca. 100 bis 200 nm, Länge: mehrere µm, $L/D \sim 1000$). Beide Füllstofftypen wurden durch Schmelzecompoundierung in den Gewichtsanteilen 1, 5, 10 und 15 % zur SAN-Type (BASF Luran VLL19100) hinzugefügt.

Das scher- bzw. dehnrheologische Verhalten der SAN-Compounds wird in den Bildern 5.33 und 5.34 dargestellt. Im Bezug auf die Fließverhalten in Scherung ist festzuhalten, dass ab einem Gewichtsanteil von ca. 5 % Ruß kein Newton'sches Plateau mehr vorhanden ist, was auf Wechselwirkung zwischen den Rußpartikeln hinweist (Perkolation). Die Zugabe von 10 Gew.-% Ruß erhöht die Nullviskosität auf über 10^7 Pa · s, was die thermoplastische Verarbeitung durch Spritzgießen sehr stark einschränkt. Demgegenüber ist festzuhalten, dass die Zugabe von CNF die Viskosität des SAN nur moderat erhöht, selbst bei 15 Gew.-% CNF steigt die Nullviskosität nicht über 50.000 Pa · s an, weshalb zu erwarten ist, dass die SAN + CNF Compounds gut verarbeitbar sein sollten.

Analog zum scherrheologischen Verhalten der SAN-Compounds zeigt auch die Dehnrheologie anhand von Rheotenskurven ein signifikant unterschiedliches Verhalten zwischen den Füllstoffen Ruß bzw. Kohlenstoffnanofasern. Die Zugabe von Ruß führt zu einer deutlichen Erhöhung der Schmelzefestigkeit (von 0,09 N auf 0,26 N), vermindert aber die Schmelzedehnbarkeit in der Art, dass die Schmelze kaum noch dehnbar ist (100 auf 10). Im Vergleich zum Ruß erhöhen auch die CNF die Schmelzefestigkeit, jedoch auf einem deutlich geringeren Niveau (0,09 auf 0,17 N). Bemerkenswert ist, dass die Schmelzedehnbarkeit bei einem CNF-Anteil von 15 Gew.-% von 100 auf lediglich 40 vermindert wird. Basierend auf dem dehnrheologischen Verhalten ist zu erwarten, dass die rußgefüllten Compounds im Vergleich zum SAN + CNF sehr grobe und inhomogene Schaumstrukturen ergeben und darüber hinaus mit dem SAN + CB nur geringere Expansionsgrade erreicht werden können.

Die Compounds wurden analog zu dem zuvor beschriebenen SAN/PC mittels Schaumspritzgießen mit atmendem Werkzeug bei 260 °C Massetemperatur und 60 °C Werkzeugtemperatur bei einem Gasgegendruck von 80 bar zu geschäumten Probekörpern von 3 mm Wandstärke und einer Dichtereduktion von ca. 33 % verarbeitet. Es wurde ein Treibmittelgehalt von 0,4 Gew.-% Stickstoff gewählt. Das Aufschäumen erfolgte durch Werkzeugatmung 3 Sekunden nach der volumetrischen Füllung. Zusätzlich wurden noch 2 mm dicke ungeschäumte Referenzproben spritzgegossen. Wie anhand des scherrheologischen Verhaltens der SAN Compounds zu erwarten war, kann die 2 mm dicke Kavität des Werkzeugs ab einem Füllstoff-

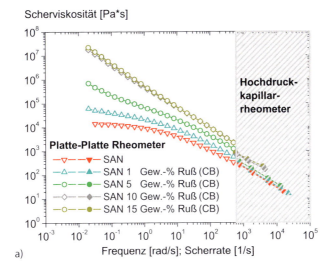

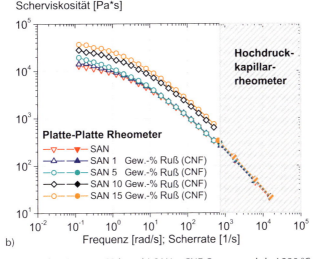

Bild 5.33: Scherrheologie der a) SAN + CB bzw. b) SAN + CNF Compounds bei 220 °C

anteil von 10 Gew.-% CB nicht mehr vollständig gefüllt werden, während die Verarbeitbarkeit der SAN + CNF Materialien problemlos möglich ist. Darüber hinaus zeigen die Formteile aus SAN + CB eine sehr hohe Sprödigkeit, die beim Entformen zum Bruch der Proben führt. Die Bilder 5.35 und 5.36 zeigen Fotografien der kohlenstoffgefüllten SAN-Probekörper. Aufgrund des in der Kavität vorliegenden Gasgegendrucks wurde das Aufschäumen der treibmittelhaltigen Schmelze während des Füllvorgangs unterbunden, wodurch eine glatte, schlierenfreie Formteiloberfläche erreicht wurde. Die zunehmende Verbesserung der Oberfläche lässt sich anhand der Bilder a) mit schlechter Oberfläche bis zum Bild e) mit der besten Oberfläche erkennen.

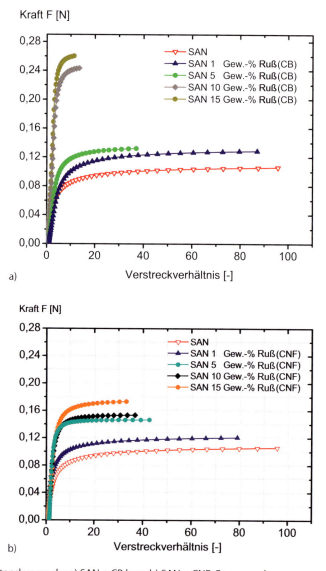

Bild 5.34: Rheotenskurven der a) SAN + CB bzw. b) SAN + CNF-Compounds

5.2 Technische Thermoplaste für das TSG-Verfahren

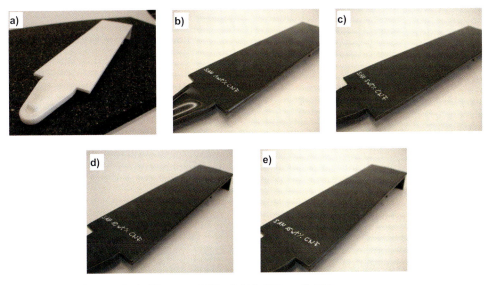

Bild 5.35: Geschäumte Probekörper aus SAN mit 0 bis 15 Gew.-% CNF

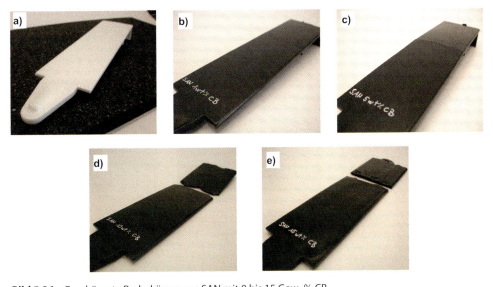

Bild 5.36: Geschäumte Probekörper aus SAN mit 0 bis 15 Gew.-% CB

Analyse der Struktur der SAN-Nanokomposite-Integralschäume

Zur Analyse der Schaumstrukturen der SAN-CNF-NC-Integralschäume wurden an kryogebrochenen Proben rasterelektronenmikroskopische Aufnahmen angefertigt (siehe Bilder 5.37 und 5.38). Die vergleichbaren Herstellungsbedingungen durch Schaumspritzgießen führten bei allen Integralschäumen zu einer Dicke der ungeschäumten Deckschichten von ca. 400 µm, da durch die Zugabe der kohlenstoffbasierten Füllstoffe der Erstarrungsmechanismus nicht beeinflusst wird (Bilder 5.37 a bis e und 5.38 a bis e). Die SAN + CNF-Integralschäume zeigen auch bei hohem Füllstoffgehalt von 15 Gew.-% CNF (Bild 5.37 e) noch eine homogene Schaumstruktur auf. Die Schaumstrukturen der SAN + CB Integralschäume sind bis zu einem Gewichtsanteil von 10 Gew.-% CB gleichmäßig und ohne Lunker (Bilder 5.38 a bis d), jedoch bei ~ 15 Gew.-% CB (Bild 5.38 e) führt die deutlich verminderte Expandierbarkeit der Schmelze zur Delamination des Schaumkerns.

Die REM-Aufnahmen mit 5000-facher Vergrößerung der SAN-Schäume mit 10 Gew.-% CNF bzw. 10 Gew.-% CB zeigen prinzipiell zwei Unterschiede (siehe Bild 5.39). Zum einen ist zu erkennen, dass die CNF als faserförmige Verstärkungsstoffe in den Zellwänden eingebunden sind und die Zellmembranen eine sehr glatte Oberfläche zeigen. Der Ruß (CB) liegt als sphärischer Füllstoff fein verteilt in der SAN-Matrix vor und die Zellmembranen zeigen durch den Ruß eine deutlich erkennbare Textur. Diese Textur deutet auf eine Partikel-Partikel-Wechselwirkung hin (Perkolation), d. h., die Partikel berühren sich bereits untereinander, versuchen einander auszuweichen und drängen folglich in die Schaumzellen. Der SAN + CB-Schaum zeigt im Gegensatz zum SAN + CNF-Schaum eine deutliche Neigung zur Offenzelligkeit, d. h., die Zellen sind teilweise untereinander verbunden, was durch die geringe Expandierbarkeit der Polymerschmelze verursacht wird.

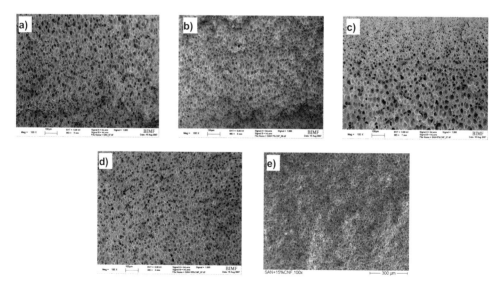

Bild 5.37: Rasterelektronenmikroskopische Aufnahmen der Schaumstruktur von SAN mit 0 bis 15 Gew.-% CNF

5.2 Technische Thermoplaste für das TSG-Verfahren   89

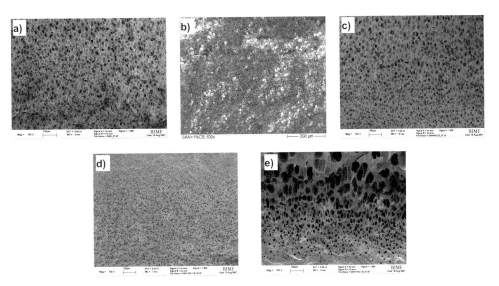

Bild 5.38: Rasterelektronenmikroskopische Aufnahmen der Schaumstruktur von SAN mit 0 bis 15 Gew.-% CB

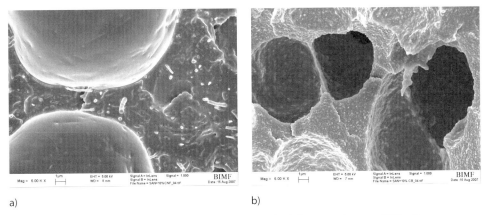

Bild 5.39: Rasterelektronenmikroskopische Aufnahmen der Schaumstruktur von SAN mit a) 10 Gew.-% CNF bzw. b) 10 Gew.-% CB

Die qualitativen Beobachtungen der Schaumbilder werden durch die quantitative Analyse der mittleren Zellgrößenverteilung bestätigt (siehe Bild 5.40). Die Zugabe von CNF in SAN führt nicht zu einer qualitativen Veränderung des mittleren Zelldurchmessers, d. h., es findet keine heterogen nukleierende Wirkung auf die Schaumbildung durch Kohlenstoffnanofasern in SAN statt. Demgegenüber wird durch die Zugabe von Ruß in SAN die mittlere Zellgröße der Integralschäume merklich verändert. Eine geringe Menge an Ruß (1 Gew.-% CB) verringert die mittlere Zellgröße von ca. 20 auf ca. 10 µm, was auf eine heterogene Nukleierung der Schaumzellen durch den Ruß zurückzuführen ist. Bei 15 Gew.-% Ruß in SAN entsteht eine sehr breite Zellgrößenverteilung, da die entsprechende Polymerschmelze nur sehr schlecht expandieren kann (siehe Rheotensmessungen in Bild 5.34).

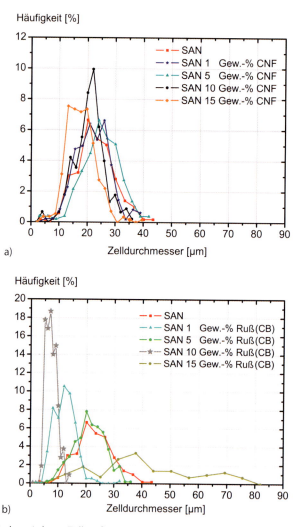

Bild 5.40: Vergleich der mittleren Zellgrößenverteilung von a) SAN + CB bzw. b) SAN + CNF

5.2 Technische Thermoplaste für das TSG-Verfahren

Analyse der mechanischen Eigenschaften der SAN-Nanokomposite-Integralschäume

Neben der im vorherigen Abschnitt vorgestellten Charakterisierung der Struktur der Nanokomposite-Schäume wurden die mechanischen Eigenschaften der SAN-Compounds im ungeschäumten und geschäumten Zustand durch 3-Punkt-Biegeversuche untersucht. Auf die Untersuchung der Schlagzähigkeit wurde bewusst verzichtet, da das Polymer SAN von Haus aus sehr spröde ist und die Zugabe von hochsteifen Füllstoffen keine Zähigkeitsverbesserung erwarten lässt.

Bild 5.41 zeigt den spezifischen Biege-E-Modul der kompakten und geschäumten SAN-Nanokomposite. Der Biege-E-Modul repräsentiert das linear-elastische Verhalten der Materialien bei geringer Deformation. Die Zugabe von CNF in SAN führt im kompakten und geschäumten

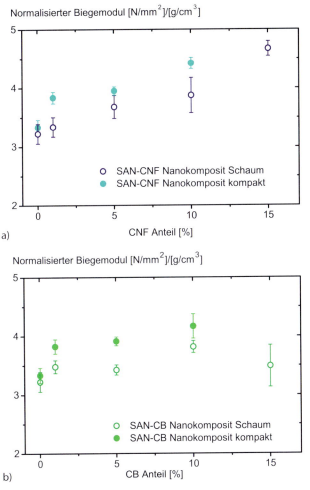

Bild 5.41: Vergleich der spezifischen Biegemoduls der
a) kompakten und geschäumten SAN + CB bzw. b) SAN + CNF Nanokomposite

Werkstoff bis zu 15 Gew.-% CNF zu einem Anstieg des Moduls um ca. 29 %, wobei die Werte des ungeschäumten Werkstoffs stets leicht über den Werten der Integralschäume liegen. Bei der Verwendung von Ruß als Füllstoff in SAN steigt zwar auch der Biegemodul, jedoch wird in den kompakten Proben bereits bei 10 Gew.-% CB eine Sättigung erreicht und eine absolute Kennwertverbesserung von lediglich 20 % verzeichnet. Der Biege-E-Modul der geschäumten SAN + CB-Proben ist selbst bei einem Anteil von 15 Gew.-% CB auf dem gleichen Niveau wie bei 1 Gew.-% CB, was auf die inhomogene Schaumstruktur mit deutlicher Delamination in den entsprechenden Integralschäumen zurückgeführt wird. Die Delamination verhindert die Lastübertragung beim Biegeversuch und verringert somit die Kennwerte.

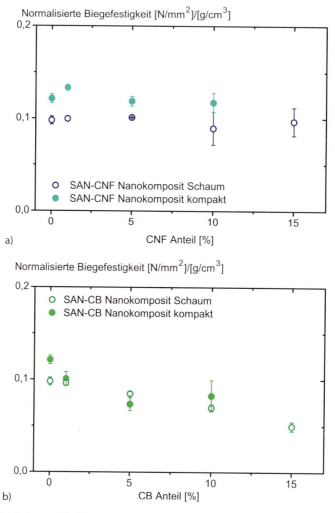

Bild 5.42: Vergleich der spezifischen Biegefestigkeit der
a) kompakten und geschäumten SAN + CB bzw. b) SAN + CNF Nanokomposite

Die spezifische Biegefestigkeit der ungeschäumten und geschäumten SAN-Nanokomposite ist in Bild 5.42 dargestellt. Die Biegefestigkeit steht für die maximal ertragbare Last des Probekörpers, die bis zum Versagen aufgenommen werden kann. Die ungeschäumten SAN + CNF Materialien zeigen bereits bei 1 Gew.-% CNF einen leichten Anstieg der Festigkeit, wobei die Festigkeit bei höheren Gewichtsanteilen an CNF dem Niveau des ungefüllten Werkstoffs entspricht. Die Integralschäume aus SAN + CNF zeigen trotz einer Zugabe von bis zu 15 Gew.-% einen konstanten Wert der Biegefestigkeit, d. h., die CNF führen trotz der versteifenden Wirkung nicht zu einer Verbesserung der Festigkeit der SAN + CNF Schäume.

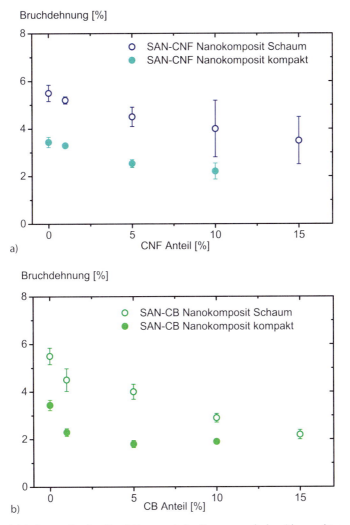

Bild 5.43: Vergleich der maximalen Durchbiegung beim Biegeversuch der a) kompakten und geschäumten SAN + CB bzw. b) SAN + CNF Nanokomposite

Die Biegefestigkeit der SAN + CB Werkstoffe fällt sowohl im kompakten als auch im geschäumten Material mit zunehmendem CB-Anteil stetig ab. Der geringe Anstieg des Biege-E-Moduls im Vergleich zu CNF als auch die deutliche Abnahme der Biegefestigkeit durch CB ist auf die sphärische Gestalt der Rußpartikel zurückzuführen.

Schließlich wird dieser Trend auch noch durch die Bruchdehnung der Probekörper bestätigt. Während bei den SAN + CNF-Werkstoffen aufgrund der versteifenden Wirkung bei gleichbleibender Festigkeit eine entsprechend leichte Verringerung der Bruchdehnung um maximal 30 % verzeichnet wird, zeigen die rußgefüllten Werkstoffe besonders im ungeschäumten Zustand eine Dehnungsabnahme von mehr als 60 %.

Zusammenfassung zum Schaumspritzgießen von SAN-Nanokompositen

Die thermoplastische Verarbeitbarkeit von SAN-CB-Nanokompositen zu Integralschäumen ist aufgrund der Zunahme der Scherviskosität stark eingeschränkt. Aufgrund des geringen Aspektverhältnisses von Ruß tritt nur eine geringe Versteifung und sogar ein negativer Verstärkungseffekt in der Matrix SAN auf. Trotz der beim Schäumen auftretenden heterogen nukleierenden Wirkung der Rußpartikel eignet sich Ruß in Gewichtsanteilen größer 1 Gew.-% nicht als Füllstoff für das Schaumspritzgießen von SAN, da die mechanischen Eigenschaften, insbesondere die Festigkeit und die Bruchdehnung, sehr stark abnehmen. Die Kohlenstoffnanofasern hingegen verbessern die Steifigkeit bei gleich bleibender Festigkeit und nur gering abnehmender Bruchdehnung. Interessanterweise wird keine heterogene Nukleierungswirkung von CNF in der Matrix SAN beobachtet. Es ist anzumerken, dass zwischen der SAN-Matrix und den CNF nur eine geringe bis gar keine Faser-Matrix-Anbindung vorliegt (siehe Bild 5.39). Dies hat zur Folge, dass die Lasteinleitung von Matrix in die Nanofaser gering ist, wodurch die Faserfestigkeit nicht ausgenutzt wird und der dominierende Bruchmechanismus Faser Pull-Out ist.

Dementsprechend eignen sich SAN + CNF-Nanokomposite-Werkstoffe bis zu einem Anteil von 15 Gew.-% CNF als Werkstoffe für das TSG-Verfahren.

5.2.5   Schaumspritzgießen von PA 6-Nanokompositen

In den Abschnitten 5.2.2 bis 5.2.4 wurden Modifizierungen des amorphen Polymers SAN für das TSG-Verfahren vorgestellt und diskutiert. Dieser Abschnitt wird die Übertragbarkeit der Erkenntnisse bezüglich Nanokomposite vom amorphen SAN auf das teilkristalline Polyamid 6 (PA 6, Ultramid B 40, BASF SE) diskutieren. Als Füllstoff für PA 6 werden Kohlenstoffnanofasern (CNF) ausgewählt, da diese im SAN im Vergleich zu Ruß (CB) eine deutlich bessere Verarbeitbarkeit gewährleisten und ein besseres mechanisches Eigenschaftsniveau zur Verfügung stellen.

Die Einarbeitung der ca. 100 bis 200 nm dicken CNF in PA 6 (BASF Ultramid B40) erfolgte bei 240 °C mittels einem gleichläufigen 26 mm Doppelschneckenextruder in den Anteilen 2,5, 5, 10 und 15 Gew.-%. Aufgrund der Polarität des PA 6 wird eine sehr gute Dispergierung der CNF erreicht. Darüber hinaus bewirkt die Polarität der Matrix eine sehr gute Faser-Matrix-

Haftung, was die Grundlage für gute mechanischen Eigenschaften hinsichtlich Festigkeit und Zähigkeit darstellt.

5.2.5.1 Schmelzerheologie von PA + CNF

Bild 5.44 zeigt das scherrheologische Fließverhalten der PA 6 + CNF-Compounds über einen sehr großen Scherratenbereich von 10^5 Dekaden. Die Zugabe von 15 Gew.-% CNF in PA 6 führt lediglich im niedrigen Scherratenbereich bis 200 1/s zu einem relevanten Anstieg der Scherviskosität von 1000 Pa·s auf ca. 3000 Pa·s, weshalb eine sehr gute thermoplastische Verarbeitbarkeit für diese Compounds erwartet wird. Der Compound PA 6 mit 15 Gew.-% CNF lässt aufgrund der erkennbaren Fließgrenze auf eine beginnende Perkolation zwischen den Nanofasern schließen, die bei gleichem Füllstoffgehalt im SAN nicht beobachtet wurde. Diese Faser-Faser Wechselwirkung bei 15 Gew.-% CNF in PA 6 lässt auf eine bessere Verteilung/Dispergierung und Vereinzelung der Nanofasern im Vergleich zum SAN schließen.

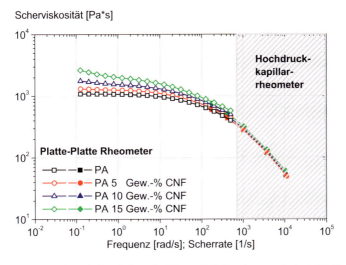

Bild 5.44: Scherrheologisches Fließverhalten der PA 6 + CNF Nanokomposite bei 230 °C

Bild 5.45 zeigt die dehnrheologischen Eigenschaften der PA 6 + CNF-Compounds. Analog zu den SAN-Nanokompositen tritt mit zunehmendem Füllstoffanteil ein Anstieg der Schmelzefestigkeit auf. Die Erhöhung der Schmelzefestigkeit beträgt bei 5 Gew.-% bereits das Doppelte des reinen PA 6 und wird mit 15 Gew.-% CNF sogar um ca. 700 % gesteigert. Die Schmelzedehnbarkeit der reinen PA 6 Schmelze ist in etwa doppelt so hoch wie bei reinem SAN und wird bis zu einem CNF-Anteil von 10 Gew.-% nicht verringert. Lediglich bei 15 Gew.-% nimmt die Schmelzedehnbarkeit gegenüber dem reinen PA 6 um ca. 30 % ab. Die Rheotensmessungen lassen erwarten, dass die Verschäumbarkeit der PA 6 + CNF Werkstoffe gegenüber dem reinen PA 6 deutlich verbessert wird, insbesondere sollten die möglichen Dichtereduktionen erhöht werden.

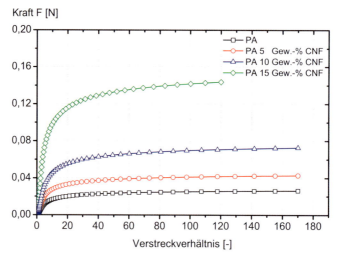

Bild 5.45: Dehnrheologisches Fließverhalten im Rheotensversuch der PA 6 + CNF Nanokomposite bei 230 °C

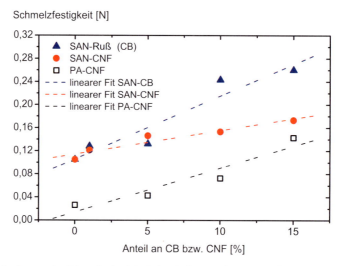

Bild 5.46: Veränderung der Schmelzefestigkeit durch die Zugabe von CNF bzw. CB in SAN bzw. PA

Bild 5.46 zeigt einen Vergleich der Veränderung der Schmelzefestigkeit von SAN bzw. PA 6 durch die Zugabe von Ruß (CB) bzw. Kohlenstoffnanofasern (CNF). Alle Komposite zeigen einen Anstieg der Schmelzefestigkeiten durch die Zugabe von Füllstoffen gegenüber den reinen Polymeren. Die Schmelzefestigkeit von reinem PA 6 beträgt lediglich 1/3 der Schmelzefestigkeit von SAN. Die relative Zunahme der Schmelzefestigkeit von SAN + CB und PA 6 + CNF zeigt eine vergleichbare Steigung, die deutlich steiler ausfällt als bei SAN + CNF. Die größere Steigung steht für eine bessere Vereinzelung der Füllstoffe in der Matrix.

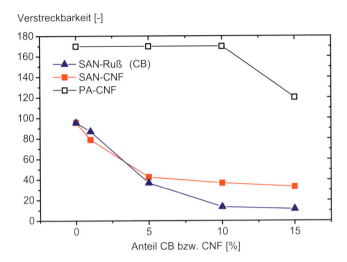

Bild 5.47: Veränderung der Schmelzedehnbarkeit durch die Zugabe von CNF bzw. CB in SAN bzw. PA

Bild 5.47 zeigt die Veränderung der Schmelzedehnbarkeit als Funktion des Füllstoffanteils in SAN und PA 6 mit Ruß (CB) bzw. Kohlenstoffnanofasern (CNF). Die Dehnbarkeit von reinem PA 6 ist doppelt so hoch wie von reinem SAN. Die hohe Schmelzedehnbarkeit von PA 6 bleibt bis zu einem Füllstoffanteil von 10 Gew.-% auf einem Wert von 170 und nimmt erst bei 15 Gew.-% CNF auf 120 ab. Im Gegensatz dazu fällt die Schmelzedehnbarkeit von SAN bereits bei geringen Anteilen von CB bzw. CNF signifikant ab, was zum einen auf eine schlechte Dispergierung der Füllstoffe in der Matrix und zum anderen auf eine unzureichende Anbindung zwischen der SAN-Matrix und den Füllstoffen hinweist.

5.2.5.2 Morphologie der PA 6 + CNF-Integralschäume

Die PA 6 + CNF-Nanokomposite-Werkstoffe wurden mittels Schaumspritzgießen mit atmendem Werkzeug bei 250 °C Massetemperatur und 45 °C Werkzeugtemperatur bei einem Gasgegendruck von 80 bar zu geschäumten Probekörpern von 3 mm Wandstärke und einer Dichtereduktion von 33 % verarbeitet. Es wurde ein Treibmittelgehalt von 0,4 Gew.-% Stickstoff gewählt. Das Aufschäumen erfolgte durch Werkzeugatmung 3 s nach der volumetrischen Füllung. Zusätzlich wurden noch 2 mm dicke ungeschäumte Referenzproben spritzgegossen. Wie anhand des scherrheologischen Verhaltens der PA 6 Compounds zu erwarten war, traten bei der Verarbeitung keine Schwierigkeiten bei der Werkzeugfüllung auf. Bild 5.48 zeigt Fotografien der kohlenstoffgefüllten SAN-Probekörper. Aufgrund des in der Kavität vorliegenden Gasgegendrucks wurde das Aufschäumen der treibmittelhaltigen Schmelze während des Füllvorgangs unterbunden, wodurch eine glatte, schlierenfreie Formteiloberfläche erreicht wurde. Im Gegensatz zu den Formteilen aus SAN traten bei der Entformung der PA 6-Bauteile keine Problem im Bezug auf Sprödigkeit auf. Die PA 6 + CNF-Formteile waren allesamt sehr duktil.

98   5 Matrixmaterialien

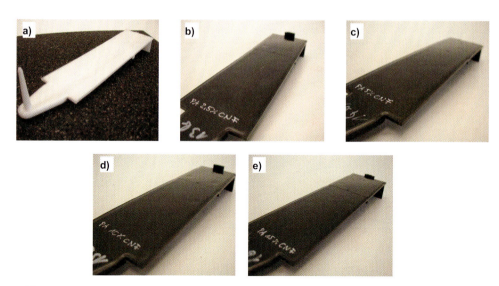

Bild 5.48: Geschäumte Probekörper aus PA 6 mit 0 bis 15 Gew.-% CNF

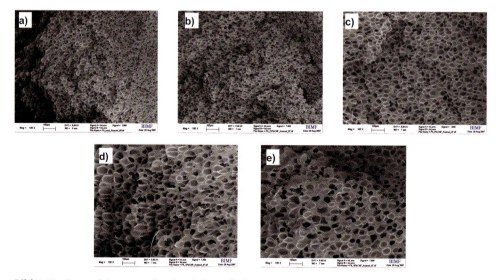

Bild 5.49: Rasterelektronenmikroskopische Aufnahmen von PA 6 + CNF-Integralschäumen

Bild 5.49 zeigt die rasterelektronischen Aufnahmen von kryo-gebrochenen PA 6 Nanokomposite Integralschäumen. Alle Integralschäume besitzen ca. 350 µm dicke kompakte Deckschichten und eine sehr homogene zelluläre Struktur im Inneren. Es ist an dieser Stelle zu erwähnen, dass die CNF die Kristallisationskinetik des verwendeten PA 6 nicht beeinflussen, d. h., der Beginn der Kristallisation wird nicht durch Kristallnukleierungseffekte beeinflusst, weshalb die Deckschichtdicke konstant bleibt. Obwohl die Schmelzefestigkeit des reinen PA 6 relativ

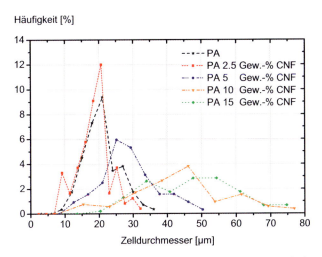

Bild 5.50: Vergleich der mittleren Zellgrößenverteilung von PA 6 + CNF-Integralschäumen

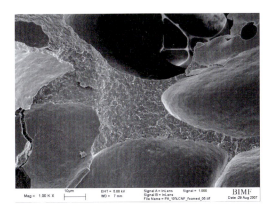

Bild 5.51: Rasterelektronenmikroskopische Aufnahmen eines Integralschaums aus PA 6 mit 10 Gew.-% CNF

gering ist, kann mit dem verwendeten reinen Ultramid B40 eine homogene Integralschaumstruktur mit einer Gesamtdichte von ca. 700 g/l erreicht werden.

Überaschenderweise ist zu beobachten, dass die mittlere Zellgröße der PA 6 Integralschäumen mit zunehmendem CNF-Gehalt ansteigt, obwohl die feine Dispergierung der CNF in Kombination mit der signifikanten Erhöhung der Schmelzefestigkeit ein entgegengesetztes Verhalten erwarten lässt, vgl. Bild 5.50. Bei einer Dichtereduktion des Integralschaums von 33 % beträgt die mittlere Zellgröße von reinem PA 6 und PA 6 + 2,5 Gew.-% CNF ca. 20 μm. Höhere Füllstoffanteile führen zu einem stetigen Anstieg der mittleren Zellgröße von 25 μm über 45 μm bis hin zu 55 μm für 5, 10, bzw. 15 Gew.-% CNF.

Die REM-Aufnahme von PA 6 mit 10 Gew.-% CNF in Bild 5.51 zeigt bei einer 1000-fachen Vergrößerung, dass in den CNF-haltigen Schäumen sehr viel dickere Zellstege vorliegen als in reinem PA 6. Dickere Zellstege in Kombination mit größeren Zellen sind ein Zeichen für eine geringere Zellnukleierungsdichte. Folglich wirken die CNF im PA 6 nicht als heterogene Nukleierungskeime bei der Schaumentstehung.

5.2.5.3 Mechanische Eigenschaften der PA + CNF-Integralschäume

Die Charakterisierung der mechanischen Eigenschaften der geschäumten und ungeschäumten PA 6 + CNF Materialien erfolgt im Drei-Punkt-Biegeversuch an trockenen Proben bei Raumtemperatur. Die ungeschäumten und geschäumten PA 6 + CNF-Werkstoffe zeigen einen linearen Anstieg des Biege-E-Moduls mit zunehmendem Füllstoffgehalt, vgl. Bild 5.52. Die

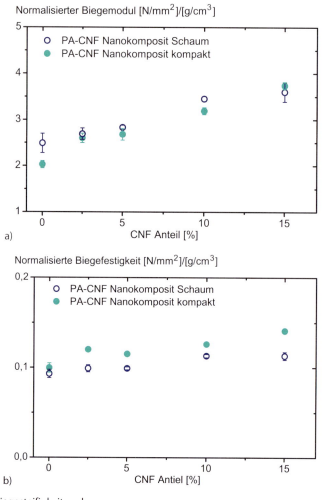

Bild 5.52: a) Biegesteifigkeit und
b) Biegefestigkeit von ungeschäumten und geschäumten PA 6 + CNF

spezifischen, d. h., dichtebereinigten Kennwerte zeigen für die geschäumten Probekörper das gleiche Eigenschaftsniveau wie für das entsprechende kompakte Material. Der Biegemodul steigt bei einem Füllstoffanteil von 10 Gew.-% um 38 % gegenüber dem ungefüllten PA 6. Im Gegensatz zu den SAN basierten Kompositen steigt auch die Festigkeit der PA 6 + CNF Werkstoffe mit zunehmendem Füllstoffgehalt an. Die Festigkeit des kompakten PA 6 steigt um bis zu 50 % an, während die Festigkeit für die Integralschäume um lediglich 25 % zunimmt. Der hier untersuchte Werkstoff stellt die positive Wirkung von Kohlenstoffnanofasern in Kombination mit einer polaren, duktilen Matrix wie PA 6 dar. In dem amorphen und duktilen SAN kann im Gegensatz zum PA 6 keine Verbesserung der mechanischen Eigenschaften durch die Zugabe von CNF erreicht werden. Bei PA 6 blieb die Duktilität des reinen Werkstoffs durch die Zugabe von CNF erhalten.

Für PA 6 kann zusammenfassend gesagt werden, dass die geringe nukleierende Wirkung durch CNF enttäuscht, jedoch die feinzellige Verschäumbarkeit des reinen Ultramid B40 überrascht. Weiterhin kann aufgrund der Zugabe von CNF in PA 6 sowohl eine Verbesserung des Biege-E-Moduls als auch eine Verbesserung der Biegefestigkeit gemessen werden, obwohl die mittlere Zellgröße mit zunehmendem CNF-Anteil zunimmt. Das hohe Aspektverhältnis von CNF in Verbindung mit der besseren Faser-Matrix-Haftung sind die Hauptgründe für die Verbesserung der Festigkeit der PA 6 + CNF im Vergleich zu den SAN-basierten Nanokomposite-Schäumen.

Literatur zu Kapitel 5

[1] Bonte, Y.; Schweda, R.: Polypropylen. *Kunststoffe*, 91(10): 262–266, 2001
[2] Stadlbauer, M.; Gahleitner, M.; Wachholder, M.; Wölfer, R.: Polypropylen. *Kunststoffe* 95(9): 60–67, 2005
[3] Sugimoto, M.; Tanaka, T.; Masubuchi, Y.; Takimoto, J. I.; Koyama, K.: Effect of chain structure on the melt rheology of modified polypropylene. *Journal of Applied Polymer Science*, 73(7): 1493–1500, 1999
[4] Gibson, L. J.; Ashton, M. F.: The Mechanics of Three-Dimensional Cellular Materials, *Proc. R. Soc. Lond.* A383: 43–59, 1982
[5] Langendijik, R. P.; Hogt, A. H.; Buijtenhuijs, A.; Gotsis, A. D.: Peroxydicarbonate modification of polypropylene and extensional flow properties. *Polymer*, 42(25): 10035–10043, 2001
[6] Naguib, H. E.; Park, C. B.; Panzer, U.; Reichelt, N.: Strategies for achieving ultra low-density polypropylene foams. *Polymer Engineering and Science*, 42(7): 1481–1492, 2002
[7] Valenza, A.; Piccarolo, S.; Spadaro, G.: Influence of morphology and chemical structure on the inverse response of polypropylene to gamma irradiation under vacuum. *Polymer,* 40(4): 835–841, 1999
[8] Stange, J.: *Einfluss rheologischer Eigenschaften auf das Schäumverhalten von Polypropylenen unterschiedlicher molekularer Struktur*. Dissertation, Universität Erlangen, 2006
[9] Okamato, K. T.: *Microcellular processing*, Carl Hanser Verlag, München, 2003
[10] Stadlbauer, M.; Folland, R.: Physical properties of polypropylene foams: How to predict and control them, *Cellular Polymers* 23(5), 403–415, 2004
[11] Wagner, M. H.; Bernnat, A.: The rheology of the rheotens test. *Journal of Rheology* 42(4), 917–928, 1998

6 Verfahrenstechnik

Das TSG-Verfahren kann man grundsätzlich nach Art der Treibmitteldosierung unterteilen. Bild 6.1 stellt die verfahrensbedingten Vor- und Nachteile dar.

Die Vorteile lassen sich unabhängig vom TSG-Verfahren in Bauteil- und Verfahrensvorteile einteilen. Die Bauteilvorteile beruhen im Wesentlichen auf der Wirkung des nachdruckfreien Spritzgießens. Dies bedeutet, dass die Materialschwindung während des Abkühlens nicht durch das Nachdrücken von Schmelze erfolgt, sondern durch das Aufschäumen kompensiert wird. Dies führt zu einer deutlich besseren Maßhaltigkeit und verringertem Verzug des Formteils, da weniger Eigenspannungen im Formteil vorhanden sind als beim Standardspritzgießen. Ferner erlaubt der Schäumprozess eine Gewichtsreduzierung und damit auch eine Materialeinsparung.

Die Verfahrensvorteile beruhen hingegen auf dem Effekt der Viskositätsverminderung durch das Einmischen eines Treibfluides in die Schmelze. Die niedrigviskosere Schmelze führt bei gleicher Einspritzgeschwindigkeit zu einem geringeren Einspritzdruck und so auch zu einer Reduzierung der Schließkraft. Die Schließkrafterparnis lässt sich wirtschaftlich durch den Einsatz einer kleineren Maschine nutzen bzw. es können Formteile auf Maschinen gefertigt werden, die für die Verarbeitung im Standardspritzgießen zu klein wären. Der Effekt der Viskositätsabsenkung kann aber auch zur Absenkung der Schmelzetemperatur genutzt werden. Die niedrigere Verarbeitungstemperatur bewirkt wiederum eine Reduzierung der Kühlzeit und damit einen schnelleren Spritzgießzyklus. Ein Potenzial zur Zykluszeitersparnis gegenüber dem klassischen Spritzgießen ist aufgrund der nachdruckfreien Prozessführung und der Möglichkeit die Bauteile früher zu entformen gegeben. Außerdem bedingt die inhärente Kühlung durch den Phasenübergang des Treibfluids in den gasförmigen Zustand ein schnelleres Abkühlen. Ein weiterer Vorteil ist die größere Designfreiheit bei der Auslegung von Spritzgussteilen und -werkzeugen, da Einfallstellen die weit vom Angusssystem entfernt sind oder ausgeprägte Wandstärkenänderungen durch das Schäumen vollständig abgeformt werden.

Den vielfältigen Vorteilen stehen lediglich wenige Nachteile gegenüber. Vorsicht ist bei Bauteilen mit dickwandigen Bereichen geboten. Hier kann sich der Zyklusvorteil umkehren, da der Schaum an sich ein Isolator ist und durch das gelöste Gas die Gefahr besteht, dass durch den noch vorhandenen Innendruck das Teil aufbläht. An solchen Stellen sollte noch mehr

Bild 6.1: Bauteilspezifische und verfahrenstechnische Vorteile des TSG-Verfahrens

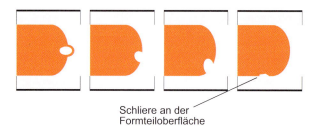

Bild 6.2: Schematische Darstellung zur Entstehung der Schlierenoberfläche von TSG-Formteilen [1]

Augenmerk auf eine optimierte Kühlung gelegt werden. Ein verfahrensbedingter Nachteil ist die schlierenbehaftete Oberfläche der TSG-Formteile. Diese Schlieren entstehen während der Werkzeugfüllung durch Gasblasen, die an der Schmelzefront ausdiffundieren und aufgrund der Quellströmung an die kalte Werkzeugoberfläche gelangen.

Ein anderer Nachteil sind die Kosten. Beim chemischen TSG-Verfahren müssen die kontinuierlich anfallenden Kosten für das Treibmittel berücksichtigt werden. Bei den physikalischen Direktbegasungsverfahren sind hingegen größere Investitionen bei der Anschaffung der jeweiligen Technologie und unter Umständen Lizenzgebühren fällig.

6.1 Chemisches TSG-Verfahren

Das Schaumspritzgießen mit chemischen Treibmitteln stellt den einfachsten Weg dar, vom kompakten Spritzgießen zu dem Sonderverfahren Schaumspritzgießen zu wechseln. Der Einstieg in diese Technologie ist deshalb als einfach zu bezeichnen, weil zum einen keine spezielle Spritzgießmaschine erforderlich ist und zum anderen die Dosierung des Treibmittels unkompliziert ist. Das Treibmittel wird als feste Substanz dem Polymergranulat zudosiert. Während des Aufschmelzens in der Plastifiziereinheit der Spritzgießmaschine beginnt die thermisch initiierte Zersetzungsreaktion des gleichmäßig in der Polymermatrix verteilten Treibmittels. Die chemische Reaktion setzt Fluide frei und außerdem Nebenprodukte in fester Form. Befindet sich das System unter einem genügend hohem Druck, sind die Fluide im Polymer gelöst und erst die Übersättigung führt zum Aufschäumen der Schmelze.

Der Hersteller hat die Möglichkeit die Konzentration des eigentlichen Treibmittels zu variieren und so auf die jeweilige Anwendung einzustellen. So bringen beispielsweise schwach konzentrierte Masterbatches, die lediglich zur Vermeidung von Einfallstellen vorgesehen sind, den Vorteil mit sich, dass aufgrund der geringen Fluidkonzentration kaum Schlieren auf der Formteiloberfläche entstehen. Bei der Verarbeitung eines chemischen Treibmittels muss beachtet werden, dass die für das jeweilige Treibmittel spezifische Temperatur für einen definierten Zeitraum überschritten werden muss, um eine optimale Gasausbeute zu gewährleisten. Nachteilig beim Einsatz chemischer Treibmittel ist z. B. der Verbleib nichtflüchtiger Zersetzungsprodukte sowie Reste des Trägerpolymers im Formteil. Dies kann zum vorzeitigen

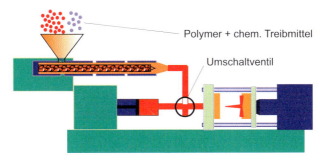

Bild 6.3: Schematischer Aufbau einer Spritzgießmaschine mit Kolbenspritzeinheit für das chemische TSG-Verfahren zur Herstellung besonders dickwandiger Formteile [2]

Versagen des Teils bei Alterung und mechanischer Belastung führen. Zusätzlich können saure Treibmittel Probleme durch Korrosion des Spritzgießwerkzeugs verursachen.

Von großem Vorteil sind die einfache Dosierung durch die Granulatform bei bekannter Zusammensetzung des Treibmittels und die genaue Kenntnis der zur Verfügung stehenden Treibfluidkonzentration. Dies bietet gute Randbedingungen für eine Prozessoptimierung und eine robuste Prozessführung. In den Anfängen war das chemische TSG-Verfahren auf dickwandige Bauteile beschränkt. 1996 konnten *Deanin* und *Bernier* erstmals Formteile mit einer Wanddicke von 3,17 mm (0,125 inch) und einer mikrozellulären Schaumstruktur (Zelldurchmesser 17 µm) herstellen [3]. Neue Rezepturen, die auf die jeweilige Anwendung abgestimmt werden, erlauben mittlerweile auch das Schäumen dünnwandiger Formteile mit Wandstärken unter 3 mm.

Das TSG-Verfahren mit chemischen Treibmitteln bringt den großen Vorteil einer einfachen Maschinentechnik mit sich. Eine konventionelle Spritzgießmaschine mit Drei-Zonen- bzw. Universalschnecke ist völlig ausreichend. Lediglich eine Nadelverschlussdüse ist nötig oder alternativ ein Werkzeug mit Heißkanal und Verschlusssystem, um die Schmelze unter Druck zu halten und ein vorzeitiges Aufschäumen zu unterbinden. Zur Optimierung des Homogenisierungsprozesses zeigte sich ein dynamisches Mischsystem am Schneckenende (Rauten-, oder Z-Mischer) als vorteilhaft. Für eine präzisere Prozessführung sollte auch eine Schneckenpositionsregelung eingesetzt werden, die dafür sorgt, dass die Schnecke nach Ende

Bild 6.4: Varianten von Mischköpfen

Dosieren durch den Schäumdruck nicht nach hinten gedrückt wird. Bei Verwendung von korrosiv aggressiven Treibmitteln sollte auch die Plastifiziereinheit dementsprechend korrosiv beständig ausgeführt werden.

Des Weiteren empfiehlt sich ein gravimetrisches Dosiersystem zur reproduzierbaren Zudosierung des Masterbatches. Eine Überdosierung ist zwar selten kritisch, abgesehen von eventuellen Effekten an der Oberfläche, jedoch mit unnötig hohen Kosten verbunden. Übliche Zugaben bewegen sich je nach Einsatzfall und Treibmittelgehalt zwischen 0,5 und 3 %. Bei höheren Prozentsätzen ist es wahrscheinlich, dass ein Teil des Gases wieder nach hinten durch die Einfüllöffnung entweicht und somit die Gasausbeute reduziert. Dasselbe kann auch passieren, wenn das Treibmittel zu früh aufschmilzt und der Umgebungsdruck noch zu gering ist, um das Gas in Lösung zu halten. Daher empfehlen Hersteller von Treibmitteln die ersten Heizzonen nach der Einfüllöffnung etwas kälter zu fahren, um den Punkt der Zersetzung des Schäummittels möglichst weit nach vorne zu legen.

In besonderen Fällen kann der Einsatz einer speziellen TSG-Maschine sinnvoll sein wie in Bild 6.3 gezeigt. Neben dem Plastifizierzylinder besitzt dieser Maschinentyp eine Kolbenspritzeinheit, die ein besonders schnelles Einspritzen hoher Schmelzemengen erlaubt. Diese Bauform ist in den letzten Jahren aber zunehmend unüblich geworden, da hohe Einspritzgeschwindigkeiten mittlerweile auch bei konventioneller Bauweise durch den Einsatz eines Gasdruckspeichers (Akku) erreicht werden. Die Anschaffungskosten sind dadurch niedriger und die Maschinenbedienung einfacher als bei der in Bild 6.3 gezeigten TSG-Maschine.

Das Treibmittelsystem sollte auf den zu verarbeitenden Kunststoff abgestimmt sein. Der Gasgehalt und damit auch der Blähdruck, der zum endgültigen Füllen der Kavität benötigt wird, ist beschränkt. Mit chemischen Treibmitteln erzielbare Schäumdrücke liegen unter 30 bar. Geringe Wanddicken oder komplexe Strukturen grenzen den Einsatzbereich des Verfahrens ein, da die vollständige Füllung des Werkzeugs durch den geringen Druck nicht mehr gewährleistet wird. Eine negative Eigenschaftsbeeinflussung durch Zerfallsprodukte des Treibmittels sowie fallweise auftretende Korrosionsprobleme im Werkzeug sind ebenfalls zu berücksichtigen. Bestimmte Thermoplaste, wie z. B. Hochtemperaturkunststoffe oder spezielle thermoplastische Elastomere sind bisher mit chemischem Treibmittel nicht verschäumbar.

6.2 MuCell®-Verfahren

Das Spritzgießen geschäumter Formteile mit dem MuCell®-Verfahren hat in den letzten Jahren seinen Platz im Spektrum der Kunststoffverarbeitungsverfahren nicht nur behauptet, sondern sogar ausgebaut. Gründe hierfür sind sowohl die im Vergleich zum Kompaktspritzguss erzielbaren verbesserten Formteileigenschaften wie

- Verzugsminimierung,
- Vermeidung von Einfallstellen und
- Gewichts- und damit Materialeinsparung

als auch Verbesserungen bzw. Vereinfachungen in der Prozessführung durch

- die Verringerung der Schmelzeviskosität,
- die Möglichkeit der Massetemperaturabsenkung und dadurch Reduzierung der Kühlzeit,
- einen homogenen „internen" Nachdruckaufbau in der Werkzeugkavität selbst oder auch
- durch das „Einsparen" von aufzubringender Werkzeugschließkraft.

Ein weiterer großer Vorteil des Verfahrens ist, dass alle Kunststofftypen ohne spezielle Zusätze und mit nur einem und zugleich noch inerten Medium (N_2 oder CO_2) schäumbar sind. Zudem entstehen besonders kleine Gasblasen (Zellen) im fertigen Bauteil, die beim konventionellen Thermoplast-Schaumspritzgießen mit chemischen Treibmitteln nicht erzielbar sind: Der MuCell®-Mikroschaum hat eine durchschnittliche Porengröße von 5 bis 50 µm.

Beim Schaumspritzgießen mit chemischen Treibmitteln muss das Treibmittelsystem stets auf den zu verarbeitenden Kunststoff abgestimmt sein. Gleichzeitig begrenzt der durch chemische Zersetzungsreaktion erzeugte Schäumdruck von weniger als 30 bar die Anwendbarkeit dieses Verfahrens: Bei Formteilen mit geringen Wanddicken oder komplexen Strukturen reicht der geringe Gasdruck nicht aus, die Werkzeugkavität komplett zu füllen. Im Gegensatz hierzu lassen sich durch den hohen Schäumdruck beim MuCell®-Verfahren selbst hochkomplexe Bauteilgeometrien reproduzierbar ausformen. Darüber hinaus gestattet die Verwendung des inerten Schäumgases Stickstoff bzw. Kohlendioxid auch die Verarbeitung von Kunststoffen, die auf die Abbauprodukte chemischer Treibmittel empfindlich reagieren.

Das physikalische Schäumen nach der MuCell®-Methode ist auf Entwicklungen am Massachusetts Institute of Technology (MIT) in Boston zurückzuführen und wird durch die Trexel Inc. in Woburn/USA vermarktet (lizenzpflichtige Technologie). Das physikalische Schäumen gliedert sich in folgende Prozessschritte:

- Aufschmelzen und Homogenisierung des Thermoplasten.
- Exakte Gasmengenzudosierung (N_2 oder CO_2) unter einem Druck von 100 bis 200 bar über Injektoren in den Massezylinder.
- Vollständiges Lösen des Gases in der Schmelze in der Mischzone.
- Einspritzen der Schmelze in das Werkzeug unter hoher Geschwindigkeit teilweise mit Hydrospeicher und Induzieren einer thermodynamischen Instabilität, die zur Nukleation führt.
- Zellwachstum im Werkzeug durch das ausgefällte Gas und Schwindungskompensation über den Schäumdruck.

Für das physikalische Schäumen ist eine Maschine mit spezieller Spritzeinheit und Zusatzausrüstung erforderlich:

- Plastifizierschnecke mit nachgeschalteter Gasmischstufe (Sonderlänge)
- Massezylinder mit Gasinjektoren
- Gaseinheit für Verdichtung und Mengenzudosierung des Gases

- Verfahrensspezifische Software zur Steuerung der Prozesse in der Spritzeinheit
- Akku für schnelles Einspritzen mit einer adaptiven selbstoptimierenden Einspritzgeschwindigkeitsregelung (teilweise)

Das MuCell®-Verfahren (Trexel Inc., USA) stellt das am technisch ausgereifteste und am meisten verbreitete physikalische TSG-Verfahren dar [4, 5]. Beim MuCell®-Verfahren wird das Treibfluid direkt durch einen Injektor in die Plastifiziereinheit der Spritzgießmaschine dosiert. Um eine möglichst intensive Vermischung von Treibfluid und Polymer zu gewährleisten, ist eine Sonderschnecke mit speziellen Scher- und Mischteilen Kernstück der Technologie.

Gegenwärtig vertreiben nahezu alle namhaften Spritzgießmaschinenhersteller in Kooperation mit Trexel Inc. eine an das MuCell®-Verfahren angepasste Spritzgießmaschine. Zentrales Element des MuCell®-Verfahrens ist die Gasversorgungseinheit, welche für einen konstanten Volumenstrom des physikalischen Treibfluides und somit für eine reproduzierbare Beladung der Thermoplastschmelze sorgt. Als Treibmittel wird Stickstoff oder Kohlendioxid während des Dosierens unter einem Druck von 100 bis 250 bar in die Schmelze injiziert. Die Besonderheit des MuCell®-Verfahrens ist, dass das Treibfluid im überkritischen Zustand (SCF = supercritical fluid) zudosiert wird und hierdurch ein einphasiges Gemisch aus Thermoplastschmelze und „flüssigem" Treibfluid erreicht wird.

Neben der Konstruktion der Gasinjektoren ist auch das Design der Schnecke zentraler Gegenstand der patentierten Technologie. Die von Trexel Inc., Vertreiber dieser Technologie, versprochenen Vorteile dieser Verfahrensvariante sind eindeutig der verfahrenstechnischen Seite zuzuordnen und basieren im Wesentlichen auf der Verringerung der Viskosität der Schmelze und der Homogenität des Innendrucks. Üblicherweise werden eine deutliche Schließkraftreduzierung und teilweise auch Zykluszeitverkürzung herausgestellt.

Die Einflussgrößen auf die Schaumbildung (Dichtereduzierung, Zellgröße und Zellgrößenverteilung) wie Massetemperatur, Einspritzgeschwindigkeit, Gasgehalt und Werkzeugtemperatur beeinflussen sich gegenseitig und können nicht unabhängig voneinander betrachtet werden.

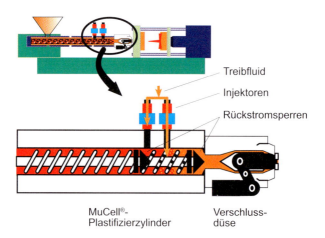

Bild 6.5: Schematische Darstellung zum MuCell®-Verfahren [6]

Unter höherem Schmelzedruck kann mehr Gas gelöst werden. Übliche Begasungskonzentrationen liegen je nach Material und Einsatzgrund zwischen 0,3 und 1 Gew.-% Stickstoff (N_2). Kohlendioxid (CO_2) wird nur selten eingesetzt, da die Schaumstruktur meist wesentlich großporiger ist und macht nur Sinn, falls eine Viskositätsreduktion im Vordergrund steht, da wesentlich mehr CO_2 als N_2 gelöst werden kann. Besonders für den Serieneinsatz sind folgende Weiterentwicklungen der MuCell®-Technologie wichtig.

Der Begasungsdruck beim Öffnen des Injektors wird durch die sogenannte ADPC-Automatic Delivery Pressure Control Schuss für Schuss geregelt. Wurde früher die Abstimmung über manuelle Adjustierung mit Handrädern gemacht, erlaubt nun ein pneumatisch angesteuertes Regelventil die exakte Kontrolle des Druckabfalls bei der Begasung. Dies ist insofern wichtig, da ein zu großer Druckabfall zu lokaler Übersättigung mit Gas führen kann, hingegen ein zu kleiner Druckabfall bedeuten kann, dass in erster Phase gar kein Gas in die Schmelze geht. Dies kann nun mannlos gesichert und dokumentiert werden.

Ein weiterer wichtiger Punkt um den Serieneinsatz zu unterstützen ist die Möglichkeit, die SCF-Versorgungseinheit direkt mit der Spritzgießmaschinensteuerung über eine entsprechende Schnittstelle einzustellen. Dadurch ist gesichert, dass die prozessrelevanten Parameter der Gasanlage gemeinsam mit dem Teiledatensatz abgespeichert werden können und bei der nächsten Fertigung automatisch zur Verfügung stehen. Gleichzeitig werden auf diese Weise die qualitätsrelevanten Größen in der Maschinensteuerung mit aufgezeichnet und ähnlich wie die herkömmlichen Spritzparameter mit Toleranzen überwacht. Alarmmeldungen der SCF-Einheit werden an die Maschine weitergegeben.

Mit dem MuCell®-Verfahren wurden inzwischen sowohl Standardkunststoffe wie PP, PE-HD und PS als auch die technischen Kunststoffe PC, PA und PC/ABS-Blends – mit und ohne Füllstoffe oder Verstärkungsmaterialien – sowie thermoplastische Elastomere erfolgreich verarbeitet. Potenzielle MuCell®-Bauteile sind nahezu alle Bauteile mit hohen Anforderungen an die Dimensionsstabilität, die aber wegen der MuCell®-typischen unregelmäßigen (verwirbelten) Oberflächenstruktur nicht vorrangig als Sichtteile fungieren. Selbst bei dünnwandigen Strukturen lassen sich verringerte Verzugsneigung mit Gewichtseinsparung und

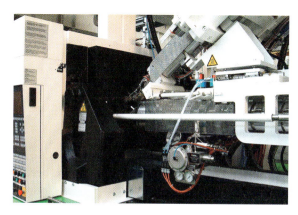

Bild 6.6: Gasinjektoren und ADPC-Regelblock auf einer MuCell®-2K-Maschine

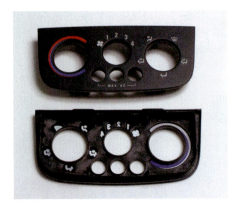

Bild 6.7: Beispiele für MuCell®-Bauteile im Automobilbau

Schließkraftminimierung beim Spritzgießen kombinieren. Typische und bereits umgesetzte Beispiele hierfür sind Funktionsbauteile für Büroartikel mit höchsten Anforderungen an die Maßhaltigkeit. Da hierzu in der Regel teure Rohstoffe verwendet werden (technische Thermoplaste wir PPO oder PC-GF), erschließt der MuCell®-Spritzguss durch die Gewichtsreduzierung ein hohes Kosteneinsparpotenzial. Aber auch im Automobilsektor hat MuCell® u. a. bei hinterspritzten Bauteilen für Klimaanlagen bereits Einzug gehalten. Die nachfolgenden Beispiele zeigen Bauteile, bei denen der MuCell®-Spritzguss gleichzeitig mit anderen Sonderverfahren kombiniert wurde.

Beim Hinterspritzen von Stoff oder Folie wird vor allem der niedrige Schmelzedruck bei der Formgebung als wichtiger, das Dekormaterial schonender Vorteil genutzt. Die sogenannte Klimablende in Bild 6.7 besteht aus einer IMD-Folie (IMD: In-Mould Decoration), hinterspritzt mit ABS-GF20 und wird bereits seit dem Frühjahr 2002 bei Valeo Deutschland in Bad Rodach gefertigt. Neben Gewichtsreduktion und Vermeidung von Einfallstellen war vor allem die Verzugsminimierung ein wichtiger Grund, hierfür das MuCell®-Schaumspritzgießen einzusetzen.

Dass man MuCell® auch im Mehrkomponentenspritzguss einsetzen kann, zeigt die Einbauhalterung für einen Lüftermotor aus PP T20 und TPE in Bild 6.7, hergestellt von Valeo Tschechien. Die Hauptkomponente (talkumgefülltes PP) wird im MuCell®-Verfahren gespritzt. Im zweiten Schritt wird darauf TPE als Dichtungs- und Dämpfungskomponente aufgespritzt.

6.3 Ergocell®-Verfahren

Das Ergocell®-Verfahren (Sumitomo (SHI) DEMAG Plastics Machinery GmbH, Deutschland) bietet ähnlich dem MuCell®-Verfahren die Möglichkeit, ein Treibfluid im überkritischen Zustand direkt in die Polymerschmelze einzumischen. Die Verfahren unterscheiden sich im Hinblick auf das Zumischen des Treibfluids im Plastifizieraggregat.

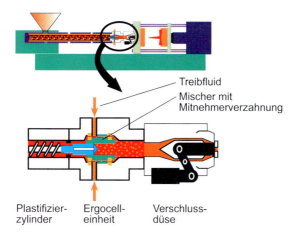

Bild 6.8: Schematische Darstellung zum Ergocell®-Verfahren [7]

Die Ergocell-Einheit wird anstelle der Düse an das Ende der Plastifiziereinheit angebaut. Dies bedeutet, dass die Technologie an der Standardmaschine nachgerüstet werden kann, falls genügend Einbauplatz vorhanden ist. Allerdings ist auch hier eine Anpassung der Maschinensteuerung und eine Begasungseinheit nötig. Die Begasung erfolgt wie beim MuCell®-Verfahren während des Plastifizierschritts. Das Treibgas wird dabei durch Injektoren zudosiert und mittels eines dynamischen Mischelementes in der Polymerschmelze verteilt. Das Mischelement selbst wird über eine spezielle Ankopplung von der Schnecke der Plastifiziereinheit angetrieben. Die einphasige Polymer-Gas-Lösung wird wie bei allen TSG-Verfahren durch eine aktive Staudruckregelung bis zum Einspritzzeitpunkt unter Druck gehalten.

6.4 Optifoam®-Verfahren

Das Optifoam®-Verfahren der Sulzer Chemtech AG stellt ein weiteres Konzept zur Direktbegasung dar. Die Injektion des Treibfluids erfolgt durch eine spezielle Injektionsdüse, die zwischen der Verschlussdüse und dem Plastifizieraggregat installiert ist [8, 9]. Beim MuCell®- und Ergocell®-Verfahren liefert die Begasungseinheit kontinuierlich einen gleichen Treibfluidmengenstrom. Während der Aufdosierphase wird das Treibfluid für eine gewisse Zeit der Polymerschmelze zudosiert. Während der übrigen Zeit strömt das Treibfluid aus einer Bypassöffnung.

Im Gegensatz dazu muss beim Optifoam®-Verfahren der Druck des Treibfluids variiert werden. Während der Einspritzphase, bei der das Treibfluid der Schmelze zudosiert werden soll, muss der Druck so groß sein, dass der Strömungswiderstand des Sintermetalls überwunden wird. Anschließend wird der Treibfluiddruck auf ein Standby-Niveau reduziert. Dieses ist so gewählt, dass kein Treibfluid durch das Sintermetall in die Schmelze strömt [10].

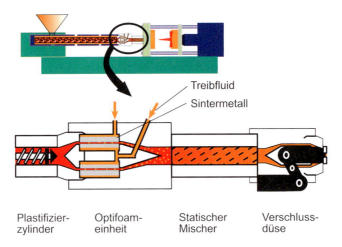

Bild 6.9: Schematische Darstellung zum Optifoam®-Verfahren

Das Einmischen des Treibfluids während der Einspritzphase begrenzt die maximale Einspritzgeschwindigkeit bzw. -zeit. Bei einer kurzen Einspritzzeit kann nur relativ wenig Treibfluid zudosiert werden. Umgekehrt kann bei geringen Einspritzgeschwindigkeiten vergleichsweise viel zugemischt werden. Die Entkopplung von zudosierter Treibfluidmenge und Einspritzgeschwindigkeit, wie bei den beiden anderen Direktbegasungsverfahren, ist bei dieser Technologie nicht möglich. Die erzielbaren Zellgrößen und Dichtereduktionen bleiben derzeit noch hinter dem MuCell®-Verfahren zurück. Optifoam wird derzeit vor allem im Extrusionsbereich eingesetzt.

6.5 Schäumen mit Dekompression

Bei technischen Bauteilen lässt sich mit dem Schäumverfahren – je nach Fließweg und Bauteildicke – eine Gewichtsreduktion in der Größenordnung von 5 bis 15 Gew.-% erzielen. Um deutlich höhere Materialeinsparung zu erreichen, besteht die Möglichkeit, Schäumen mit dem sogenannten Präzisionsöffnen (teilweise auch als „Lüften" oder „Negativprägen" bezeichnet) zu kombinieren. Hierbei wird die volumetrisch gefüllte Werkzeugkavität anschließend gezielt auf die gewünschte Bauteildicke vergrößert (Bild 6.10). Auf einfache Weise kann dies z. B. durch Zurücksetzen oder gar Aufheben des Schließdrucks geschehen. Präziser (daher „Präzisionsöffnen") geschieht dies über ein kontrolliertes, parallel geregeltes aktives Auffahren der beweglichen Schließeinheit mit gewissem Geschwindigkeits- oder Wegprofil. Selbst großflächige, mit diesem Verfahren hergestellte Schaumteile haben eine sehr hohe Biegesteifigkeit und eine vergleichsweise gute Oberfläche (anspruchsvolle Sichtteilqualität ist damit allerdings ebenfalls nicht erzielbar).

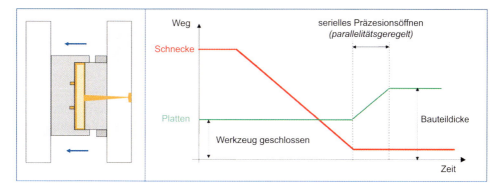

Bild 6.10: Als Werkzeuge eignen sich für das Präzisionsöffnen sowohl Tauchkantenwerkzeuge als auch Rahmenwerkzeuge

Bild 6.11: Geschäumte PP-Platte, hergestellt durch MuCell®-Präzisionsöffnen von 3 auf 10 mm

Das MuCell®-Präzisionsöffnen eignet sich besonders gut zur Herstellung von Verpackungsteilen, insbesondere von Isolierverpackungen. Potenzielle Anwendungen sind aber beispielsweise selbst Türmodule oder Instrumententafelträger für den Automobilbau, wo neben geringem Gewicht gleichzeitig auch Formstabilität und Biegesteifigkeit besonders wichtig sind. Die mit diesem Verfahren erzielbaren Wanddicken betragen im Einzelfall das Drei- bis Vierfache der Startwanddicke – Schaumteile aus PE-HD und PP mit 10 bis 12 mm Endwanddicke wurden bereits realisiert (siehe Bild 6.11).

Eine besondere Variante des Dekompressionsverfahren wird zur Herstellung von 2K-Bauteilen mit Soft-Touch-Effekt eingesetzt. Im sogenannten DOLPHIN-Verfahren wird der ansonsten mehrstufige Prozess zur Herstellung von Kfz-Innenraumteilen mit Softtouch-Oberfläche durch einen einstufigen Prozess ersetzt. Bei dem erstmals 2006 auf einem Symposium des österreichischen Spritzgießmaschinenherstellers Engel vorgeführten neuartigen Verfahren geht es darum, einen bislang mehrstufigen Prozess zur Herstellung von Kfz-Innenraumteilen mit Softtouch-Oberfläche zu einem einstufigen Prozess aus Spritzgießen und Schäumen zu kombinieren. Dieses innovative Verfahren – es wird unter dem Namen „DOLPHIN" vermarktet – erlaubt es, Sandwichbauteile für den Automobilbau wie Armaturententafeln, Mittelkonsolen oder auch Handschuhfächer, Türspiegel u. ä. m. schnell, qualitativ hochwertig und kostengünstig zugleich herzustellen. Dieses Projekt ist ein Gemeinschaftsprojekt von vier Unternehmen: den Materialherstellern BASF AG, Ludwigshafen/Deutschland, und P-Group, einem italienischen Industriekonzern mit Hauptsitz in Ferrara (vertreten durch die P-Group

Deutschland GmbH, Filderstadt), dem Werkzeugbauer Georg Kaufmann Formenbau AG, Busslingen/Schweiz, sowie Engel Austria GmbH als Maschinenhersteller. Vermarktet wird das DOLPHIN-Verfahren partnerschaftlich von allen vier Unternehmen gemeinsam. Die Leistungsfähigkeit des DOLPHIN-Verfahrens wurde auf dem Engel-Symposium an einer Pkw-Armaturentafel als Musterbauteil vorgeführt. Der Prozessablauf gleicht vom Grundprinzip dem Spritzgießen von 2K-Formteilen: Im ersten Schritt entsteht durch klassisches Spritzgießen der Grundträger – im konkreten Fall aus einem glasfaserverstärkten PBT/ASA-Blend (Ultradur S4090 IGX von der BASF). Dieser Grundträger wird dann in derselben Spritzgießmaschine im zweiten Schritt mit einem Spezialpolyester (Pibiflex, einem gut schäumbaren thermoplastischen Polyester von P-Group) im MuCell®-Verfahren umschäumt. Durch ihre enge chemische Verwandtschaft wird eine gute Haftung der beiden Materialien miteinander erzielt. Für das Applizieren der Softtouch-Außenschicht kommt die sogenannte CoinMelt-Technologie von Engel zum Einsatz: ein entsprechend der Anwendung geregelter Spritzprägevorgang kombiniert mit einer exakten Plattenparallelitätsregelung.

Im Vergleich zur konventionellen Fertigung von mehrschichtigen Schaumteilen ist das neue Verfahren deutlich schneller und ökonomischer, es reduziert die Komplexität und bringt durch die Einstufigkeit zudem deutliche logistische Vorteile. Mit dem DOLPHIN-Verfahren lässt sich z. B. eine Instrumententafel für Fahrzeuge der gehobenen Klasse sehr leicht und effizient in einem Arbeitsgang herstellen. Im Vergleich hierzu muss(te) ein solches Bauteil bislang sehr aufwendig gefertigt werden, in der Regel in drei Verfahrensschritten und aus unterschiedlichen Kunststoffarten: getrennte Herstellung von Grundkörper und ge- oder hinterschäumter Außenhaut-Folie und anschließendes Kaschieren des Grundkörpers mit der Softtouch-Außenhaut – alles in unterschiedlichen Anlagen. Hinzu kommt, dass die Fehler- und damit Ausschussgefahr bei diesem traditionellen Verfahren nicht unerheblich ist.

Die Schaumbildung in der TPE-Außenschicht der Armaturentafel setzt erst ein, wenn die Werkzeugkavität komplett gefüllt ist und der Spalt parallelitätsgeregelt vergrößert wird. Damit bilden sich an der Oberfläche der Armaturentafel und an der Kontaktfläche mit dem PBT-Grundträger kompakte Randschichten aus. Das begünstigt – zusätzlich zur chemischen Verträglichkeit der beiden Materialien – die gute Haftung der Schichten aneinander. Gleichzeitig wird auch eine bei Armaturentafeln gewünschte Narbung der Oberfläche gut abgeformt. Eventuelle Bindenähte haben bei dem hierfür eingesetzten Pibiflex keinen negativen Einfluss, wie die Untersuchungen an der Muster-Armaturentafel ergaben.

6.6 Abgrenzung zu anderen Niederdrucktechniken

Das Schäumen zeichnet sich durch einen meist niedrigeren Schließkraftbedarf bei wesentlich ausgeglichenerem Spannungshaushalt aus. Daneben gibt es auch noch andere, sogenannte Niederdrucktechniken.

6.6.1 Fluidinjektionstechnik

In der Fluidinjektionstechnik wird im Gegensatz zur Schäumtechnologie das Gas nicht in gelöster Form, sondern direkt in der gefüllten Kavität in die Schmelze eingeblasen um damit Schwindung zu kompensieren. Für den Anwender ergeben sich bei erfolgreicher Nutzung der Gasmelttechnik folgende interessante Vorteile:

- Minimierung von Einfallstellen und Verzug durch gleichmäßige Gasdruckverteilung entlang des Hohlraums,
- Schließkraftreduzierung bei der Fertigung großflächiger Spritzgussteile mit aufgesetzten Gaskanalverteilerrippen, z. B. Türseitentaschen im Pkw,
- Kühlzeitverkürzung, da in der Nachdruckphase keine heiße Schmelze mehr nachgeschoben und ein Wegschwinden des Formteils von der Werkzeugwand durch den wirkenden Gasdruck unterbunden wird,
- Einsparung von Werkzeugkosten durch konstruktive Formteilvereinfachung,
- Fertigungsvereinfachung durch Substitution mehrteiliger Baugruppen und Ausbildung funktioneller Hohlräume.

Des Weiteren gibt es zahlreiche dickwandige Formteile oder Formteile mit Masseanhäufungen, die mit der konventionellen Spritzgießtechnik aus qualitativen oder wirtschaftlichen Gründen nicht herstellbar sind.

Verfahrensvarianten

Die stetig steigenden Qualitätsanforderungen und spezielle Formteilkonstruktionen haben zur Entwicklung verfahrensspezifischer Sonderlösungen geführt. Die Auswahl der besten Verfahrensvariante für die jeweilige Anwendung ist teilespezifisch und richtet sich nach dem jeweiligen Anforderungsprofil.

Aufblasverfahren

Die Kavität wird mit einer definierten Schmelzemenge teilgefüllt und erst durch die anschließende Gasinjektion mit einem Druck von 30 bis 400 bar die komplette Werkzeugkavität ausgefüllt. Nach Ausbildung des Hohlraums übernimmt der Gasdruck die Funktion des Nachdrucks.

Werkzeug vor der Füllung

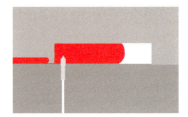
Teilfüllung der Kavität

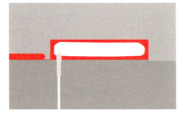
Begasung der Kavität

Bild 6.12: Schema Aufblasverfahren

Ausblasverfahren

Das Ausblasverfahren ist mit einer grundsätzlichen Änderung des Verfahrensablaufs verbunden. Die vollständig mit Schmelze gefüllte Kavität wird vom Fließwegende aus mit Stickstoff beaufschlagt. Dabei wird die Schmelze aus dem Kernbereich in den Schneckenvorraum oder in einen Überlauf (Nebenkavität) verdrängt. Oberflächenfehler, die durch das kurzfristige Halten der Schmelzefront beim Aufblasverfahren auftreten, können so vermieden werden. Eine Möglichkeit zur Beeinflussung der Wanddickenausbildung über verzögertes Ausblasen ist gegeben.

Angussversiegelung

Mit einem speziellen Angussversiegelungsprogramm kann das ansonsten vorhandene Loch an der Anspritzstelle verschlossen werden. Dieses Programm kann nur in Verbindung mit einer Gasmelt-Maschinendüse verwendet werden.

Gasmelttechnik mit veränderbarem Kavitätenvolumen

Vor allem bei flächigen Formteilen mit partiellen Verdickungen müssen das Füllbild bei Anspritzung im dünnwandigen Bereich und die im dickwandigen Bereich zum Zeitpunkt der Gasinjektion vorhandene Schmelzemenge auf die geforderte Hohlraumausbildung abgestimmt sein. Dies ist bei komplexeren Formteilen auch mit Hilfestellung von Fließanalyseprogrammen nicht lösbar. Darüberhinaus liefert der im dickwandigen Bereich wirkende Gasdruck meist keinen ausreichenden Nachdruck für die dünnwandigen Stellen. Für solche Anwendungsfälle wird auch im ersten Schritt die Werkzeugkavität volumetrisch gefüllt oder die Schmelze auf ein vorgegebenes Druckniveau verdichtet. Anschließend vergrößert man sofort oder nach Ablauf einer Verzögerungszeit das Kavitätenvolumen im gewünschten Bereich zur gezielten Hohlraumausbildung. Die Werkzeugelemente werden dabei zwangsgesteuert zurückbewegt oder durch den Gasdruck zurückgedrückt. Die Gasinjektion erfolgt über eine Gasmelt-Werkzeugdüse direkt an der gewünschten Position.

Mehrstellen-Gasinjektion

Das Gas kann auch an mehreren Stellen im Werkzeug eingeblasen werden. Damit lassen sich Hohlräume gezielt dort schaffen, wo sie auch wirklich benötigt werden. Dies hat den Vorteil, dass Rippen entfallen können, die man ausschließlich zum Transport des Gases und nicht für die Funktion des Teiles benötigt. Ähnlich wie bei MuCell® gibt es auch bei der Gasinjektion Schutzrechte, die eine noch größere Verbreitung der Technologie doch behindert haben, weil der Eintrittspreis dadurch höher ist. Auch der technologische Aufwand ist relativ hoch mit Gaseinheiten, Regelmodulen und absperrbaren Nebenkavitäten im Werkzeug. Im Gegensatz zur Schäumtechnologie wird hier allerdings nur lokal Druck eingebracht, die Druckverteilung ist dadurch nicht so gleichförmig. In der ersten Phase des Prozesses gibt es kaum Unterschiede zur normalen Spritzgießtechnik. Dadurch ist die Oberfläche nicht so beeinträchtigt wie beim Schäumen. Die Fluidinjektion ist jedoch nur für bestimmte Produktgruppen sinnvoll.

6.6.2 Spritzprägen

Der wesentliche Unterschied zwischen Spritzgießen und Spritzprägen besteht in der Art der Kraftübertragung von der Spritzgießmaschine auf die Schmelze im Werkzeug. Während beim Spritzgießen Kraft nur über die Anschnitte in das Formteil fließt, wird beim Spritzprägen Druck über die Oberfläche des Formteils eingebracht (siehe Bild 6.13).

Um beim klassischen Spritzgießen Energie auf ein angussfernes Volumenelement zu übertragen, muss zusätzlich die Dissipationsenergie entlang des gesamten Fließweges aufgebracht werden, wogegen beim Spritzprägen die Energie direkt von der Kavitätswand auf die Schmelze

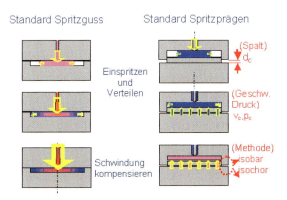

Bild 6.13: Unterschiede zwischen Spritzgießen und Spritzprägen

übertragen wird. Diese Art der Kraftübertragung erschließt für den Formgebungsprozess neue Freiheitsgrade. Die Urformung wird nicht nur mit der Spritzseite der Maschine, sondern zusätzlich mit der Schließseite und beweglichen Kernen im Werkzeug aktiv kontrolliert. Die neuen Freiheitsgrade in der Prozessführung manifestieren sich in zusätzlichen Prozessparametern wie Prägehub, Prägedruck und Prägegeschwindigkeit. Ähnlich wie für die Schubschnecke sind für den Prägekern geschwindigkeits- und druckbestimmte Regelstrategien bzw. Kombinationen aus beiden realisierbar.

Für das Zusammenspiel der Bewegungen von Schnecke und Prägekern ist eine Vielzahl von sinnvollen Varianten denkbar. Eine grundlegende Klassifizierung der Spritzprägeverfahren kann danach erfolgen, ob

- die Kavität vor dem Start des Prägehubs volumetrisch gefüllt wird.
- der Prägehub vor vollständiger volumetrischer Füllung gestartet wird.

Während die erste Verfahrensklasse primär der gleichmäßigen Aufbringung von Nachdruck und der Abformung von Strukturen dient, wird die zweite Verfahrensklasse insbesondere eingesetzt, um Teile mit großen Fließweg/Wandstärken-Verhältnissen spannungsarm oder überhaupt erst vollständig füllen zu können. Eng mit der Prozessführung sind die werk-

Tabelle 6.1: Niederdrucktechniken

	TSG/MuCell®	GIT/WIT	Spritzprägen
Hardware	TSG: Gravimetrie, Verschlussdüse MuCell®: Spezielle Plastifiziereinheit, Gaseinheit	Gaseinheit	Prägefunktion auf Spritzgießmaschine erforderlich
Oberfläche	Gasschlieren an Oberfläche	Gut, bei optimaler Prozessführung	Gut, bei optimaler Prozessführung
Verzug	Verbesserung durch homogenere Druckverteilung	Verbesserung durch geringere Druckdifferenzen	Verbesserung durch homogenere Druckverteilung
Einfallstellen	Ausgleich durch Innendruck	Ausgleich, wenn Gasinjektion in der Nähe	Abhängig vom Vorfüllgrad
Zusätzlicher Verbrauch von	N_2, CO_2 bzw. chemisches Treibmittel	N_2	
Werkzeug	Kein offener Heißkanal, gute Entlüftung	Injektoren und absperrbare Nebenkavitäten	Mit Tauchkante bzw. verfahrbaren Rahmen
Schließkraft	Oft < 50 % zu Standardspritzguss	Meist Erniedrigung möglich	70 bis 50 % zu Standardspritzguss
Bauteile	Keine Sichtteile	Griffe, Rohre, lokale Nachdruckeinbringung	Flächige Bauteile
Lizenzen	MuCell®	Diverse GIT-Patente	Eventuell bei Sonderabläufen

zeugtechnischen Variationen der Spritzprägetechnik verbunden, auf die hier nicht im Detail eingegangen wird. Erwähnt werden soll nur, dass auch im Bereich der Werkzeugtechnik unterschiedliche Realisierungen der Prägetechnik wie z. B. Tauchkanten, Prägerahmen oder Prägestempel möglich sind. Die prägetechnische Gestaltung von Werkzeugen für Teile, welche von einer flachen oder symmetrischen Geometrie abweichen, stellt hierbei eine besondere Herausforderung dar. Die homogene Krafteinbringung beim Spritzprägen liefert darüber hinaus deutliche Vorteile im Spannungshaushalt von Bauteilen, begünstigt die Abformung von Oberflächendetails und vereinfacht die Vermeidung von Einfallstellen.

Gegenüber dem Schäumen zeichnet sich Prägen durch die bessere Oberfläche aus, es ist kein Treibmittel erforderlich und der zusätzliche Hardware-Aufwand, verglichen mit dem physikalischen Schäumen, hält sich in Grenzen. So benötigt man ein prägefähiges Werkzeug und eine Maschine, die mit den entsprechenden Prägemöglichkeiten ausgerüstet ist. Die Prägefähigkeit des Bauteiles schränkt allerdings die möglichen Einsatzfelder ein. In der Bauteilvielfalt und im besseren „Ausbügeln" vom Einfallstellen liegen sicher die Vorteile der Schäumverfahren.

6.7 Fazit zur Verfahrenstechnik

Die technischen Weiterentwicklungen der Spritzgießtechnologie sind von Kostensenkung und Designvorgaben getrieben. Verfahrenstechnische Kompetenz ist dabei Grundvoraussetzung, um das Potenzial neuer Technologien auszuschöpfen [11, 12].

Das chemische TSG bringt aufgrund der unkomplizierten Prozessführung, ohne spezielle Maschinentechnik, eine Reihe von Vorteilen mit sich. Allerdings ist die Zugabe eines chemischen Treibmittels bzw. Masterbatches und der damit verbundene Verbleib von festen Zersetzungsrückständen im Formteil unter Umständen nachteilig.

Die physikalischen Direktbegasungsverfahren bedingen immer eine mehr oder weniger aufwendige Maschinentechnik, die mit einer hohen Investition verbunden ist. Die Prozessführung gestaltet sich komplizierter, da Treibfluidmenge und -art, sowie die Verarbeitungsparameter auf den jeweiligen Spritzgießprozess abgestimmt werden müssen. Große Treibfluidmengen in Kombination mit hohen Druckabfallraten bieten bei den physikalischen TSG-Verfahren die Möglichkeit, mikrozelluläre Schaumstrukturen zu generieren. Dies ist allerdings nicht bei jedem Polymer gleichermaßen erzielbar. Hohe Druckabfallraten setzen hohe Einspritzgeschwindigkeiten und somit hohe Einspritzdrücke voraus. Bei den gegenwärtigen TSG-Verfahren handelt es sich um sogenannte Hochdruckverfahren. Im Gegensatz zu den früheren TSG-Niederdruckverfahren zur Erzeugung dickwandiger Formteile, die heutzutage kaum noch Marktbedeutung haben. Die Niederdruckverfahren weisen stets starke Schwankungen der Schaumstruktur und dadurch der Eigenschaften der Formteile auf. Enge Toleranzen anspruchsvoller technischer Formteile konnten mit diesen Verfahren nicht erreicht werden und lassen sich erst durch die TSG-Hochdruckverfahren der jüngsten Zeit realisieren.

Generell lässt sich zusammenfassen, dass das Potenzial der TSG-Verfahren, besonders der physikalischen, hinsichtlich der bauteil- und verfahrensspezifischen Vorteile noch nicht ausgereizt ist, sondern erst am Anfang steht [13]. Wünschenswert ist ein TSG-Verfahren, mit dem sich reproduzierbar dünnwandige Bauteile fertigen lassen, die eine signifikante Dichtereduktion von 50 % und mehr aufweisen und dabei eine feinzellige und vor allem homogene Zellstruktur aufweisen.

Literatur zu Kapitel 6

[1] Semerdjiev, S.; Popov, N.: Probleme des Gasgegendruck-Spritzgießens von thermoplastischen Strukturschaumteilen. Kunststoffberater, 68(4): 198–201, 1978
[2] N. N.: So fein kann spritzig sein – Schaumspritzgießen. Clariant Masterbatch GmbH & Co. OHG, Ahrensburg 2003
[3] Deanin, R. D.; Bernier, T. J.: Cellulose Acetate Structural Foam. Journal of Vinyl & Additive Technology, 2(3): 263–264, 1996
[4] Schröder, U.: Pole Position – Mit MuCell® spritzgießen. Kunststoffe, 93(10): 30–33, 2003
[5] Wurnitsch, C.; Wörndle, R.; Spiegl, B.; Steinbichler, G.; Egger, P.: Thermoplastische Träume durch Schäume: Wirtschaftliches Schaumspritzgießen für individuelle Bauteileigenschaften. Kunststoffe, 91(5): 64–67, 2001
[6] Kishbaugh, L.: MuCell® Foaming Technology in Injection Molded PP Automotive and Business Machine Parts. Technische Information der Trexel Inc., Woburn, MA, USA, 2001
[7] Jaeger, A.: Schäumen beim Spritzgießen neu entdeckt. Tagungshandbuch Präzisionsspritzguss heute. Lüdenscheid, 2002
[8] Michaeli, W.; Pfannschmidt, O.; Habibi-Naini, S.: Wege zum mikrozellulären Schaum: Grundlagen zu Material und Prozessführung. Kunststoffe, 92(6): 48–51, 2002
[9] Michaeli, W.; Habibi-Naini, S.; Krampe, E.: Spritzgießen mikrozellulärer Schäume: Vergleich der Verfahrenskonzepte. Kunststoffe, 92(8): 56–60, 2002
[10] Michaeli, W.; Habibi-Naini, S.; Krampe, E.: Es geht auch schneller: Kühlzeitreduktion durch Schaumspritzgießen. Kunststoffe, 93(10): 34–42, 2003
[11] Wobbe, H.: Eine persönliche Expertise: Trends und Visionen der Spritzgießtechnik. Kunststoffe, 93(10): 60–65, 2003
[12] Kraibühler, H.: Spritzgieß-Trends: Anforderungen und Komplexität steigen. Kunststoffe, 93(10): 66–69, 2003
[13] Haak, U.: Innovative Verarbeitungsverfahren. Kunststoffe, 93(8): 67–69, 2003

7 Verfahrensvergleich

Die Verfahren zur Herstellung eines TSG-Bauteils sind in ihrem Aufbau zum Teil sehr unterschiedlich, wie im vorangegangenen Kapitel 6 gezeigt wurde. Die technischen Unterschiede führen folglich bei der Prozessführung und dem Formteil selbst zu verschiedenen Vor- und Nachteilen. Um diese einander gegenüberzustellen, wurden vergleichende Versuche mit drei TSG-Verfahren gemacht:

- TSG-CH: TSG mit chemischen Treibmitteln
- TSG-PZ: TSG mit physikalischer Begasung im Zylinder
- TSG-PD: TSG mit physikalischer Begasung in der Düse

Die Untersuchungen wurden mit Polypropylen als Matrixpolymer durchgeführt. Im Fall des TSG-CH wurde das chemische Treibmittel als Masterbatch-Granulat dem Matrixpolymer beigemischt und diese Granulatmischung der Spritzgießmaschine zugeführt. Bei den Verfahren mit physikalischer Begasung wurde das Treibfluid direkt in das schmelzeförmige Matrixpolymer eingemischt. Zum Einen im Bereich des Plastifizierzylinders (TSG-PZ) und zum Anderen erst am Ende des Plastifiziervorgangs im Bereich der Düse (TSG-PH). Für alle Versuche kam eine Spritzgießform für Normprüfkörper in Form von zwei Zugstäben zum Einsatz.

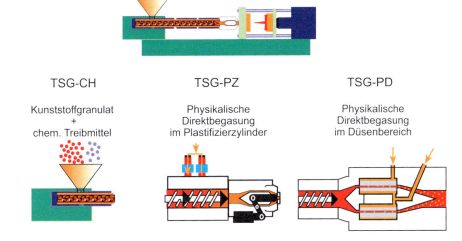

Bild 7.1: Schematische Darstellung zum Funktionsprinzip der drei TSG-Verfahren: chemisch geschäumt (TSG-CH, links), physikalische Begasung im Zylinder (TSG-PZ, mitte) und physikalische Begasung in der Düse (TSG-PD, rechts)

7.1 TSG-Verfahren mit chemischen Treibmitteln

Beim chemischen TSG-Verfahren wurde das Treibmittel in Form eines Masterbatch-Granulates dem zu verarbeiteten Polypropylen-Granulat beigemischt. Die Untersuchungen konzentrieren sich zunächst auf die Art und Konzentration des chemischen Treibmittels und im weiteren Verlauf auf die Prozessführung. Besonderes Augenmerk lag auf einem möglichst homogenen Aufbau der Sandwichstruktur und dem Übergang Schaumstruktur zur kompakten Randschicht. Abschließend werden die gewonnenen Erkenntnisse zusammengefasst und diskutiert.

7.1.1 Art und Konzentration des chemischen Treibmittels

Für die Auswahl des chemischen Treibmittels ist vor allem die Verarbeitungstemperatur des Polymers ausschlaggebend, da die Zersetzungstemperatur des Treibmittels an die Verarbeitungstemperatur angepasst sein muss. Bei einer zu niedrigen Zersetzungstemperatur besteht die Gefahr, dass die chemische Reaktion des Treibmittels zu früh beginnt und Treibgas in die Einzugszone entweicht. Ist sie zu hoch, findet keine ausreichende Zersetzung des Treibmittels statt. Die beiden Treibmittel Natriumhydrogencarbonat ($NaHCO_3$) und Zitronensäurederivat (Citrat) wurden dem Polypropylen als 1,5 Gew.-% Masterbatch zudosiert und die Treibmittelkonzentration durch Beladung mit 20, 40 oder 70 % Treibmittelwirkstoff eingestellt.

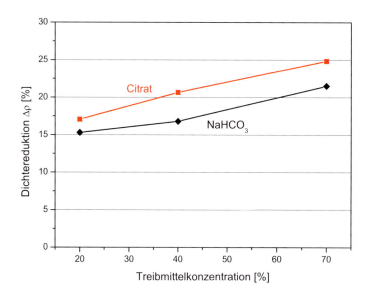

Bild 7.2: Maximale Dichtereduktion als Funktion der Treibmittelkonzentration im Masterbatch für $NaHCO_3$ und Citrat bei 210 °C Schmelzetemperatur

Die maximale Dichtereduktion in Abhängigkeit der Treibmittelart und -konzentration ist in Bild 7.2 dargelegt. Hieraus lässt sich entnehmen, dass in beiden Fällen mit zunehmender Treibmittelkonzentration die Dichtereduktion deutlich zunimmt. Die maximale Dichtereduktion der $NaHCO_3$ getriebenen Formteile liegt dabei stets etwas über der von den Citrat getriebenen Proben.

Um die maximale Dichtereduktion für die beiden Treibmittel besser vergleichen zu können, muss die jeweilige Gasfreisetzung berücksichtigt werden. Die theoretisch maximale Gasfreisetzung wurde bereits angeführt. Für 70 % Treibmittel ergibt sich bei 1,5 % Masterbatch eine Gasfreisetzung von 90 ml beim Citrat und 150 ml beim $NaHCO_3$. Dies erklärt das Erreichen einer höheren Dichtereduktion beim $NaHCO_3$. Allerdings führt in diesem Fall die höhere Gasfreisetzung auch stets zu einer unerwünscht unregelmäßigen Schaumstruktur im Kern des Zugstabes.

Die beiden Treibmittel führen auch zu deutlichen Unterschieden im Randschichtbereich. In Bild 7.3 ist in der rechten Bildhälfte bei der Schaumstruktur mit Citrat als Treibmittel ein definierter Übergang vom geschäumten Kern zur kompakten Deckschicht auszumachen. Ferner ist die Deckschicht gleichmäßig über den ganzen Probenquerschnitt zu erkennen. In der linken Bildhälfte fällt zunächst eine wesentlich dünnere Randschicht ins Auge, die außerdem stellenweise mit feinen Zellen durchsetzt ist. Diese inhomogene Randschicht der $NaHCO_3$ Probe schwächt unweigerlich die mechanischen Eigenschaften des Bauteils. Um den Unterschied der Randschichtdicke besser vergleichen zu können, ist es notwendig, Probekörper mit gleicher Dichtereduktion zu vergleichen. Hierfür wurde eine Dichtereduktion von 15 % eingestellt.

Um den Randschichteinfluss möglichst gut erkennen zu können, wurde für die grafische Auswertung der Deckschichtanteil d definiert, der den relativen Anteil der oberen und unteren Deckschicht an der gesamten Höhe der Probe darstellt. In Bild 7.4 ist der Deckschichtanteil in Abhängigkeit der jeweiligen Treibmittelkonzentration zu sehen. Obwohl stets die gleiche Dichtereduktion von 15 % eingestellt wurde, zeigen alle mit Citrat geschäumten Bauteile durchweg einen größeren Deckschichtanteil.

 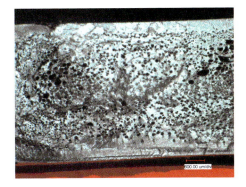

Bild 7.3: Schaummorphologien für $NaHCO_3$ (links) und Citrat (rechts) bei maximaler Dichtereduktion ($NaHCO_3$ 25 %, Citrat 22 %).

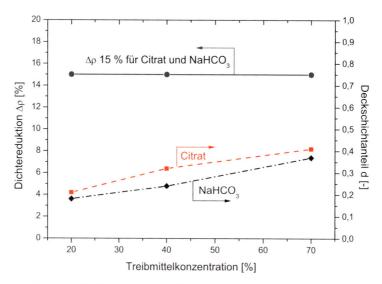

Bild 7.4: Deckschichtanteil in Abhängigkeit der Treibmittelkonzentration für NaHCO$_3$ und Citrat bei konstanter Dichtereduktion von 15 %.

7.1.2 Schmelzetemperatur

Die Schmelzetemperatur stellt für das Schaumspritzgießverfahren einen entscheidenden Prozessparameter dar. Bei zu geringer Schmelzetemperatur kann der chemische Zersetzungsprozess des Treibmittels nicht oder nur unvollständig stattfinden. Eine zu hohe Schmelzetemperatur hingegen birgt die Gefahr des Zusammenwachsens der Zellen (Koaleszenz), da der Diffusionskoeffizient des freigesetzten Gases höher ist. Hohe Schmelzetemperaturen und das damit verbundene schnelle Blasenwachstum erfordern deshalb ein schnelles Abkühlen, um einer inhomogenen Schaumstruktur entgegenzuwirken. Da der Abkühlschritt im Spritzgießwerkzeug erfolgt, ist die Anpassung der Werkzeugtemperatur bei hohen Schmelzetemperaturen von großer Bedeutung. Die höhere Schmelzetemperatur bewirkt eine niedrigere Viskosität der Schmelze und senkt deshalb den zur Formfüllung notwendigen Druckbedarf. Ein verringerter Einspritzdruck führt zu einer geringeren Kompression der Schmelze und damit zu dünneren Randschichten und höheren Aufschäumgraden. Grundsätzlich erlauben hohe Schmelzetemperaturen größere Fließweg/Wanddicken-Verhältnisse und durch die höhere Nukleierungsdichte, können höhere Aufschäumgrade als bei niedrigen Schmelzetemperaturen erzielt werden.

Bild 7.5 zeigt den Einfluss der Schmelzetemperatur auf die maximale Dichtereduktion der Formteile. Mit zunehmender Schmelzetemperatur steigt die Dichtereduktion deutlich. Die geringen Dichtereduktionen bei den niedrigen Schmelzetemperaturen deuten auf eine frühzeitige Fixierung des Schaums hin. Bei 190 °C Schmelzetemperatur scheint das Treibmittel noch nicht ausreichend freigesetzt. Dies führt zu einer geringen Nukleierungsdichte und zu einer zu geringen Gasfreisetzung. Die morphologischen Untersuchungen zeigen dem-

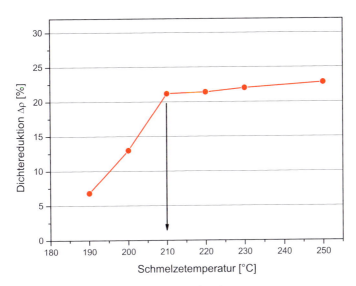

Bild 7.5: Maximale Dichtereduktion als Funktion der Schmelzetemperatur

entsprechend wenige, ungleichmäßige Zellen bei 190 °C Schmelzetemperatur. Der Einfluss der Schmelzetemperatur auf die mittlere Zellgröße ist über einen weiten Temperaturbereich nahezu konstant. Lediglich bei der niedrigsten Schmelzetemperatur von 190 °C zeigt sich eine große Streuung der Zellgrößen, kombiniert mit einer geringen Dichtereduktion. Hohe Schmelzetemperaturen führen zu einer dünneren kompakten Randschicht. Das Aufschäumen kann hier bis in die Randschicht erfolgen, was bei geringeren Schmelzetemperaturen nicht möglich ist. Bei geringeren Schmelzetemperaturen ist außerdem ein höherer Einspritzdruck zur Kavitätsfüllung nötig. Das höhere Druckniveau wirkt einem hohen Aufschäumgrad entgegen, da die Schmelze einer größeren Kompression ausgesetzt ist. In Kombination mit dem früheren Erstarren der Schmelze bei geringerem Temperaturniveau, führt dies zu deutlich dickeren Randschichten und geringerer Dichtereduktion.

Als günstigster Arbeitspunkt zeigt sich eine Schmelzetemperatur von 210 °C. Hier scheint die Zersetzungsreaktion bereits ausreichend, was sich auch dem Kurvenverlauf in der Grafik (Bild 7.5) entnehmen lässt. Eine weitere Temperaturerhöhung bewirkt nur noch eine geringfügige Steigerung des maximalen Aufschäumgrades. In Hinblick auf die Schaumstruktur im Formteil birgt die Erhöhung der Schmelzetemperatur auf Temperaturen über 210 °C die Gefahr einer zunehmend ungleichmäßigen Zellstruktur. Dementsprechend scheint bei den gegebenen Versuchsbedingungen 210 °C die optimale Schmelzetemperatur zu sein.

7.1.3 Einspritzgeschwindigkeit

Die Einspritzgeschwindigkeit ist neben der Schmelzetemperatur der wichtigste Parameter beim Schaumspritzgießen. In vielen Quellen wird generell eine hohe Einspritzgeschwindigkeit für

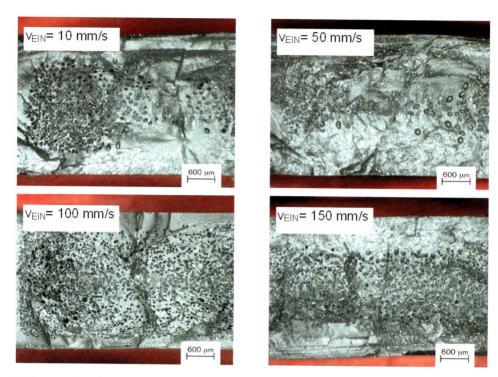

Bild 7.6: Einfluss der Einspritzgeschwindigkeit auf die Schaumstruktur bei 210 °C Schmelzetemperatur

das Schaumspritzgießen empfohlen, um homogene, feinzellige Schaumstrukturen und hohe Oberflächenqualitäten zu erreichen.

Die Einspritzgeschwindigkeit wirkt sich zum einen auf die Nukleierungsdichte und zum anderen über das Druckniveau in der Schmelze auf das Zellwachstum aus. Die Nukleierung ist abhängig von der Druckabfallrate, d. h. dem absolutem Druckabfall und der Zeit. Die Druckabfallrate wird direkt von der Einspritzgeschwindigkeit beeinflusst.

Wie in Bild 7.6 zu sehen ist, führt eine höhere Einspritzgeschwindigkeit tendenziell zu einer größeren Dichtereduktion. Wie bereits beschrieben, lässt sich dies durch die größere Druckabfallrate bei höheren Einspritzgeschwindigkeiten begründen.

Die mikroskopischen Aufnahmen verdeutlichen, dass sich niedrige Einspritzgeschwindigkeiten negativ auf die resultierende Schaumstruktur in der Mitte des Zugstabes auswirken.

Tabelle 7.1: Einspritzgeschwindigkeiten und -zeiten beim chemischen TSG

Einspritzgeschwindigkeit [mm/s]	10	50	100	150
Einspritzzeit [s]	2,7	0,67	0,29	0,23

Bei 10 und 50 mm/s fällt besonders das über den Querschnitt ungleichmäßige Aufschäumen auf. Die hohen Einspritzgeschwindigkeiten bewirken eine deutlich gleichmäßigere Schaumstruktur.

Die Schaumstruktur ändert sich besonders bei den langsamen Einspritzgeschwindigkeiten mit dem Fließweg. Im Bereich des Anspritzpunktes ist die Deckschicht deutlich stärker als am Fließwegende. Dort ist insbesondere bei einer sehr langsamen Werkzeugfüllung ein geringer Druck in der Schmelze vorhanden. Dies ermöglicht, in Kombination mit der langen Einspritzzeit, die Schmelze hier höher aufzuschäumen und tendenziell eher zu großen Zellen zu koaleszieren. Ein schnelleres Einspritzen wird keine weitere Veränderung der Schaumstruktur mit sich bringen, wenn die Einspritzzeit dadurch nicht mehr reduziert wird. Dies hängt insbesondere auch von der Art des Spritzgießwerkzeugs ab. Im untersuchten System scheint die schnellste Einspritzgeschwindigkeit von 150 mm/s aber sinnvoll, da hierdurch auch die Einspritzzeit reduziert wurde.

7.1.4 Staudruck

Damit die gasbeladene Schmelze nicht schon vor dem Einspritzvorgang in der Plastifiziereinheit aufschäumt, wird sie durch den Staudruck auf einem hinreichenden Druckniveau gehalten. Der Staudruck verhindert aber nicht nur das vorzeitige Aufschäumen, sondern beeinflusst über die Druckabfallrate auch die entstehende Schaumstruktur. Besonders in Kombination mit der Einspritzgeschwindigkeit erfährt die Schmelze während der Einspritzphase sehr unterschiedliche Druckzustände. Aus maschinentechnischen Gründen wird die Verschlussdüse der Plastifiziereinheit oft einige zehntel Sekunden vor dem für das Einspritzen nötigen Schneckenhub angesteuert. Besonders bei langsamen Einspritzgeschwindigkeiten besteht deshalb die Gefahr, dass zunächst ein deutlicher Druckabfall in der Schmelze erfolgt, bevor diese eingespritzt wird. Die praktischen Versuche zeigten, dass sich ein höherer Staudruck positiv auf die resultierende Schaumstruktur auswirkt. Die Schaumzellen werden feiner und es bildet sich eine gleichmäßige Randschicht aus. Ein hoher Staudruck ermöglicht in Kombination mit einer hohen Einspritzgeschwindigkeit eine deutlich größere Druckabfallrate und damit eine höhere Nukleierung der Schmelze.

Von großem Einfluss auf die resultierende Schaumstruktur sind die bei den experimentellen Untersuchungen festgestellten Druckschwankungen. Die Druckschwankungen lagen jeweils bei ca. ±25 bar. Sie wirken sich daher bei höherem Staudruck geringer aus. Ursache für die Schwankungen ist die Ringrückstromsperre der Schnecke. Diese dichtet weniger gut und ist verschleißanfälliger als eine Kugelrückstromsperre, die ab ca. 45 mm Schneckendurchmesser verbaut wird.

Der Staudruck wird durch die Vorwärtsbewegung der Schnecke konstant gehalten. Erhöht man bei einer schlecht dichtenden Ringrückstromsperre den Staudruck, fährt die Schnecke weiter nach vorne um den Druck zu halten. Eine zuverlässige Prozessführung bzw. Prozessstabilität kann in diesem Fall nur in Verbindung mit einer Dosierverzögerungszeit erzielt werden. Die Aufdosierphase wird damit zeitlich so angepasst, dass die Dosierphase erst unmittelbar vor dem Einspritzvorgang abgeschlossen ist.

7.1.5 Werkzeugtemperatur

Die Werkzeugtemperatur betrug bei allen Versuchen 25 °C. Vergleichsweise wurde die Werkzeugtemperatur auf 50 bzw. 75 °C erhöht. Experimentell konnte kein Einfluss der Werkzeugtemperatur auf die Dichtereduktion und Zellstruktur beobachtet werden. Auch die Änderung der Deckschichtdicke war so geringfügig, dass hierauf nicht weiter eingegangen wird. Soll die Entformungstemperatur des Bauteils gleich bleiben, erhöht sich allerdings die Zykluszeit deutlich. Der Prozessparameter Schmelzetemperatur dominiert den Effekt der Werkzeugtemperatur in diesem Zusammenhang eindeutig. Die Differenz zwischen Schmelze- und Werkzeugtemperatur müsste sich theoretisch signifikanter auswirken. Beim untersuchten Zugstabwerkzeug ist dieser Effekt im untersuchten Bereich aufgrund der geometrischen Verhältnisse aber nur verschwindend gering.

7.1.6 Prozessstabilität

Der SG-CH-Prozess hat im Allgemeinen den Vorteil einer ausgezeichneten Reproduzierbarkeit. Für das Schaumspritzgießen wird eine ebenso große Prozessstabilität gefordert, da dies die Voraussetzung für Serienanwendungen ist. Die Problematik der Dosierung des Treibmittels wurde bereits angesprochen. Bei optimalen Dosierverhältnissen konnte aber dennoch eine Prozessschwankung ausgemacht werden, die mit der Verweilzeit der Polymerschmelze in der Plastifiziereinheit zusammenhängt. Nur durch Anpassung der Dosierverzögerung lässt sich eine hohe Reproduzierbarkeit und damit Prozessstabilität erzielen.

Eine längere Verweilzeit gibt dem freigesetzten Treibgas mehr Zeit, um sich per Diffusion in der Schmelze zu verteilen. Theoretisch wäre deshalb eine längere Verweilzeit von Vorteil. Die experimentellen Untersuchungen zeigen aber, dass bei der verwendeten Spritzgießmaschine genau das Gegenteil auftritt. Die in der Maschine verbaute Ringrückstromsperre schließt nicht dicht genug, um den Staudruck konstant zu halten. Durch diese Leckage nimmt der Staudruck ab und es besteht die Gefahr, dass die Schmelze bereits vor dem Einspritzen aufschäumt. Eine angepasste Dosierverzögerung hilft, diesen kritischen Zustand zu vermeiden, indem die Zeitverzögerung so gewählt wird, dass der Dosiervorgang erst unmittelbar vor dem Einspritzen abgeschlossen wird.

7.1.7 Oberflächenqualität

Die Qualität der Oberfläche spielt bei Spritzgussteilen in der Regel eine wichtige Rolle. Beim Schaumspritzgießen findet man meist Schlieren an der Oberfläche der Formteile. Die Schlieren entstehen während des Einspritzvorgangs durch das Abwälzen der aufgeschäumten Schmelze auf die kalte Wand des Spritzgießwerkzeugs. Im Fall des verwendeten Zugstabwerkzeugs ließ sich oft eine absolut glatte Oberfläche des Formteils, im Vergleich zum kompakten Spritzgießen, beobachten (Bild 7.7).

Grund hierfür kann beispielsweise die Entlüftung des Werkzeugs sein. Bei hohen Einspritzgeschwindigkeiten wird die, in der Kavität eingeschlossene Luft, stark komprimiert, sodass

Bild 7.7: Glatte Oberfläche und Oberfläche mit Schlieren beim chemischen Schaumspritzgießen

der Gasgegendruck das vorzeitige Aufschäumen der eingespritzten Schmelze verhindert. Bei langsamen Einspritzgeschwindigkeiten baut sich nur ein geringer Gasdruck in der Kavität auf und die langsam eingespritzte Schmelze schäumt an der Fließfront. Eine weitere Alternative zum Erzielen glatter Oberflächen ist ein niedriger Gehalt an chemischem Treibmittel.

7.1.8 Fazit zum chemischen Schaumspritzgießen (TSG-CH)

Das Schaumspritzgießen mit chemischen Treibmitteln zeichnet sich durch eine unkomplizierte Prozessführung und hohe Prozessstabilität aus. Die Schaumstruktur ist über einen weiten Bereich der Verarbeitungsparameter homogen und feinzellig. Dies unterstreicht die hohe Reproduzierbarkeit und Stabilität des Prozesses. Auf der anderen Seite konnte aber durch das Verändern der Prozessparameter auch keine feinere oder gar mikrozelluläre Schaumstruktur eingestellt werden. Von Nachteil ist, dass beispielsweise bei geringen Einspritzgeschwindigkeiten ein ungleichmäßiger Schaumkern entsteht. Hohe Schmelzetemperaturen begünstigen zusätzlich ein Aufschäumen bis in den Randbereich, was lokal zu einer sehr dünnen Deckschicht führen kann. Die Untersuchungen bezüglich der mechanischen Eigenschaften zeigen einen großen Einfluss der Ausbildung des Schaumkerns und der Deckschichtdicke auf die Festigkeiten bei Zug und Biegebelastung auf.

Des Weiteren muss beim chemischen Schaumspritzgießen bedacht werden, dass dieser Prozess ungeeignet ist, wenn keinerlei Zersetzungsrückstände im Formteil verbleiben dürfen. Ein Verbleib von Zersetzungsrückständen und vor allem auch des Trägerpolymers im Formteil ist bei diesem Verfahren unumgänglich. Der Vergleich der Treibmittelarten zeigt, dass das Citrat-basierte Treibmittel durchweg feinzelligere und homogene Schaumstrukturen generiert als das $NaHCO_3$. Bei chemischen Treibmitteln auf Citrat-Basis besteht allerdings das Risiko der Korrosion des Spritzgießwerkzeugs, besonders bei hohen Konzentrationen. Die Hersteller haben in diesem Fall die Möglichkeit, durch weitere Zusätze ein pH-neutrales Treibmittelbatch einzustellen. Ein großer Vorteil des TSG-Verfahrens mit chemischen Treibmitteln stellt die Möglichkeit dar, gute Oberflächenqualitäten zu erreichen. Je nach Konzentration des Treibmittels und Art der Prozessführung lässt sich die Oberflächenqualität zwischen glatt und schlierenbehaftet einstellen, allerdings nicht für beliebige Dichtereduktionen.

7.2 TSG-Verfahren mit physikalischer Begasung im Zylinder

Das physikalische Schaumspritzgießen TSG-PZ lässt, aufgrund des direkten Begasens der Polymerschmelze mit einem überkritischen Treibfluid, gegenüber dem chemisch getriebenen Verfahren, verfahrenstechnische und formteilspezifische Vorteile erwarten. Zunächst wird aus der Literatur ein für PP sinnvoller Bereich der Stickstoff- und Kohlendioxidkonzentration festgelegt. Dies ist Voraussetzung für die experimentellen Untersuchungen zur Prozessführung.

Die experimentellen Untersuchungen erfolgen, wie beim chemischen TSG, mit Polypropylen. Es wird zuerst der Einfluss von Art und Konzentration des Treibfluids und der Dichtereduktion untersucht. Im Anschluss wird die weitere Prozessoptimierung anhand der Parameter Schmelzetemperatur, Einspritzgeschwindigkeit, Staudruck und Werkzeugtemperatur vorgestellt.

7.2.1 Art und Konzentration des Treibfluids

Für das physikalische Schaumspritzgießen kommen im Wesentlichen Kohlendioxid oder Stickstoff als Treibfluid in Frage. In diesem Kapitel werden die experimentellen Untersuchungen mit unterschiedlichen Kohlendioxid- und Stickstoffkonzentrationen vorgestellt. Da eine geringe Schmelzetemperatur von Vorteil für den TSG-Prozess ist, wurde eine Schmelzetemperatur von 180 °C gewählt, zusammen mit einer Einspritzgeschwindigkeit von 150 mm/s.

Je nach Art des Treibfluides konnten stark unterschiedliche Dichtereduktionen erreicht werden. In Bild 7.8 sind die maximalen Dichtereduktionen einander gegenüber gestellt. Hierbei

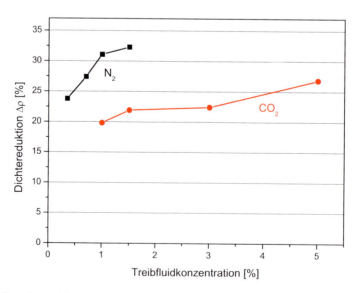

Bild 7.8: Einfluss der Treibfluidkonzentration auf die maximale Dichtereduktion bei 180 °C Schmelzetemperatur

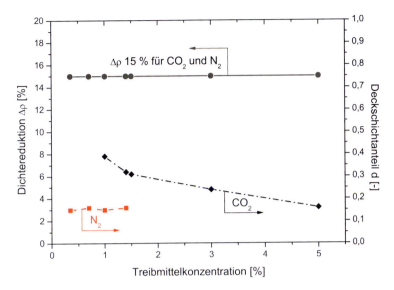

Bild 7.9: Deckschichtanteil in Abhängigkeit der Treibmittelkonzentration für CO_2 und N_2 bei konstanter Dichtereduktion von 15 %

zeigt sich auch ein Unterschied in der maximalen Gaslöslichkeit der Treibfluide. Obwohl die Sorption von CO_2 in PP ein Vielfaches höher ist als die von N_2, lässt sich mit CO_2 keine höhere Dichtereduktion als mit N_2 erzielen. Theoretisch ergibt die größere Menge an gelöstem Treibfluid eine hohe Nukleierungsrate und das Potential hoher Aufschäumgrade.

Experimentell zeigen sich diese Effekte aber weniger stark als zu erwarten. Für die Praxis bestätigt dies die gute Eignung von N_2, da sich hiermit feinere und homogenere Schaumstrukturen generieren lassen. Der Grund für die feinzelligere und gleichmäßigere Schaumstruktur ist der niedrigere Diffusionskoeffizienten von N_2 in PP.

Der Deckschichtanteil d ist bei den Versuchen mit Stickstoff nahezu konstant. Bei Kohlendioxid hingegen verringert sich d mit zunehmender Treibmittelkonzentration (Bild 7.9). Entsprechend wird die Schaumstruktur inhomogener und grobzelliger.

Die Schaumstruktur hängt darüber hinaus mit dem Aufschäumgrad zusammen. In der Praxis wird deshalb oft eine sehr geringe Dichtereduktion eingestellt, um große Zellen und Lunker in der Schaumstruktur zu vermeiden. In Bild 7.10 sind mikroskopische Aufnahmen von CO_2 und N_2 bei jeweils 5 % Dichtereduktion dargestellt.

Hier zeigt sich ein drastischer Unterschied der beiden Treibfluide. Trotz der geringen Dichtereduktion liegen die Zelldurchmesser beim CO_2 in der Größenordnung von 200 μm, bei N_2 hingegen um 50 μm.

Das Ziel, eine homogene Schaumstruktur mit einer konstanten Deckschichtdicke zu erreichen, ist anhand der bisherigen Ergebnisse mit N_2 erreichbar und mit CO_2 nicht möglich. Deshalb wird für alle nachfolgenden Untersuchungen N_2 als Treibfluid für das physikalische Schaumspritzgießen verwendet.

Bild 7.10: Schaumstrukturen bei einer Dichtereduktion von 5 % für CO_2 (links) und N_2 (rechts) bei 180 °C Schmelzetemperatur

7.2.2 Schmelzetemperatur

Wie schon bei den Untersuchungen zum chemischen Schaumspritzgießen angesprochen, stellt die Schmelzetemperatur einen wichtigen Prozessparameter dar. Betrachtet man zunächst den Einmischvorgang, also die Gasbeladung der Polymerschmelze, so fällt der gegenläufige Einfluss der Temperatur auf die Gaslöslichkeit und die Diffusion auf. Eine niedrige Schmelzetemperatur erlaubt eine größere Sorption des Treibfluids. Hohe Schmelzetemperaturen hingegen helfen aufgrund kurzer Sättigungszeiten, eine einphasige Mischung von Polymer und Treibfluid zu erreichen. Allerdings nimmt dabei auch die Gefahr der Zellkoaleszenz zu, da der Diffusionskoeffizient mit der Temperatur steigt. Hohe Schmelzetemperaturen und das damit verbundene schnelle Blasenwachstum erfordern deshalb ein schnelles Abkühlen, um einer inhomogenen Schaumstruktur entgegenzuwirken. Da der Abkühlschritt im Spritzgießwerkzeug erfolgt, ist die Anpassung der Werkzeugtemperatur bei hohen Schmelzetemperaturen von großer Bedeutung.

Die höhere Schmelzetemperatur bewirkt eine niedrigere Viskosität der Schmelze und senkt deshalb den zur Formfüllung notwendigen Druckbedarf. Ein niedriger Einspritzdruck führt zu einer geringeren Kompression der Schmelze und damit zu dünneren Randschichten und größeren Aufschäumgraden. Grundsätzlich erlauben hohe Schmelzetemperaturen größere Fließweg/Wanddicken-Verhältnisse und durch die höhere Nukleierungsdichte können höhere Aufschäumgrade als bei niedrigen Schmelzetemperaturen erzielt werden.

Die experimentellen Untersuchungen zeigen, dass mit zunehmender Schmelzetemperatur die Dichtereduktion steigt. Die maximale Dichtereduktion stellt hinsichtlich der Schaumstruktur einen ungünstigen Grenzbereich dar, da es zu einer stark inhomogenen Zellstruktur kommt. Hierdurch wird der Einfluss der Schmelzetemperatur stärker sichtbar als bei geringen Aufschäumgraden. Anhand der mikroskopischen Aufnahmen wird deutlich, dass die niedrigste Schmelzetemperatur von 180 °C tendenziell zu den gleichmäßigsten Schaumstrukturen führt. Bei den höheren Temperaturen koaleszieren die Zellen im Zentrum des Querschnitts zu einem großen Hohlraum.

Hohe Schmelzetemperatur führen zu einer dünneren kompakten Randschicht. Das Aufschäumen kann hier bis in die Randschicht erfolgen, was bei geringeren Schmelzetemperaturen nicht möglich ist. Bei geringeren Schmelzetemperaturen ist außerdem ein höherer Einspritzdruck zur Kavitätsfüllung nötig. Das höhere Druckniveau wirkt einem hohen Aufschäumgrad entgegen, da die Schmelze einer größeren Kompression ausgesetzt ist. In Kombination mit dem früheren Erstarren der Schmelze bei geringerem Temperaturniveau führt dies zu deutlich dickeren Randschichten und geringerer Dichtereduktion.

Der Einspritzdruck wirkt sich auch maßgeblich auf die Schließkraft der Spritzgießmaschine aus, da während der Einspritzphase der größte Druck in der Schmelze auftritt. Wie bereits beim chemischen TSG gezeigt, wurden entsprechende Versuchsreihen gefahren. Der Einspritzdruck wird hier allerdings maßgeblich von der gewählten Einspritzgeschwindigkeit bestimmt. Die resultierende Einspritzzeit ist indirekt ein Indiz dafür, wann mit einer Erhöhung der Einspritzgeschwindigkeit keine schnellere Formfüllung mehr erreicht wird.

Anhand von Tabelle 7.2 wird deutlich, wie stark der Einspritzdruck von der Schmelzetemperatur, aber auch von der Einspritzgeschwindigkeit abhängig ist. Die morphologischen Betrachtungen ergaben gute Schaumstrukturen im Bereich von 150 mm/s Einspritzgeschwindigkeit und 180 °C Schmelzetemperatur. Die dabei benötigte Einspritzzeit von 0,26 s bestätigt eine zügige Werkzeugfüllung. Die Einspritzzeit kann durch eine Erhöhung der Einspritzgeschwindigkeit noch gesteigert werden. Allerdings resultiert hieraus ein größerer Einspritzdruckbedarf ohne signifikante Verbesserung der Schaumstruktur.

Tabelle 7.2: Einspritzgeschwindigkeiten und resultierende Einspritzdrücke und -zeiten beim TSG-PZ mit 1,4 % N_2 in Abhängigkeit der Schmelzetemperatur

	Schmelzetemperatur [°C]					
	180		220		250	
	Druck [bar]	Zeit [s]	Druck [bar]	Zeit [s]	Druck [bar]	Zeit [s]
10 mm/s	261	2,71	249	2,70	247	2,70
150 mm/s	475	0,26	340	0,22	275	0,20
300 mm/s	603	0,13	540	0,12	527	0,12

Bei einer Einspritzgeschwindigkeit von 150 mm/s lässt sich ferner ein starker Einfluss der Schmelzetemperatur beobachten. Mit zunehmender Schmelzetemperatur nimmt in diesem Fall der Einspritzdruckbedarf deutlich ab. Allerdings wird die Schaumstruktur ungleichmäßiger und wesentlich grobzelliger. Zusammenfassend lässt sich feststellen, dass das Potential der Schließkraftersparnis beim physikalischen TSG deutlich von der gewählten Einspritzgeschwindigkeit in Kombination mit dem Wandstärken/Fließweg-Verhältnis des Werkzeugs bestimmt wird. Das hier verwendete Zugstab-Werkzeug erlaubt im Bereich des Arbeitspunktes nur eine unwesentliche Einspritzdruckreduzierung gegenüber dem kompakten Spritzgießen (Einspritzdruck 450 bis 600 bar). Die Formfüllung erfolgt aufgrund des geringen Fließweg/Wandstärken-Verhältnisses und der große Querschnitt des Angusssystems auch im Standard-Spritzgießverfahren ohne großen Druckbedarf.

7.2.3 Einspritzgeschwindigkeit

Um eine größtmögliche Anzahl Schaumzellen zu generieren, ist eine größtmögliche Druckabfallrate notwendig. Eine hohe Druckabfallrate lässt sich konstruktiv durch einen engen Querschnitt mit geringer Länge erreichen. Im Gegensatz zur Extrusion, wo die Düsengeometrie hinsichtlich der Druckabfallrate optimiert werden kann, sind die Gestaltungsmöglichkeiten beim TSG-Verfahren deutlich eingeschränkt. Neben der notwendigen Verschlussdüse an der Plastifiziereinheit wirkt sich vor allem das relativ lange Angusssystem des Werkzeuges negativ auf die Druckabfallrate aus.

Im Fall des bei diesen Untersuchungen verwendeten Zugstabwerkzeugs ist der Fließweg im Angusssystem deutlich größer, als in der eigentlichen Zugstab-Kavität. Das heißt, nach dem Öffnen der Verschlussdüse muss die gasbeladene Schmelze erst einen unverhältnismäßig langen Weg bis zur Kavität zurücklegen. Idealerweise würde der Druckabfall in der gasbeladenen Schmelze erst am Ende des Angusssystems, beim Einströmen in die Kavität, erfolgen.

Da die Distanz zwischen der Verschlussdüse und der Kavität aufgrund der Bauform der Spritzgießmaschinen nicht beliebig verkürzt werden kann, kompensiert man dies durch hohe Einspritzgeschwindigkeiten. Gegenüber einer Standard-Spritzgießmaschine weist beispielsweise eine Maschine für das physikalische Schaumspritzgießen eine drei- bis viermal

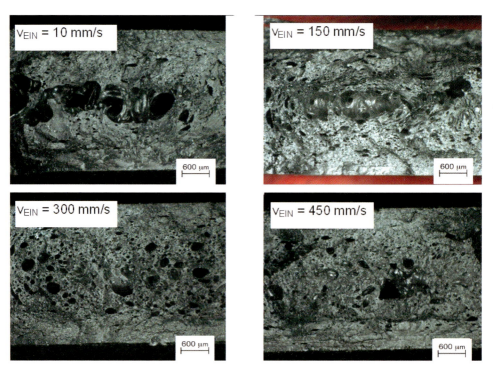

Bild 7.11: Einfluss der Einspritzgeschwindigkeit auf die Schaumstruktur bei 180 °C Schmelze-Temperatur und maximaler Dichtereduktion

größere Einspritzgeschwindigkeit auf. Hierdurch ergibt sich ein Unterschied zum chemischen Schaumspritzgießen bei welchem in der Regel eine Standard-Spritzgießmaschine genutzt wird. Die maximale Einspritzgeschwindigkeit lag dort bei 150 mm/s. Für die Versuchsplanung ergibt sich somit eine außerordentlich große Bandbreite an Einspritzgeschwindigkeiten, die im Bereich von 10 bis 450 mm/s variiert wurden.

Wiederum wurde die maximale Dichtereduktion gewählt, um den Einfluss der Einspritzgeschwindigkeit stärker herauszustellen. In Bild 7.11 ist zu erkennen, dass die Schaumstruktur bei höheren Einspritzgeschwindigkeiten homogener wird. Die Einspritzzeit lässt sich ab 300 mm/s Einspritzgeschwindigkeit nicht weiter reduzieren. Dies erklärt die ähnlichen Schaummorphologien bei 300 und 450 mm/s. Die höchste Einspritzgeschwindigkeit konnte deshalb nicht erreicht werden, weil nur ein relativ geringer Dosierhub von ca. einem D (hier Schneckendurchmesser $D = 35$ mm) zur Füllung des Werkzeugs notwendig war.

7.2.4 Staudruck

Durch den Staudruck wird das vorzeitige Aufschäumen der Treibfluid-Polymer-Mischung in der Plastifiziereinheit im Bereich vor der Verschlussdüse verhindert.

Besonders in Kombination mit der Einspritzgeschwindigkeit erfährt die Schmelze während der Einspritzphase sehr unterschiedliche Druckzustände. Aus maschinentechnischen Gründen wird die Verschlussdüse der Plastifiziereinheit beim TSG-PZ zwei zehntel Sekunden vor dem für das Einspritzen nötigen Schneckenhub angesteuert. Besonders bei langsamen Einspritzgeschwindigkeiten besteht deshalb die Gefahr, dass zunächst ein deutlicher Druckabfall in der Schmelze erfolgt, bevor diese eingespritzt wird.

Bild 7.12 zeigt den Einfluss des Staudrucks (MPP) auf die resultierende Schaumstruktur bei einer Einspritzgeschwindigkeit von 300 mm/s. Der Standardwert für den Staudruck beträgt bei allen Versuchen 120 bar. Die mikroskopischen Aufnahmen zeigen die Schaumstrukturen bei einem MPP von 60 und 180 bar.

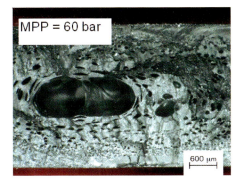 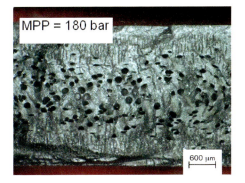

Bild 7.12: Einfluss des Staudrucks auf die Schaumstruktur bei einer Einspritzgeschwindigkeit von 300 mm/s und 10 % Dichtereduktion

Ein geringer MPP von 60 bar ist nachteilig für die Schaummorphologie und führt zu großen Lunkern und inhomogenen Schaumstrukturen. Bei 180 bar MPP ist die Zellstruktur gleichmäßiger, aber die Zellgröße nicht feiner als die in Bild 7.11 gezeigte Morphologie mit 1,4 % N_2. Ein hoher MPP ist hinsichtlich der Schaumstruktur kein Nachteil, unter Umständen kann ein hoher MPP aber problematisch bei der Prozessführung werden. Die bei diesen Versuchen eingesetzte Maschine weist eine Ringrückstromsperre an der Schnecke auf, die besonders bei zunehmendem Staudruck eine geringe Leckage aufweist. Dies wird üblicherweise durch ein Nachregeln der Schneckenposition ausgeglichen. Hierdurch kann sich der Dosierweg allerdings so ändern, dass dies bei der Prozessführung berücksichtigt werden muss oder sogar zu merklichen Schwankungen führt.

7.2.5 Werkzeugtemperatur

Die Werkzeugtemperatur bewirkt die Abkühlung der in der Kavität aufschäumenden Treibfluid-Polymer-Mischung und damit die Stabilisierung der Schaumzellen. Dadurch kann mit der Werkzeugtemperatur Einfluss auf die resultierende Schaumstruktur genommen werden. Bei einer sehr niedrigen Temperatur des Werkzeugs besteht die Gefahr, dass die Schmelze zu schnell abgekühlt und die Expansion unterbunden wird. Eine zu hohe Temperatur hält die Schmelze unverhältnismäßig lang im Schmelzezustand. Dies ermöglicht zwar hohe Aufschäumgrade, bietet aber auch die Voraussetzung zur Koaleszenz der Schaumzellen. Im Zusammenhang mit der Werkzeugtemperatur ist auch die Kühlzeit zu betrachten. Die Schmelze muss solange gekühlt werden, bis eine ausreichende Formstabilität erreicht ist. Andernfalls bläht sich das Formteil nach dem Entformen auf und es kommt zu Blasen (Blister). Dies wird auch als Post-Blow-Effekt bezeichnet. Die Kühlzeit steigt mit der Werkzeugtemperatur an.

Die Schaumstrukturen bei hohen Werkzeugtemperaturen zeigen gröbere Zellen, wohingegen die Morphologien bei niedrigen Temperaturen homogener wirken. Die kompakte Randschicht hingegen ist leicht unterschiedlich ausgeprägt. Hier erkennt man, dass die niedrige Werkzeugtemperatur zu einer wesentlich dickeren Deckschicht führt, da die Schmelze schneller abkühlt und so ein Aufschäumen im Randbereich unterbunden wird. Dieser Effekt wird zusätzlich von einem erhöhten Einspritzdruck bei niedriger Temperatur überlagert. Ein Einfluss der unterschiedlichen Werkzeughälften konnte bei diesen Untersuchungen nicht festgestellt werden. Beide Randschichten sind in etwa gleich stark.

7.2.6 Phänomenologische Beobachtungen

Das TSG-PZ stellt ein technisch ausgereiftes Verfahren zur Direktbegasung beim TSG dar. Bei der praktischen Versuchsdurchführung gibt es allerdings einige Besonderheiten, auf die in diesem Kapitel eingegangen werden soll.

Das TSG-PZ ermöglicht eine deutliche Zykluszeitersparnis. Wird aber z. B. ein Formteil zu früh entformt, kann es zum Post-Blow-Effekt kommen. Dabei bilden sich Blasen (Blister) nach dem Entformen auf der Oberfläche der Bauteile (Bild 7.13).

7.2 TSG-Verfahren mit physikalischer Begasung im Zylinder

Bild 7.13: Blister (Gasblasen) auf der Zugstaboberfläche aufgrund eines zu geringen Staudrucks in Kombination mit einer zu geringen Kühlzeit

Die entscheidenden Ursachen sind dabei ein zu geringer Staudruck, zu hohe Schmelzetemperatur und insbesondere ein ungünstiger Begasungsweg. Ein idealer Begasungsweg liegt in der Größenordnung von 80 %. Dies bedeutet bei einem Dosierweg von z. B. 100 mm, Öffnen des Gasinjektors bei 10 mm und Injektor schließen bei 90 mm. Diese 80 % Begasungsstrecke gewährleistet ein gleichmäßiges Einmischen des Gases.

Erfolgt die Begasung auf einer kürzeren Strecke, z. B. von 10 bis 30 mm, also nur auf 20 % des Dosierweges, kann es besonders bei kleinen Schneckendurchmessern und relativ großen Dosierwegen zu Problemen bei der Schaumstruktur und auch zu Blisterbildung kommen. Da sich beim Wechsel eines Spritzgießwerkzeugs auch oft der Begasungsweg ändert, muss der Gasmengenstrom der Begasungseinheit angepasst werden. Dies ist unter Umständen mit dem Wechsel eines Fließelements in der Begasungseinheit verbunden. Verkürzt man den Begasungsweg, lässt sich der Wechsel des Fließelements vermeiden, was zu den beschriebenen Nachteilen führen kann.

Bei der praktischen Versuchsdurchführung zeigte sich außerdem, dass ein besonders geringer Gasmengenstrom zu hohen Prozessschwankungen führt. Konkret liegt im Bereich von 0,15 kg/h eine kritische Grenze, unterhalb derer die Prozessführung übermäßig schwankt. Generell sollte beim physikalischen TSG der Dosierweg über einem D liegen, die Dosiergeschwindigkeit niedrig, der Druckabfall beim Gaseinmischen unter 10 bar und der Gasmengenstrom nicht unter 0,15 kg/h.

7.2.7 Fazit zum Schaumspritzgießen mit physikalischer Begasung im Zylinder

Das TSG-PZ stellt eine ausgereifte Technologie zur Direktbegasung beim Schaumspritzgießen dar. Die experimentellen Untersuchungen mit einem Zugstabwerkzeug haben zunächst gezeigt, dass sich mit N_2 als Treibfluid generell feinere und homogenere Schaumstrukturen generieren lassen als mit CO_2. Eine hohe Beladung mit Treibfluid wirkt sich dabei vorteilhaft aus. Bei maximaler Dichtereduktion zeigen sich hierbei die deutlichsten Einflüsse der Prozessparameter.

Die niedrigste Schmelzetemperatur von 180 °C, in Kombination mit einer Gasbeladung von 1,4 % und einer Einspritzgeschwindigkeit von 150 mm/s stellt die besten Prozessparameter beim TSG-PZ dar. Eine geringe Dichtereduktion von 5 % führt dabei auch zu einer Schaumstruktur um 50 µm mittlerer Zellgröße. Eine weitere Erhöhung der Einspritzgeschwindigkeit wirkt sich tendenziell positiv auf die Schaumstruktur aus, bewirkt aber auch eine deutliche Steigerung des Einspritzdruckbedarfs, der dann im Bereich des kompakten Standard-Spritzgießens liegt.

Beim physikalischen TSG spielen nicht nur die typischen Prozessparameter eine wichtige Rolle, sondern z. B. auch der Begasungsweg auf dem das Treibfluid eingemischt wird. In diesem Zusammenhang bestätigen die FEM-Simulationen von Ilinca [1], dass zu hohe Schmelzetemperaturen oder Treibfluidkonzentrationen zu Hohlräumen in der Schaumstruktur führen können.

Der Staudruck von 120 bar stellt einen guten Kompromiss dar. Ein niedrigerer Staudruck führt zu großen Schaumzellen und inhomogenen Schaumstrukturen. Eine signifikante Erhöhung bringt tendenziell eine weitere Verbesserung der Schaumstruktur, aber es steigt das Risiko maschinentechnischer Probleme. Diese hängen im Wesentlichen mit der Ringrückstromsperre kleinerer Schneckendurchmesser, wie bei der verwendeten Maschine, zusammen. Technologiebedingt tritt hier eine gewisse Undichtigkeit auf, die bei hohen Staudrücken stärker zum Tragen kommt.

7.3 TSG-Verfahren mit physikalischer Begasung in der Düse

Eine Besonderheit des TSG-PD-Verfahrens ist, dass von der Begasungseinheit kein kontinuierlicher Gasmengenstrom geliefert wird, sondern ein Stand-By-Druck eingestellt wird. Lediglich während der Einspritzphase erfolgt eine Druckerhöhung des Treibfluids, damit das Treibfluid durch die Sintermetalleinsätze innerhalb der Düse in das schmelzförmige PP gelangt. Der Stand-by-Druck des Treibfluids liegt bei den durchgeführten Versuchen bei 100 bar. Bei diesem Druck strömt noch kein Stickstoff durch das Sintermetall. Während der Einspritzphase wird der Druck auf einen vorher definierten Wert (max. 300 bar) erhöht. Dadurch kommt es zur Kompression des Treibfluids im gesamten Leitungssystem und der von der Begasungseinheit angegebene Gasmengenstrom stimmt nicht mit der tatsächlich in die Schmelze dosierten Gasmenge überein.

7.3.1 Konzentration des Treibfluids

Zur Erzielung einer möglichst feinen Schaumstruktur wurden sämtliche Versuche mit Stickstoff als Treibfluid durchgeführt, da die Wirkung des Treibfluides bereits im TSG-PZ erarbeitet wurde. Bild 7.14 zeigt mikroskopische Aufnahmen der Schaumstrukturen bei unterschiedlichen N_2-Mengen.

Es zeigt sich zunächst, dass die Schaumstruktur mit größerer Gasmenge nicht homogener oder feinzelliger wird. Die Ursache hierfür ist zunächst in der Einspritzgeschwindigkeit zu suchen.

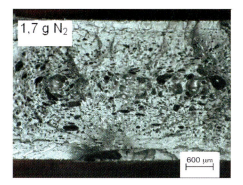 

Bild 7.14: Schaumstrukturen in Abhängigkeit der Stickstoffmenge bei maximaler Dichtereduktion

Da das Treibfluid während der Einspritzphase zudosiert wird, ermöglicht eine langsame Einspritzgeschwindigkeit deutlich größere Gasmengen einzumischen. Bei einer Einspritzgeschwindigkeit von 200 mm/s konnten 1,7 g, bei 80 mm/s 4,5 g N_2 Beladung erzielt werden. Dies verdeutlicht zunächst die völlig andere Art der Zusammenhänge der Prozessparameter als beim TSG-PZ. An dieser Stelle soll bei gleichen Verarbeitungsbedingungen der Einfluss des N_2-Drucks während der Begasungs- bzw. Einspritzphase dargestellt werden.

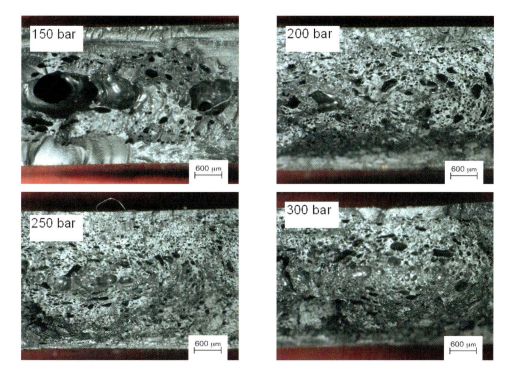

Bild 7.15: Einfluss des Gasdrucks bei 220 °C Schmelzetemperatur bei PP-C und einer Einspritzgeschwindigkeit von 80 mm/s

Bild 7.15 verdeutlicht, dass sich mit zunehmendem Gasdruck eine homogenere Schaumstruktur mit feineren Zellgrößen einstellt. Berücksichtigt man den Stand-By-Druck von 100 bar, ließe sich der Gasdruck auch als eine Druckdifferenz darstellen. Dennoch scheint der Gasdruck von 250 bar ein geeigneter Ausgangspunkt.

7.3.2 Schmelzetemperatur

In den vorangegangenen Abschnitten wurde gezeigt, wie wichtig der Prozessparameter Schmelzetemperatur ist. In Bild 7.16 sind mikroskopische Aufnahmen der Schaumstrukturen bei unterschiedlichen Schmelzetemperaturen dargestellt.

Bild 7.16: Einfluss der Schmelzetemperatur auf die Schaumstruktur bei maximaler Dichtereduktion

Im Gegensatz zu den experimentellen Ergebnissen beim TSG-PZ zeigt sich die feinste Schaumstruktur nicht bei der niedrigen Schmelzetemperatur. Die feinsten Schaumzellen und die homogenste Morphologie konnte bei einer Schmelzetemperatur von 220 °C erzielt werden. Dies deutet daraufhin, dass der Prozess diffusions-geprägt ist. Da die Einmischzeit während der Einspritzphase nur sehr kurz ist, scheint neben einem hohen Gasdruck auch eine vergleichsweise hohe Schmelzetemperatur nötig zu sein, um das Treibfluid in die Schmelze einzumischen.

7.3.3 Einspritzgeschwindigkeit

Neben den bereits angesprochenen Prozessparametern spielt aber auch die Einspritzgeschwindigkeit eine wichtige Rolle. Bild 7.17 stellt die mikroskopischen Aufnahmen der Schaumstruktur bei 20 und 100 mm/s Einspritzgeschwindigkeit gegenüber.

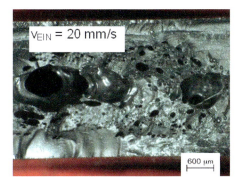 

Bild 7.17: Einfluss der Einspritzgeschwindigkeit auf die Schaumstruktur bei maximaler Dichtereduktion

Die höhere Geschwindigkeit führt zu einer wesentlich homogeneren und feinzelligeren Schaumstruktur. Auffällig ist, dass die höhere Einspritzgeschwindigkeit ein stärkeres Aufschäumen über den gesamten Querschnitt mit sich bringt. Die kompakten Deckschichten sind hier deutlich weniger stark ausgeprägt, als bei der langsamen Einspritzgeschwindigkeit.

7.3.4 Phänomenologische Beobachtungen

Das TSG-PD stellt eine Alternative zum TSG-PZ im Bereich des physikalischen TSG dar. Die völlig unterschiedlichen Konzepte zur Einmischung des Treibfluids in die Schmelze bringen signifikante Unterschiede bei der Prozessführung mit sich. Hierbei fällt insbesondere der wechselnde Gasdruck ins Auge. Der undefinierte Gasmengenstrom resultiert in einer Unklarheit der tatsächlichen Gasbeladung, d. h., der Gasmenge, die wirklich in die Polymerschmelze eingemischt wird. Bei einem fest installierten Prozess kann die in den Leitungen stattfindende Kompression berechnet werden. Ein wirklicher Nachteil des TSG-PD ist allerdings die begrenzte Einspritzgeschwindigkeit. Im Falle größerer Werkzeuge bzw. höherer Fließweg/Wandstärken-Verhältnisse ist in dieser Hinsicht ein stärkerer Nachteil dieses Verfahrens zu erwarten.

Die Begasung mittels eines Sintermetalleinsatzes bringt eine Druckempfindlichkeit des Verfahrens mit sich. Laut Hersteller beträgt der maximale Einpritzdruck 1.000 bar. Die Druckbegrenzung ist von der Betriebszeit abhängig. Dies hängt damit zusammen, dass der Sintermetalleinsatz nicht nur durch eine Druckspitze mechanisch beschädigt werden kann, sondern dass ein hoher Schmelzedruck über eine längere Betriebszeit Schaden verursachen kann. In diesem Fall kann die Schmelze mit der Zeit durch das Sintermetall auf die Gasseite durchgedrückt werden. Ein resultierendes Verstopfen einiger Kapillaren führt zu ungünstigen Verhältnissen beim Gaseinmischen. Dies lässt sich nur durch eine Reinigung des Systems wieder in den Ausgangszustand zurück versetzen.

Der statische Mischer ist ein Herzstück des Systems. Durch ihn wird es letztendlich möglich bei der kurzen Gaseinmischzeit eine homogene Treibfluid/Polymer-Mischung zu gewährleisten. Ein statischer Mischer bewirkt aber auch einen erhöhten Druckabfall während der Einspritzphase. Dies ist bei einem druckempfindlichen System eigentlich als Nachteil zu werten. Allerdings konnte bei ähnlichen Versuchsbedingungen, wie beim TSG-PZ oder chemischen TSG-Verfahren, keine drastische Erhöhung des Einspritzdruckbedarfs festgestellt werden.

7.3.5 Fazit zum Schaumspritzgießen im TSG-PD

Das TSG-PD stellt eine alternative Technologie im Bereich der physikalischen TSG-Verfahren dar. Der gravierende Nachteil des TSG-PD ist die fehlende Kontrolle über die in die Polymerschmelze eingemischte Gasmenge. Die derzeitige Hardware kann die zudosierte Gasmenge nicht exakt bestimmen, da die Druckerhöhung das Treibfluid auch in den Zuleitungen komprimiert und in der Gasmengenberechnung der Gasdosierstation nicht berücksichtigt wird. Ferner begrenzt die Begasung während der Einspritzphase die maximale Einspritzgeschwindigkeit. Die experimentellen Untersuchungen zeigten, dass bei Einspritzgeschwindigkeiten über 100 mm/s die Einspritzzeit und so auch die Gaseinmischzeit zu gering werden. Ein Optimum hinsichtlich einer feinen und homogenen Schaumstruktur lässt sich mit 80 mm/s Einspritzgeschwindigkeit bei einem Begasungsdruck von 250 bar und 220 °C Schmelzetemperatur erzielen. Die Erkenntnisse zur Prozessführung deuten daraufhin, dass die Diffusionsgeschwindigkeit deutlich höher als beim TSG-PZ sein muss, um ein homogenes Einmischen des Treibfluids in die Schmelze zu gewährleisten.

7.4 Gegenüberstellung des chemischen und physikalischen TSG

In den vorangegangenen Abschnitten wurden jeweils die günstigsten Prozessparameter für das chemische TSG und die beiden physikalischen TSG-Verfahren ermittelt. An dieser Stelle sollen die herausragenden Merkmale und Besonderheiten der drei untersuchten Verfahren zusammenfassend einander gegenüber gestellt werden.

7.4.1 Prozessführung

Hinsichtlich der Prozessführung ist das chemische TSG-Verfahren überlegen unkompliziert in der Handhabung. Die Zudosierung des Treibmittels in Form eines Masterbatches ermöglicht eine robuste Prozessführung. Beim chemischen TSG ist eine definierte untere Schmelzetemperatur nötig, um den Zersetzungsprozess des Treibmittels zu gewährleisten. Beim TSG-PZ wurde für Stickstoff als Treibmittel die feinzelligste Schaumstruktur bei einer möglichst niedrigen Schmelzetemperatur gefunden. Die Schmelzetemperatur liegt dabei mit 180 °C um 30 °C niedriger als die minimale Schmelzetemperatur für das kompakte Spritzgießen für das PP-C (210 °C). Die Schmelzetemperatur muss beim TSG-PD hingegen deutlich höher liegen, um bei der kurzen Einmischzeit ein Lösen des Treibfluids in der Polymerschmelze sicherzustellen.

Eine hohe Einspritzgeschwindigkeit ist bei allen Verfahren durchweg als positiv zu bewerten. Verfahrensbedingt steht beim TSG-PD mit 100 mm/s die geringste Einspritzgeschwindigkeit zur Verfügung. Aufgrund der Koppelung von Begasung und Einspritzgeschwindigkeit scheint das TSG-PD hinsichtlich der Flexibilität verglichen mit dem TSG-PZ deutlich eingeschränkt.

Das TSG-PZ lässt sich mit extrem hohen Einspritzgeschwindigkeiten fahren (max. 600 mm/s). Beim hier verwendeten Zugstabwerkzeug zeigte sich aber eine Geschwindigkeit von 300 mm/s als optimal. Beim chemischen Schaumspritzgießen ist die Einspritzgeschwindigkeit durch die Maschinentechnik eingeschränkt. Allerdings ließen sich mit den maximal zur Verfügung stehenden 150 mm/s gute Ergebnisse erzielen.

Beim Prozessparameter Staudruck bewährte sich bei allen Verfahren ein Wert von 120 bar. Niedrigere Staudrücke bergen die Gefahr, dass aufgrund von Druckschwankungen ein vorzeitiges Aufschäumen während der Einspritzphase auftritt. In diesem Zusammenhang muss bedacht werden, dass die Verschlussdüse ca. 0,2 s vor dem Ansteuern des Einspritzhubs geöffnet wird. Dies führt zu einem gewissen Druckabfall in der Schmelze vor dem Einspritzen. Ein besonders hoher Staudruck ist deshalb immer vorteilhaft. Allerdings wurde bei den verwendeten Spritzgießmaschinen mit 30 bzw. 35 mm Schneckendurchmesser eine gewisse Leckage aufgrund der bis zu einem Schneckendurchmesser von ca. 45 mm üblichen Ringrückstromsperre beobachtet, die mit zunehmendem Staudruck steigt. Ein Staudruck von 120 bar und eine angepasste Dosierzeitverzögerung ergeben deshalb die besten Versuchsbedingungen mit einer hohen Reproduzierbarkeit.

Die Schließkraftersparnis fiel im untersuchten System relativ gering aus. Ursache hierfür scheinen die geometrischen Verhältnisse im Spritzgießwerkzeug zu sein, die auch beim kompakten Spritzgießen eine einfache Werkzeugfüllung erlauben. Die Schließkraftersparnis kann bei den physikalischen TSG-Verfahren prinzipiell deutlich höher sein als beim chemischen TSG, da die in der Schmelze gelöste Treibfluidmenge beim physikalischen wesentlich höher ist.

7.4.2 Formteileigenschaften

Eine Besonderheit zeigten die Untersuchungen zur Alterung der Formteile. Hierzu wurden nach einer VW-Prüfvorschrift die Formteile bei 150 °C im Umluftofen ausgelagert. Im Fall der chemischen TSG reagierten die Alterungsinhibitoren des PP sofort mit dem Wirkstoff des chemischen Treibmittels und die Proben versagten im Test bereits nach wenigen Stunden. Zwei Möglichkeiten bestehen, um die vorzeitige Alterung der chemisch geschäumten Bauteile zu verhindern. Zum Einen durch die Modifikation des PP-T20 durch andere Additivierung und zum Anderen durch Änderung der Formulierung des chemischen Treibmittels. Das chemische Treibmittel wurde hierzu pH-neutral eingestellt und reagierte dann nicht mehr mit den Alterungsinhibitoren des PP.

Literatur zu Kapitel 7

[1] Ilinca, F.; Hetu, J. F.: Three-dimensional finite element solution of gas-assisted injection moulding. *Journal for numerical methods in Engineering*, 53(8): 2003–2017, 2002

8 Mechanisches Verhalten

8.1 Einführung

Spritzgegossene Kunststoffschäume zeigen beim direkten Vergleich mit dem kompakten, ansonsten jedoch gleichen Werkstoff deutlich veränderte mechanische Eigenschaften. Durch das Schaumspritzgießen nehmen der E-Modul und die Zugfestigkeit ab, Bild 8.1. Der Effekt ist umso größer, je mehr Gewichtseinsparung beim Schäumen erzielt wurde.

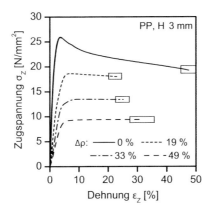

Bild 8.1: Mechanisches Verhalten von kompakten und geschäumten Zugproben aus unverstärktem Polypropylen (Proben mit gleicher Wanddicke) [1]

Mit Kenntnis der gezeigten Kennwertabminderung bei Zugbelastung hat der Konstrukteur noch nicht genug Informationen, denn vielfach ist durch das Schäumen sogar eine Verbesserung des mechanischen Verhaltens des gesamten Bauteils möglich, vor allem wenn flächige Produkte nötig sind, die überwiegend auf Biegung belastet werden.

Spritzgegossene Integralschaumstrukturen haben sich beispielsweise bei Pkw-Türmodulen durchsetzen können, weil sie u. a. eine verbesserte gewichtsbezogene Biegesteifigkeit aufweisen. Das Leichtbaupotenzial solcher Strukturen wird an der möglichen Gewichtseinsparung bei unveränderter Biegesteifigkeit gemessen [2]. Aus Sicht des Leichtbaus ist diese effektive Gewichtseinsparung entscheidend.

Für aussagekräftige Angaben zur Veränderung der mechanischen Eigenschaften infolge der Verschäumung muss immer klar ersichtlich sein, welche Probenausführungen miteinander verglichen wurden. Es können Proben mit gleicher Wanddicke (Querschnitt, Volumen), mit gleicher Biegesteifigkeit (Leistungsfähigkeit) oder mit gleichem Artikelgewicht (Materialeinsatz) verglichen werden, Bild 8.2.

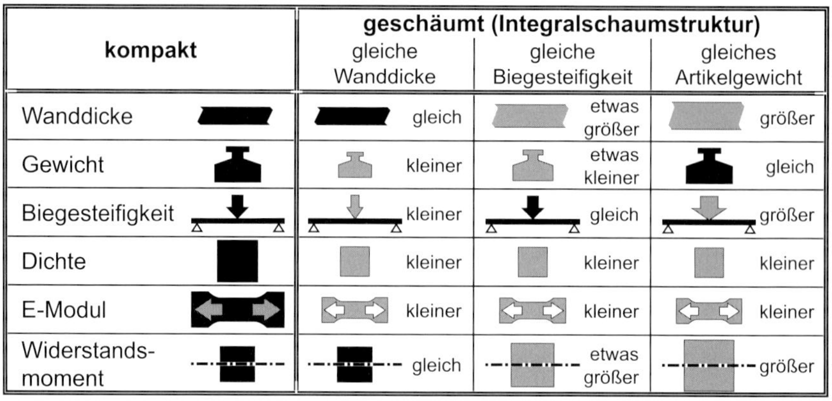

	kompakt	geschäumt (Integralschaumstruktur)		
		gleiche Wanddicke	gleiche Biegesteifigkeit	gleiches Artikelgewicht
Wanddicke		gleich	etwas größer	größer
Gewicht		kleiner	etwas kleiner	gleich
Biegesteifigkeit		kleiner	gleich	größer
Dichte		kleiner	kleiner	kleiner
E-Modul		kleiner	kleiner	kleiner
Widerstandsmoment		gleich	etwas größer	größer

Bild 8.2: Charakteristische Auswirkungen des Schaumspritzgießens auf die mechanischen Eigenschaften [3]

In jedem Fall verringern sich durch das Schäumen die Dichte und der Zug-E-Modul. Das führt bei Bauteilen, die in kompakter und geschäumter Ausführung gleich dick sind, zu einer merklichen Gewichtsverringerung. Das geschäumte Teil weist allerdings auch eine niedrigere Biegesteifigkeit auf. Diese Kombination ist bei Teilen vorzufinden, die mit dem gleichen unveränderlichen Werkzeug in kompakter und alternativ in geschäumter Ausführung spritzgegossen werden.

Wenn die Wanddicke entsprechend dicker ausgeführt wird, entstehen Bauteile mit gleichem Artikelgewicht wie bei der kompakten Ausführung. Die Biegesteifigkeit ist dann deutlich größer. Allerdings ergibt sich aus Sicht des Leichtbaus keine Verbesserung, weil das Schaumspritzgussteil das gleiche Artikelgewicht hat, aber nunmehr zu steif ist.

Gesucht ist daher die Gegenüberstellung von einer geschäumten und einer kompakten Ausführung mit jeweils gleicher Biegesteifigkeit. Dazu muss die Wanddicke etwas vergrößert werden, sodass sich infolge der Verschäumung die gleiche Biegesteifigkeit einstellt wie bei der kompakten Ausführung. Darüberhinaus soll sich noch eine Verringerung des Bauteilgewichts ergeben. Diese verbleibende Gewichtsreduzierung ist die gewünschte effektive Gewichtseinsparung.

8.2 Strukturausbildung

Das Eigenschaftsbild von Integralschaumstrukturen wird von der Formteildichte (mittlere Dichte, Rohdichte) und der Dichteverteilung über dem Querschnitt dominiert, Bild 8.3 [4].

Der Thermoplastwerkstoff, der beim Schaumspritzgießen verwendet wird, ändert seine inhärenten Eigenschaften bei der Verarbeitung genau genommen nicht. Das Material wird beim Schäumen lediglich in einer charakteristischen Weise angeordnet, nämlich als Schaumstruktur.

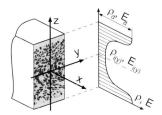

Bild 8.3: Charakteristische Dichte- und E-Modulverteilung bei spritzgegossenen Integralschaumstrukturen

Tabelle 8.1: Merkmale von spritzgegossenen Integralschaumstrukturen

Merkmale der Makrostruktur	Merkmale der Mikrostruktur
• Rohdichte bzw. relative Dichte (gesamte Plattendicke) • Dichteverteilung	• lokale Dichte • mittlere Zellgröße • Zellgrößenverteilung • Zellorientierung • Aspektverhältnis der Zellen • Massenbelegung der Zellstege und -wände • Grad der Offenzelligkeit

Diese Strukturausbildung führt auf die Merkmale der Makrostruktur und der Mikrostruktur, Tabelle 8.1. Aus der Strukturausbildung ergeben sich schließlich die resultierenden mechanischen Eigenschaften.

Für die mechanischen Eigenschaften der Integralschaumstrukturen ist die Dichteverteilung entscheidend. Dabei kann eine bestimmte Dichteverteilung (Makrostruktur) ebenso gut aus einer feinzelligen wie aus einer grobzelligen Schaumstruktur (Mikrostruktur) resultieren.

Wenn eine geringe Dichtereduktion bis 10 % und eine große Bauteildicke von mehr als 5 mm vorliegen, dann ergibt sich häufig ein allmählicher Übergang von der kompakten Deckschicht zur geschäumten Kernschicht. Dagegen zeigt sich bei Integralschaumstrukturen mit einer Dicke bis zu 3 mm oder mit einer Dichtereduktion von mehr als 30 % zumeist ein sprunghafter Übergang, Bild 8.4.

Die naheliegende Modellvorstellung für die Strukturausbildung ist daher ein Dreischichtaufbau. Um die Integralschaumstruktur möglichst einfach beschreiben zu können, wird vorausgesetzt, dass die Deckschichten ungeschäumt sind [5]. Der Kernbereich wird ebenfalls als homogene Schicht betrachtet, deren E-Modul E_k wesentlich niedriger ist als der E-Modul der Deckschicht E_d, Bild 8.5.

Das Verhältnis der Kernschichtdicke K zur Gesamtdicke H wird als Kernschichtanteil k bezeichnet. Mithilfe des Dreischichtmodells kann jede spritzgegossene Integralschaumstruktur näherungsweise mit drei Parametern beschrieben werden, der Gesamtdicke H, der Dichtereduktion im Kernbereich $\Delta\rho_k$ und dem Kernschichtanteil k.

148   8 Mechanisches Verhalten

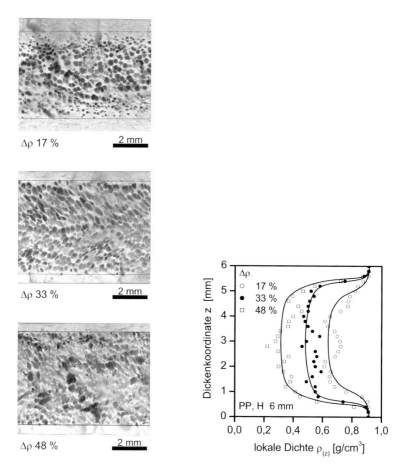

Bild 8.4: Dichteverteilung von Integralschaumstrukturen aus unverstärktem Polypropylen; Dichtereduktion 17, 33 und 48 %

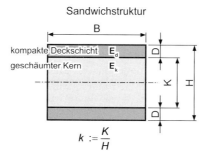

Bild 8.5: Modellvorstellung zum Schichtaufbau der Sandwichstruktur

8.3 Makroskopische Kennwertbeeinflussung

Je niedriger die Dichte eines homogenen Schaums ist, umso niedriger ist der E-Modul des Schaums. Zwischen den Quotienten der Dichten und der E-Moduln von Kompaktwerkstoff und Schaum besteht ein charakteristischer funktionaler Zusammenhang, der mit einem Potenzgesetz beschrieben werden kann, Gleichung 8.1 [6, 7].

$$\frac{E_S}{E_0} = \left(\frac{\rho_S}{\rho_0}\right)^n; \quad n = 2\ldots2{,}5 \qquad (8.1)$$

E_S = E-Modul eines homogenen Schaums,
E_0 = E-Modul des Kompaktwerkstoff,
ρ_S = Rohdichte des Schaums,
ρ_0 = Dichte des Kompaktwerkstoffs,
n = Exponent der Potenzbeziehung

Der E-Modul eines homogenen Schaums fällt demnach rascher ab als die Dichte. Bei unveränderter Plattendicke ist daher weder bei Zug- noch bei Biegebelastung eine Verbesserung der gewichtsbezogenen Steifigkeit möglich, Gleichung 8.2.

$$S_B = E_S \cdot \frac{B \cdot H^3}{12} \qquad (8.2)$$

S_B = Biegesteifigkeit einer Streifenprobe mit der Breite B

Wenn das Bauteilgewicht unverändert bleibt und die Erzeugnisdicke entsprechend der Dichtereduktion vergrößert wird, dann ergibt sich bei homogenen Schaumstrukturen eine Steigerung der gewichtsbezogenen Biegesteifigkeit. Der E-Modul fällt zwar entsprechend der Potenzbeziehung mit einem Exponenten von 2 bis 2,5 ab, zugleich kommt es aber zu einer Zunahme der Erzeugnisdicke, die mit der dritten Potenz in die Biegesteifigkeit eingeht. Bei konstantem Gewicht verbleibt daher eine positive Wirkung auf die resultierende Biegesteifigkeit, Bild 8.6 (obere Kurve).

Bei konstanter Bauteildicke und homogener Schaumstruktur ist dagegen eine Abnahme des Zug-E-Moduls und der resultierenden Biegesteifigkeit entlang der unteren Kurven in Bild 8.6 zu erwarten. Weil sich beim Schäumen mit unveränderter Bauteildicke auch der Materialeinsatz vermindert, können sich – solange die Verschäumung zu homogenen Strukturen führt – keine Kennwerte oberhalb der Diagrammdiagonalen einstellen.

Messungen an spritzgegossenen Integralschaumstrukturen mit verschiedenen Dicken und Dichtereduktionen zeigen allerdings, dass sowohl der Zug-E-Modul als auch die spezifische Biegesteifigkeit höher ausfallen, als für eine homogene Schaumstruktur mit der jeweils gleichen relativen Dichte zu erwarten wäre, Bild 8.7.

150   8 Mechanisches Verhalten

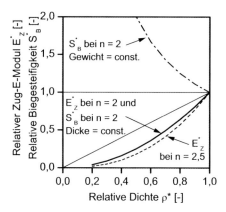

Bild 8.6: Veränderung der Biegesteifigkeit von homogenen Schaumstrukturen in Abhängigkeit der relativen Dichte

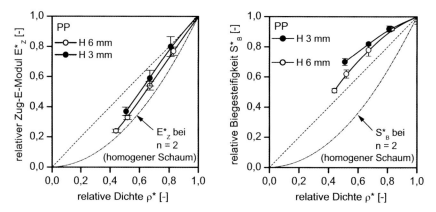

Bild 8.7: Relativer Zug-E-Modul und relative Biegesteifigkeit von spritzgegossenen Integralschaumstrukturen

Für den Zugbelastungsfall bleiben die Messpunkte nach wie vor unterhalb der Diagrammdiagonalen. Aus der Verschäumung ergibt sich bei Zugbelastung kein effektiver Beitrag zum Strukturleichtbau, denn eine Halbierung des Bauteilgewichts führt bereits zu einer Abnahme des Zug-E-Moduls um mehr als 50 %.

Dagegen liegen die Messpunkte bei der Biegebelastung oberhalb der Diagrammdiagonalen. Die Ausbildung der Integralschaumstruktur führt in diesem Fall bei unveränderter Bauteildicke zu einer effektiven Steigerung der gewichtsbezogenen Biegesteifigkeit.

8.4 Bewertung der Kennwertabminderung – Zugbelastung

Die Änderung der mechanischen Kennwerte beim Schaumspritzgießen ergibt sich immer aus der jeweils vorliegenden Verfahrenscharakteristik. Dennoch haben sich zwei ganz verschiedene Betrachtungsweisen herausgebildet – mit Blick auf die unerwünschte Kennwertabminderung und mit Blick auf die gewollte Verbesserung beim Leichtbau.

Bei der Diskussion zur Kennwertabminderung liegt die Erwartung zugrunde, dass das Schäumen möglichst keine Veränderung der mechanischen Kennwerte zur Folge haben soll. Es ist leicht einzusehen, dass diese Erwartung nicht vollkommen erfüllt werden kann und umso besser erfüllt wird, je geringer der Schäumgrad ist. Bei dieser Herangehensweise wird die Kennwertveränderung nicht wirklich bei der Produktentwicklung mit einbezogen. Sie ist vielmehr von Beginn an unerwünscht.

Aussagen zur Auswirkung auf den Leichtbau anhand der mechanischen Kennwerte von kompakten und geschäumten Spritzgießerzeugnissen sind erst dann möglich, wenn die Kennwerte vorher auf das Gewicht der Erzeugnisse bezogen werden.

Bild 8.8 zeigt die Spannungs-Dehnungsdiagramme von kompakten und geschäumten Polypropylenproben, die schon in Bild 8.1 dargestellt wurden, allerdings sind die Spannungswerte nun auf die jeweilige Rohdichte der untersuchten Proben bezogen. Bei dieser Auftragung wird berücksichtigt, dass die geschäumten Proben gleiche Abmessungen wie die kompakte Referenz haben, aber deutlich leichter sind.

Die Kurvenverläufe rücken nunmehr wesentlich näher zusammen, doch es verbleibt eine Abminderung des gewichtsbezogenen Zug-E-Moduls und der gewichtsbezogenen Streckspannung infolge der Verschäumung.

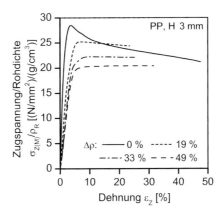

Bild 8.8: Mechanisches Verhalten von kompakten und geschäumten Zugproben aus unverstärktem Polypropylen; Spannungen bezogen auf die Rohdichte der Proben

8.5 Bewertung der Kennwertabminderung – Biegebelastung

Wenn die gleichen Integralschaumstrukturen bei einer Vier-Punkt-Biegeprüfung charakterisiert werden, zeigt sich ebenfalls eine Abnahme der Biegesteifigkeit mit zunehmender Dichtereduktion, Bild 8.9. Dabei liegen die Kurvenverläufe viel näher zusammen als bei der Zugprüfung, vgl. Bild 8.1.

Erst wenn die Spannungswerte auch bei der Biegeprüfung auf die Rohdichte der jeweiligen Biegeproben bezogen werden ergibt sich ein transparentes Bild für die effektive Kennwertveränderung. Es zeigt sich die erwünschte Zunahme der gewichtsbezogenen Biegesteifigkeit mit zunehmender Dichtereduktion, Bild 8.10.

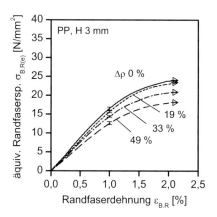

Bild 8.9: Mechanisches Verhalten von kompakten und geschäumten Biegeproben aus unverstärktem Polypropylen

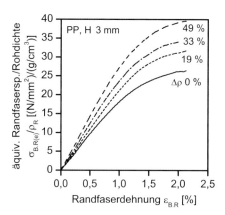

Bild 8.10: Mechanisches Verhalten von kompakten und geschäumten Biegeproben aus unverstärktem Polypropylen, Spannungen bezogen auf die Rohdichte der Proben

Für die Anwendung ist diese Steigerung der gewichtsbezogenen Biegesteifigkeit von großer Bedeutung, weil gerade flächige Strukturen im Einsatz häufig auf Biegung belastet werden. In der Steigerung des gewichtsbezogenen Biege-E-Moduls sowie der gewichtsbezogenen Biegefestigkeit manifestiert sich die wünschenswerte Kennwertveränderung infolge des Schaumspritzgießens. Eine zahlenmäßige Bewertung ist möglich, indem der Leichtbaueffekt einer spritzgegossenen Integralschaumstruktur ermittelt wird, vgl. Abschnitt 8.7.

8.6 Spannungsverteilung

Bei kompakten Proben ist die Angabe von konkreten Spannungswerten bei spezifischen Werten für die Dehnung akzeptabel und üblich. Bei Integralschaumstrukturen ist dieses Vorgehen problematisch und sollte daher erläutert werden.

Eine Zugbelastung führt im gesamten Querschnitt der Integralschaumstruktur auf die gleiche Dehnung. Das Spannungsprofil folgt der E-Modul-Verteilung, vgl. Bild 8.3, und kann für hohe Dichtereduktionen vereinfacht als Stufenprofil angesetzt werden, Bild 8.11 rechts. Die Zugspannungswerte in den Spannungs-Dehnungsdiagrammen sind demnach die Mittelwerte der Spannungsverteilung. In den Deckschichten herrschen wesentlich höhere Spannungen.

Bei der Biegebelastung stellt sich eine dreieckförmige Dehnungsverteilung ein, solange die Dehnungen klein sind (linear-elastische Verformung) und sich der Schaumkern nicht schubweich verformt, Bild 8.12. Diese Forderung ist solange erfüllt, wie die Querschnitte der Biegeprobe senkrecht auf der Biegemittellinie stehen bleiben.

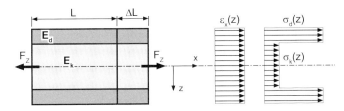

Bild 8.11: Dehnungs- und Spannungsverteilung in einem symmetrischen Dreischichtverbund unter Zugbelastung

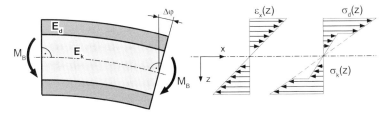

Bild 8.12: Dehnungs- und Spannungsverteilung in einem symmetrischen, schubsteifen Dreischichtverbunds unter reiner Momentenbiegung

Anhand von Messergebnissen und Berechnungen konnte gezeigt werden, dass die schubweiche Kernverformung bei spritzgegossenen Schaumstrukturen unter Biegebelastung kaum eine Rolle spielt. Die spritzgegossene Schaumkernschicht weist eine deutlich höhere Dichte auf als jene Schaumkerne, die typischerweise bei konventionellen Sandwichkonstruktionen zum Einsatz kommen. Die kompakten Deckschichten haben im Vergleich zu Faserverbunddeckschichten immer noch einen relativ niedrigen E-Modul. Beides führt dazu, dass der Schaumkern bei Biegung nur gering belastet wird und kaum eine Schubnachgiebigkeit zeigt, insbesondere dann nicht, wenn die Ausdehnung des Erzeugnisses groß ist. Das trifft wiederum bei flächigen Strukturbauteilen gewöhnlich zu.

Der Vierpunkt-Biegeversuch an spritzgegossenen Integralschaumstrukturen ruft einen charakteristischen Verlauf der Zug- und Druckspannungen im Biegequerschnitt hervor, Bild 8.12 rechts. Während die aufgetragene Randfaserdehnung realitätsnah ist – das nichtlinear-viskoelastische Materialverhalten bei höheren Dehnungen bleibt an dieser Stelle unberücksichtigt – sind die aufgetragenen Randfaserspannungen nur Anhalts- bzw. Vergleichswerte.

Die beim Biegeversuch gemessenen Spannungen werden daher als äquivalente Randfaserspannungen gekennzeichnet und geben jene Spannungswerte wieder, die an der Oberfläche einer homogenen Vergleichsprobe herrschen würde, die eine vergleichbare (äquivalente) Biegecharakteristik zeigt. Die wahren Randfaserspannungswerte an den Integralschaumstrukturen liegen deutlich höher.

8.7 Leichtbaueffekt

Beim Leichtbau wird immer versucht, die gewichtsbezogene mechanische Leistungsfähigkeit der Struktur zu maximieren. Der Quotient aus mechanischem Kennwert (zumeist Steifigkeits- und Festigkeitskennwerte) und der Dichte oder dem Gewicht der Struktur soll möglichst groß werden.

Der Zug- oder Biege-E-Modul E_0 des kompakten Materials bezogen auf die Kompaktwerkstoffdichte ρ_0 ist der Referenzkennwert für den Leichtbaueffekt. Infolge der der Verschäumung stellt sich sowohl ein geringerer Zug-E-Modul als auch ein kleinerer Biege-E-Modul ein, wobei der Zug-E-Modul noch deutlich niedriger ist als der Biege-E-Modul. Zugleich nimmt die Rohdichte deutlich ab, Tabelle 8.2.

Die Vergleichszahl zwischen den gewichtsbezogenen Moduln für die kompakte und die geschäumte Ausführung wird als Leichtbaueffekt f_{LBE} bezeichnet, Gleichung 8.3.

$$\frac{E_B}{\rho_R} = f_{LBE} \cdot \frac{E_0}{\rho_0}; \quad f_{LBE} = \frac{\left(E_B/E_0\right)}{\left(\rho_R/\rho_0\right)} \tag{8.3}$$

f_{LBE} = Leichtbaueffekt in Bezug auf die Biegesteifigkeit

Tabelle 8.2: Beispiel für die Veränderung der gewichtsbezogenen Steifigkeitskennwerte von unverstärktem Polypropylen durch das Schäumen

		kompaktes unverstärktes Polypropylen	geschäumtes unverstärktes Polypropylen (Dicke 3 mm, Dichtereduktion 50 %)	
			bei Zugbelastung	bei Biegebelastung
Dichte	[g/cm^3]	0,91	0,46	
Zug-E-Modul	[N/mm^2]	1725	675	–
Biege-E-Modul	[N/mm^2]		–	1190
gewichtsbezogener Modul	[(N/mm^2)/ (g/cm^3)]	**1895**	**1470** (−23 %, $f_{LBE} = 0,77$)	**2585** (+36 %, $f_{LBE} = 1,36$)

Ein Wert größer eins stellt eine Steigerung der gewichtsbezogenen Biegesteifigkeit infolge der Verschäumung dar. Bei biegebelasteten flächigen Strukturen ist demnach ein möglichst großer Wert für den Leichtbaueffekt gewünscht.

Der Leichtbaueffekt ist auch in Bild 8.7 gut ablesbar. Für Messpunkte für den Biege-E-Modul oberhalb der Diagrammdiagonalen liegt ein positiver Leichtbaueffekt vor. Aus dem Leichtbaueffekt kann die effektive Gewichtseinsparung unmittelbar ermittelt werden, Gleichung 8.4. Die Beziehung ist in Bild 8.13 dargestellt.

$$\Delta m = \left(1 - \frac{1}{f_{LBE}}\right)(\cdot 100\,\%) \qquad (8.4)$$

Δm = effektive Gewichtseinsparung durch die Verschäumung

Der in der Beispielrechnung angeführte Leichtbaueffekt von 1,36 für eine 3 mm dicke Integralschaumstruktur aus Polypropylen entspricht einer effektiven Gewichtseinsparung um 26 % in Bezug auf die Biegesteifigkeit.

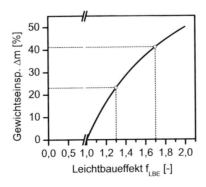

Bild 8.13: Effektive Gewichtseinsparung in Abhängigkeit des Leichtbaueffekts

Um mit einer kompakten Probe die gleiche Biegesteifigkeit zu erzielen, wie bei der beschriebenen 3 mm dicken Integralschaumstruktur, reicht eine Dicke von nur 2 mm aus. Weil in der 3 mm dicken Integralschaumstruktur mit 50 % Dichtereduktion jedoch nur 1,5 mm Material gebunden sind, fällt diese dennoch deutlich leichter aus als die kompakte Ausführung.

8.8 Verallgemeinerte Modellvorstellung

Es wurden bisher einige ausgewählte Integralschaumstrukturen mit einem konkreten Schichtaufbau und einer bekannten Dicke H betrachtet (vgl. Bild 8.5). Die zahlreichen weiteren Integralschaumstrukturen, die grundsätzlich vorstellbar sind, unterscheiden sich in der Gesamtdicke, in der Rohdichte und im Schichtaufbau.

Es kann sich bei der Vielzahl der Integralschaumstrukturen mehrfach die gleiche Rohdichte ergeben, z. B. wenn dünne Deckschichten mit einem wenig aufgeschäumten Schaumkern oder dickere Deckschichten mit einem besonders leichten Schaumkern zusammenkommen. Das Zug- und Biegeverformungsverhalten dieser Integralschaumstrukturen ist jedoch verschieden.

Eine verallgemeinerte Modellvorstellung, die auf diesen Überlegungen aufbaut, ist hilfreich, um bei der Modellbildung zum mechanischen Verhalten die Anzahl der Variablen zu verringern. Indem die Dicke H auf den Wert 1 gesetzt (normiert) wird, kommt man bereits zu einer ersten Vereinfachung.

Darüber hinaus wird die Kompaktwerkstoffdichte ebenfalls auf den Wert 1 gesetzt. Bei der Modellbildung wird demnach nicht mit der absoluten Dichte, sondern mit der relativen Dichte bzw. mit der Dichtereduktion infolge des Schäumens gearbeitet.

Mit diesen Vereinfachungen können alle vorstellbaren symmetrischen Dreischichtaufbauten – als Modell für die Vielzahl der spritzgegossenen Integralschaumstrukturen – mit nur

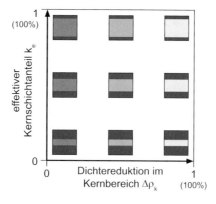

Bild 8.14: Schichtaufbauvarianten von Integralschaumstrukturen mit normierter Dicke und Dichte

zwei Laufvariablen beschrieben werden, der Dichtereduktion im Kernbereich $\Delta\rho_k$ und dem effektiven Anteil der Kernschicht am Gesamtquerschnitt k_e, Bild 8.14.

Beide Laufvariablen sind dimensionslose Größen mit Werten zwischen 0 und 1. Die Ablösung des vorgenannten Kernschichtanteils k entsprechend Bild 8.5 durch den effektiven Kernschichtanteil k_e ist in Abschnitt 8.10 beschrieben und begründet.

8.9 Modellbildung zum Leichtbaueffekt

Wenn bei einer tatsächlich vorhandenen spritzgegossenen Integralschaumstruktur Messwerte für den Biege-E-Modul, die Rohdichte, die Kompaktwerkstoffdichte und den Kompaktwerkstoff-E-Modul vorliegen, kann nach Gleichung 8.3 der Leichtbaueffekt in Bezug auf die Biegesteifigkeit ermittelt werden.

Gesucht ist eine Berechnungsvorschrift, nach der sich der Leichtbaueffekt einer Integralschaumstruktur vorhersagen lässt, die noch nicht gefertigt und geprüft wurde. Erst damit wird die Dimensionierung von spritzgegossenen Integralschaustrukturen für tragende Bauteile möglich. Der geforderte Ausdruck sollte den Leichtbaueffekt als Funktion der beiden Laufvariablen k_e und $\Delta\rho_k$ beschreiben.

Der Biege-E-Modul der Integralschaumstruktur hängt vom effektiven Kernschichtanteil, vom Kompaktwerkstoff-E-Modul und vom Kernschicht-E-Modul ab, Gleichung 8.5.

$$E_B = E_0 \cdot \left(1 - k_e^3\right) + E_k \cdot k_e^3 \qquad (8.5)$$

E_k = E-Modul der geschäumten Kernschicht

Eine Berechnung des Kernschicht-E-Moduls ist möglich, wenn der Kompaktwerkstoff-E-Modul, die Dichtereduktion im Kernbereich und der Exponent n der Potenzbeziehung entsprechend Gleichung 8.1 bekannt sind, Gleichung 8.6.

$$E_k = E_0 \cdot \left(1 - \Delta\rho_k\right)^n \qquad (8.6)$$

Messungen zur Ermittlung des Exponenten n an verschiedenen spritzgegossenen Integralschaumstrukturen ergaben, dass mit einem mittleren Wert von $n = 1{,}8$ eine realitätsnahe Vorhersage des Kernschicht-E-Moduls gelingt, Bild 8.15. Bei der Bestimmung des Exponenten n wurde die effektive Deckschichtdicke angesetzt, die aus Messwerten für den Zug- und den Biege-E-Modul abgeleitet werden kann, vgl. Abschnitt 8.10.

Für dicke spritzgegossene Integralschaumstrukturen (6 mm) findet man höhere Werte für n ($n = 2{,}0$), während bei besonders dünnen Integralschaumstrukturen ein niedrigerer Wert eingesetzt werden müsste ($n = 1{,}6$).

Es werden darüber hinaus die einfachen Beziehungen zwischen Kompaktwerkstoffdichte ρ_0, Rohdichte ρ_R und Gesamtdichtereduktion $\Delta\rho$ einerseits, sowie Gesamtdichtereduktion $\Delta\rho$, effektivem Kernschichtanteil k_e und Dichtreduktion im Kern $\Delta\rho_k$ andererseits benötigt, um zu dem gesuchten Ausdruck für den Leichtbaueffekt zu gelangen, Gleichung 8.7.

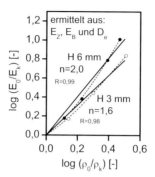

Bild 8.15: Ermittlung des Exponenten *n* für die Potenzbeziehung nach Gleichung 8.1 zur Beschreibung der Abhängigkeit des Kernschicht-E-Moduls von der Dichtereduktion im Kern

$$\Delta\rho_k = \frac{1}{k_e} \cdot \Delta\rho \quad \text{mit } k_e = 1 - \frac{2 \cdot D_e}{H}; \quad \Delta\rho = 1 - \frac{\rho_R}{\rho_0} \tag{8.7}$$

Mit den Gleichungen 8.5 bis 8.7 lässt sich der Leichtbaueffekt bezüglich der Biegesteifigkeit als Funktion des effektiven Kernschichtanteils und der Dichtereduktion im Kern darstellen, Gleichung 8.8. Die Kennwertveränderung ist nach dieser Modellbildung unabhängig vom verwendeten Werkstoff.

$$f_{LBE} = \frac{1 - k_e^3 + k_e^3 \left(1 - \Delta\rho_k\right)^n}{1 - k_e \cdot \Delta\rho_k} \tag{8.8}$$

In Bild 8.16 ist die Beziehung als 3D-Diagramm und als Potenzialfläche dargestellt.

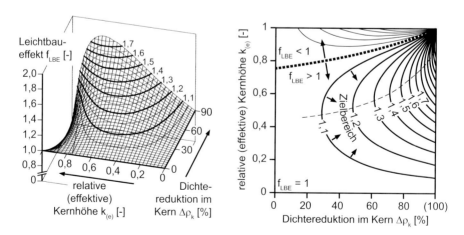

Bild 8.16: Modell zum Leichtbaueffekt in Bezug auf die Biegesteifigkeit in Abhängigkeit vom effektiven Kernschichtanteil und von der Dichtereduktion im Kernbereich

In der Praxis sollte mindestens ein Leichtbaueffekt von 1,1 erreicht werden, falls das Bauteil zur Steigerung der Biegesteifigkeit geschäumt wird. Wenn der Leichtbaueffekt noch kleiner ausfällt, ergibt sich keine nennenswerte Gewichtseinsparung mehr.

Ein Leichtbaueffekt von 1,1 wird allerdings erst erreicht, wenn die Dichtereduktion im Kernbereich mindestens 25 % beträgt und wenn die Kernschicht etwa 50 % des Gesamtquerschnitts einnimmt. Bei hoher Dichtereduktion im Kernbereich (50 % und mehr) ist auch ein Kernschichtanteil von ca. 60 % günstig. Wenn der Kernschichtanteil zu klein (< 30 %) oder zu groß wird (> 80 %), verschlechtert sich der Leichtbaueffekt in Bezug auf die Biegesteifigkeit rapide.

Besonders vorteilhaft ist es, wenn sich eine möglichst hohe Dichtereduktion im Kernbereich (ca. 75 %) und zugleich eine möglichst günstige Verteilung zwischen Kernschicht- und Deckschichtanteil einstellt (k_e ca. 0,6). Es resultiert dann ein Leichtbaueffekt von ca. 1,4, der wiederum einer effektiven Gewichtseinsparung um ca. 25 % entspricht. Welcher Schichtaufbau sich bei der Verarbeitung tatsächlich einstellt, hängt jedoch u. a. von den Prozesseinstellungen und vor allem von der Erzeugnisdicke ab.

8.10 Konzept der effektiven Deckschichtdicke

Die augenscheinliche Deckschichtdicke D von spritzgegossenen Integralschaumstrukturen kann anhand von Mikroskopiebildern ermittelt werden. Mit der Gesamtdicke H folgt unmittelbar der Kernschichtanteil k. Mit diesen Daten kann der Kernschicht-E-Modul berechnet werden, sofern für die Probe der Kompaktwerkstoff-E-Modul und ein Messwert für den Zug- oder den Biege-E-Modul bekannt sind, Gleichungen 8.9 und 8.10.

$$E_k = E_d - \frac{1}{k}(E_d - E_Z) \tag{8.9}$$

$$E_k = E_d - \frac{1}{k^3}(E_d - E_B) \tag{8.10}$$

E_Z = gemessener Zug-E-Modul,
E_B = gemessener Biege-E-Modul

Bei dieser Vorgehensweise wirken sich allerdings bereits kleinste Bestimmungsfehler bei der Dicke der Deckschicht merklich auf das Berechnungsergebnis für den Kernschicht-E-Modul aus. Daher ist es zweckmäßiger, mit einem effektiven Kernschichtanteil k_e zu arbeiten, der unmittelbar aus den Messwerten für den Zug- und den Biege-E-Modul berechnet werden kann, Gleichung 8.11.

$$k_e = \sqrt{\frac{E_B - E_d}{E_Z - E_d}} \tag{8.11}$$

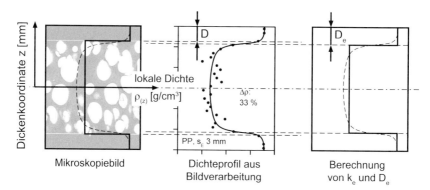

Bild 8.17: Ermittlung der Deckschichtdicke aus einem Mikroskopiebild und durch Berechnung der effektiven Deckschichtdicke

Um zur effektiven Deckschichtdicke D_e der Integralschaumstruktur zu gelangen, ist dann nur noch eine Messung der tatsächlichen Gesamtdicke H erforderlich, Gleichung 8.12. Bei dem Konzept für die Bestimmung der effektiven Deckschichtdicke wird ein kleiner Teil der Kernschicht den Deckschichten zugeschlagen, Bild 8.17.

$$D_e = \frac{H(1-k_e)}{2}; \quad k_e = 1 - \frac{2 \cdot D_e}{H} \tag{8.12}$$

Die Dicke der Deckschichten hängt im Wesentlichen von der Dichtereduktion und der Erzeugnisdicke ab. Je dünner die geschäumte Platte insgesamt ist, umso dünner fallen auch die Deckschichten aus. Zudem ergeben sich kleinere Deckschichtdicken, wenn das Erzeugnis eine höhere Dichtereduktion aufweist, Bild 8.18.

Die effektiven Deckschichtdicken sind um etwa 15 bis 30 % größer als die gemessenen Werte aus den Mikroskopiebildern. Für die Modellbildung wird die effektive Deckschichtdicke verwendet, weil sie auf realitätsnahe Werte für den Biege- und für den Zug-E-Modul der

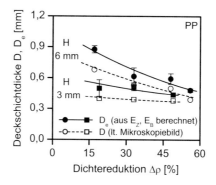

Bild 8.18: Vergleich zwischen effektiver (berechneter) Deckschichtdicke und der aus Mikroskopiebildern bestimmten Deckschichtdicke

Integralschaumstruktur führt. Mit der effektiven Deckschichtdicke bzw. dem effektiven Kernschichtanteil k_e ergibt sich ferner bei der Berechnung des Kernschicht-E-Moduls E_k nach den Gleichungen 8.9 und 8.10 jeweils der gleiche Wert. Diese konkreten Einzelwerte werden für die weiteren Berechnungen herangezogen, weil es nach der Modellvorstellung nur einen Kernschicht-E-Modul gibt, Bild 8.5. Wäre es möglich den Kernschicht-E-Modul ohne Deckschichten bei Biege- und bei Zugbelastung exakt zu messen, wären Unterschiede zu erwarten, weil auch im Kernbereich noch ein Dichteprofil vorliegt. In der Praxis führen solche Messungen wegen der schwierigen Präparation aber nur auf Anhaltswerte.

8.11 Modellbildung zur effektiven Deckschichtdicke

Die Abhängigkeit der effektiven Deckschichtdicke von der Dichtereduktion und der Erzeugnisdicke ist charakteristisch und lässt sich nur innerhalb enger Grenzen durch die Prozessführung beeinflussen. Mit einem einfachen empirischen Ansatz kann die Abhängigkeit für die Zwecke der Modellbildung dargestellt werden, Gleichung 8.13.

$$D_e = \frac{-H(1+\Delta\rho)}{9} + \frac{H}{5} + \frac{1}{3} \quad \text{für } H \text{ [mm]}: [2,5; 10] \tag{8.13}$$

Dabei ist der Wertebereich, für den die Beziehung gültig sein soll, entsprechend den praxisnahen Begebenheiten einzugrenzen. In Betracht kommen Gesamtdicken bis ca. 10 mm und Werte für die Dichtereduktion bis max. 75 %. Bild 8.19 zeigt die Auftragung der empirischen Annäherung für Erzeugnisdicken zwischen 2,5 und 10 mm.

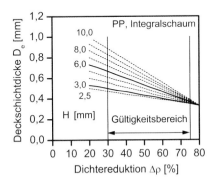

Bild 8.19: Auftragung des Modell zur Beschreibung der Abhängigkeit zwischen effektiver Deckschichtdicke, Erzeugnisdicke und Dichtereduktion

8.12 Zugängliches Leichtbaupotenzial

Mit dem Modell für den Leichtbaueffekt liegt eine Beschreibung dafür vor, welches Leichtbaupotenzial mit einer bestimmten Schichtstruktur verbunden ist (Gleichung 8.8). Das Modell für die effektive Deckschichtdicke gibt zusätzlich an, welche Schichtstruktur sich voraussichtlich einstellt, wenn eine bestimmt Dichtereduktion und eine bestimmte Erzeugnisdicke gewählt wird (Gleichung 8.13).

Unter Zuhilfenahme der Beziehung zwischen Gesamtdichtereduktion und Dichtereduktion im Kern, Gleichung 8.7, kann zunächst die Dichtereduktion im Kern als Funktion der Erzeugnisdicke und des effektiven Kernschichtanteils bestimmt werden, Gleichung 8.14.

$$\Delta \rho_k = \frac{1}{k_e}\left(\frac{3}{H} - 3{,}7\right) + 4{,}5 \quad \text{für } H \text{ [mm]: } [2{,}5; 10] \tag{8.14}$$

Diese empirischen Kennwertverläufe lassen sich in das Potenzialdiagramm zum Leichtbaueffekt eingetragen, sodass die Verbesserung der gewichtsbezogenen Biegesteifigkeit für die verschiedenen Erzeugnisdicken erkennbar wird, Bild 8.20.

Erwartungsgemäß ist der Leichtbaueffekt umso größer, je höher die Dichtereduktion im Kernbereich ist. Dabei zeigen dünne Erzeugnisse (2,5 bis 4 mm) einen deutlich höheren Leichtbaueffekt als dickere Produkte mit gleicher Dichtereduktion im Kern.

Bei dünnen Erzeugnissen liegt ein günstigeres Verhältnis zwischen Deckschicht- und Kernschichtdicke vor. Wenn Erzeugnisdicken von 10 mm oder mehr realisiert werden, ergibt sich bezüglich der Biegesteifigkeit keine effektive Verbesserung mehr.

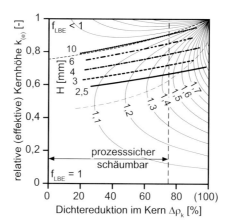

Bild 8.20: Verfahrenstechnisch zugängliches Leichtbaupotenzial von spritzgegossenen Integralschaumstrukturen aus Polypropylen

8.13 Vorhersage von Steifigkeitskennwerten

Sobald für eine spritzgegossene Integralschaumstruktur die Erzeugnisdicke H und die Gesamtdichtereduktion $\Delta\rho$ festgelegt sind, steht im Wesentlichen auch fest, welche effektive Deckschichtdicke D_e und welche Dichtereduktion im Kern $\Delta\rho_k$ zu erwarten sind. Die effektive Deckschichtdicke und der effektive Kernschichtanteil können unmittelbar mithilfe der Gleichungen 8.12 und 8.13 ermittelt werden. Mit bekanntem effektivem Kernschichtanteil ergibt sich die Dichtereduktion im Kernbereich nach Gleichung 8.14. Die Schichtstruktur des Integralschaums ist somit entsprechend der vorgestellten Modellbildung bereits aufgrund der frei gewählten Erzeugnisdicke und der Gesamtdichtereduktion vorherbestimmt.

Für die Vorhersage der Steifigkeitskennwerte ist der Kernschicht-E-Modul gesucht, der nach Gleichung 8.6 ermittelt werden kann, wobei für unverstärktes Polypropylen ein Wert von 1,8 für den Exponenten n zu empfehlen ist. Damit liegen alle Eingangskennwerte zur Berechnung des erwarteten Biege-E-Moduls E_B nach Gleichung 8.5 vor.

$$E_B = E_d \cdot \left(1 - k_e^3\right) + E_k \cdot k_e^3 \qquad \text{(vgl. 8.5)}$$

$$E_Z = E_d \cdot \left(1 - k_e\right) + E_k \cdot k_e \qquad (8.15)$$

$E_0 = E_d =$ Kompaktwerkstoff-E-Modul

Mit den Eingangskennwerten kann ebenfalls der erwarte Zug-E-Modul E_Z der Integralschaumstruktur ermittelt werden, Gleichung 8.15. Die Vorhersagequalität dieses Ansatzes zur Berechnung der Steifigkeitskennwerte ist in Bild 8.21 gezeigt.

Die Berechnungsergebnisse liegen bei unverstärktem Polypropylen sehr nahe bei den Messwerten. Wenn glasfaserverstärktes Polypropylen (PP-GF, 20 Gew.-% Kurzglasfasern) verarbeitet wird, fällt die Kennwertabminderung, insbesondere der E-Modul-Abfall im Kernbereich, stärker aus. Dem entsprechend kommt es bei der Berechnung zu einer Überschätzung der Steifigkeitskennwerte um ca. 10 %. Mit einem höheren Exponenten n für glasfaserverstärkte Werkstoffe (2,0–2,2) kann das Modell einfach angepasst werden.

Daneben führt das Modell bei physikalisch geschäumtem Polypropylen zu einer Überschätzung der Steifigkeitskennwerte. Bei der physikalischen Begasung bilden sich aufgrund der höheren Schäumaktivität etwas dünnere Deckschichten aus. Eine Anpassung sollte daher erforderlichenfalls beim empirischen Modell für die effektive Deckschichtdicke erfolgen, Gleichung 8.13.

Der letzte Term (1/3) gibt die Dicke der Deckschicht in Millimeter an, die sich bei der Herstellung der Integralschaumstruktur mindestens ergibt. Im Falle von physikalisch geschäumten Erzeugnissen ist eine Anpassung auf einen Zahlenwert zwischen 0,2 und 0,3 sinnvoll.

Insgesamt stellt die Modellbildung, die eine Vorhersagequalität im Bereich von ± 10 % ausweist, ein praktikables Werkzeug dar, das für die ersten Auslegungsberechnungen bei der Konstruktion von geschäumten Bauteilen ausreichend genau ist. Ob ein Potenzial der Integralschaumstruktur bezüglich der gewichtsbezogenen Biegesteifigkeit vorliegt, kann direkt aus Bild 8.13 und Bild 8.20 abgelesen werden.

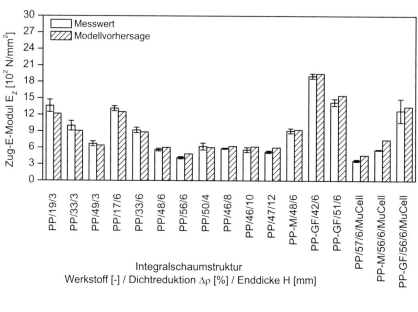

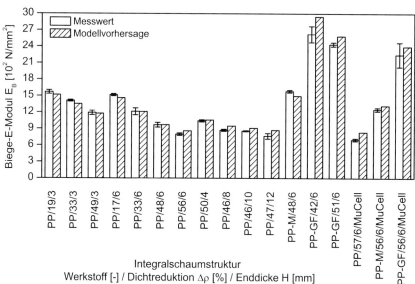

Bild 8.21: Gemessene und berechnete Zug- und Biege-E-Modulwerte von Schaumstrukturen aus verschiedenen Polypropylentypen (vgl. Tabelle 8.3)

8.14 Vorhersage von Festigkeitskennwerten

Für die Vorhersage der Festigkeitskennwerte von geschäumtem Polypropylen sind weitere Berechnungsansätze beschrieben worden, die auf der vorgestellten Modellbildung aufbauen [1]. Dabei ergibt sich für die Berechnung der Streck- oder Bruchspannung $\sigma_{y,Z}$ bei Zugbelastung eine weitreichende Analogie zur Vorhersage des Zug-E-Moduls, Gleichung 8.16.

$$\sigma_{y,Z} = \sigma_{y,0} \left[k_e \left(1 - \Delta\rho_k\right)^n - k_e + 1 \right] \tag{8.16}$$

$\sigma_{y,Z}$ = Streckspannung der Integralschaumstruktur bei Zugbelastung
$\sigma_{y,0}$ = Streckspannung des Kompaktwerkstoffs

Zur Vorhersage der Biegebelastbarkeit $\sigma_{y,B}$ sind dagegen Erweiterungen bei der Modellbildung erforderlich, die insbesondere zur Einbeziehung des Sekantenmoduls an die Streckgrenze des kompakten Deckschichtwerkstoffs $E_{s,d}$ führen, Gleichung 8.17. Mit dieser Anpassung wird dem nichtlinear-viskoelastischen Werkstoffverhalten, das bei Biegebelastung den Spannungsabfall in den Deckschichten bestimmt, näherungsweise Rechnung getragen.

$$\sigma_{y,B} = \sigma_{y,0} \left[k_e^3 \frac{E_d}{E_{s,d}} \left(1 - \Delta\rho_k\right)^n - k_e^3 + 1 \right] \tag{8.17}$$

$\sigma_{y,B}$ = Streckspannung der Integralschaumstruktur bei Biegebelastung

Die Grundzüge der Auswirkung der Verschäumung auf den Leichtbau in Hinblick auf die Festigkeit sind ähnlich wie bei der Steifigkeit. Bei reiner Zugbelastung ist sowohl bezüglich der Steifigkeit als auch der Festigkeit die kompakte Ausführung am günstigsten. Durch die Integralschaumstruktur wird dagegen bei Biegebelastung sowohl die gewichtsbezogene Biegesteifigkeit als auch die gewichtsbezogene Biegefestigkeit verbessert.

8.15 Einfluss von Füll- und Verstärkungsstoffen auf die Steifigkeit

Polypropylentypen, die für technische Einsatzzwecke bestimmt sind, bieten bei niedriger Kompaktwerkstoffdichte bereits einen vergleichsweise hohen E-Modul, Tabelle 8.3. Die gewichtsbezogenen Steifigkeitskennwerte liegen in einem ähnlichen Bereich wie bei Polyamid. Hinzu kommt der vergleichsweise günstige Materialpreis, der häufig den Ausschlag dafür gibt, dass diese hoch entwickelten Polypropylentypen für Leichtbauanwendungen, bei denen die Kostenstruktur weit im Vordergrund steht, in Betracht gezogen werden.

Das mechanische Verhalten von Konstruktionswerkstoffen wird im Normalfall im Kurzzeit-Zugversuch charakterisiert. Es ergeben sich die Spannungs-Dehnungs-Diagramme für den Kompaktwerkstoff, Bild 8.22 links.

Tabelle 8.3: Kennwerte einer unverstärkten, gefüllten und kurzglasfaserverstärkten Polypropylentype für technische Erzeugnisse

Handelsname und Hersteller		Hostacom®, Fa. Basell		
Kurzbezeichnung		PP	PP-M	PP-GF
Type		PPU X9067HS	HC XM2 U36	HC G2 R03
Füll-/Verstärkungsstoff		–	mineral. Füllstoff 20 Gew.-%	Kurzglasfasern 20 Gew.-%
Dichte	[g/cm^3]	0,91	1,04	1,05
Zug-E-Modul	[N/mm^2]	1700	2650	4800
Streckspannung	[N/mm^2]	26	25	–
Bruchspannung	[N/mm^2]	–	–	70

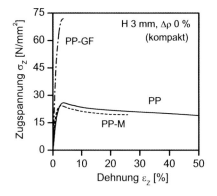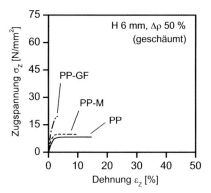

Bild 8.22: Zugverformungsverhalten von kompaktem und geschäumtem Polypropylen (unverstärkt, gefüllt, kurzglasfaserverstärkt)

Durch die Verschäumung auf 50 % der ursprünglichen Dichte nehmen die mechanischen Kennwerte bei Zugbelastung, mit Ausnahme der zu Beginn schon geringen Bruchdehnung von PP-GF, um mehr als 50 % ab, Bild 8.22 rechts.

Wird der Zug-E-Modul auf den tatsächlichen Querschnitt der Zugprobe im kompakten und aufgeschäumten Zustand bezogen, dann ergibt sich bei allen drei Polypropylentypen eine Abminderung um fast 70 %, Bild 8.23 links. Die Abnahme des Zug-E-Moduls ist damit kaum vom verwendeten Werkstoff abhängig.

Bei der Berechnung des Zug-E-Moduls der geschäumten Proben kann anstelle des Gesamtquerschnitts alternativ der tatsächlich enthaltende Materialquerschnitt herangezogen werden, Bild 8.23 rechts. Die verbleibende Abminderung des Zug-E-Moduls um annähernd 40 % gibt die effektive Kennwertveränderung an.

8.15 Einfluss von Füll- und Verstärkungsstoffen auf die Steifigkeit

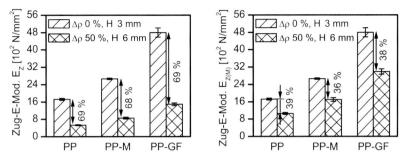

Bild 8.23: Zug-E-Modul von kompaktem und geschäumtem Polypropylen
links: bezogen auf den Gesamtquerschnitt (absolute Abminderung)
rechts: bezogen auf den Materialquerschnitt (effektive Veränderung)

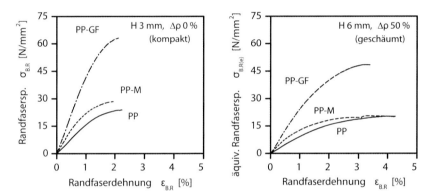

Bild 8.24: Biegeverformungsverhalten von kompaktem und geschäumtem Polypropylen
(unverstärkt, gefüllt, kurzglasfaserverstärkt)

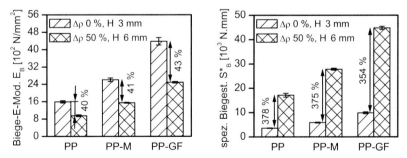

Bild 8.25: Biege-E-Modul von kompaktem und geschäumtem Polypropylen;
Steigerung der Biegesteifigkeit bei gleichem Flächengewicht

Die Kennwertveränderung infolge der Verschäumung fällt bei Biegebelastung deutlich geringer aus als bei Zugbelastung, Bild 8.24. Die Abminderung des Biege-E-Moduls beträgt in der absoluten Auftragung bei allen drei Werkstoffen nur ca. 40 %, während sich die Rohdichte bereits um 50 % verringerte, Bild 8.25 links.

Die Verdoppelung der Erzeugnisdicke bei unverändertem Bauteilgewicht geht in die Berechnung der Biegesteifigkeit mit der dritten Potenz ein. Trotz der deutlichen Abminderung des Biege-E-Moduls resultiert daraus beinahe eine Verfünffachung der spezifischen Biegesteifigkeit, vgl. auch Bild 8.6.

Die Dicke und die Dichtereduktion werden bei der Erzeugnisgestaltung so festgelegt, dass sich die Biegesteifigkeit nicht erhöht sondern gegenüber der kompakten Ausführung unverändert bleibt, sodass eine effektive Gewichtseinsparung resultiert.

8.16 Einfluss von Füll- und Verstärkungsstoffen auf die Festigkeit

Die von kompakten Spritzgussprodukten bekannten Eigenschaftsverbesserungen durch Füll- und Verstärkungsstoffe sind auch bei geschäumten Erzeugnissen wirksam [8]. Infolge der Verschäumung ergibt sich wiederum eine charakteristische Einflussnahme auf die Festigkeitskennwerte bei den gefüllten und verstärkten Werkstoffen. Die Bruchspannung bei Zugbelastung nimmt bei unverstärktem ebenso wie bei gefülltem Polypropylen um etwas mehr als 50 % ab, wenn eine Dichtereduktion um 50 % infolge der Verschäumung vorliegt, Bild 8.26 links.

Dagegen ergibt sich bei kurzglasfaserverstärktem Polypropylen eine deutlich höhere Abminderung der Zug-Bruchspannung um mehr als 70 %. Wenn die Bruchspannung auf den enthaltenen Materialquerschnitt bezogen wird, liegt bei unverstärktem und gefülltem Polypropylen nur noch eine geringe Abminderung um wenige Prozent vor, Bild 8.26 rechts.

Bei den beiden Werkstoffen können sich die kompakten Deckschichten um mehrere zehn Prozent dehnen, sodass auch der geschäumte Kernbereich zum Ende des Zugversuchs hoch belastet wird. Der gesamte enthaltene Materialquerschnitt wird demnach unmittelbar vor dem Bruch hoch belastet, sodass sich die effektive, auf den Materialquerschnitt bezogene Bruchspannung kaum verändert.

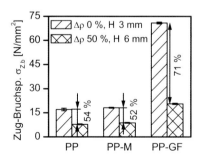 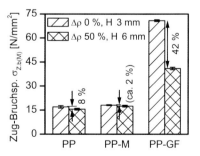

Bild 8.26: Zug-Bruchspannung von kompaktem und geschäumtem Polypropylen
links: bezogen auf den Gesamtquerschnitt (absolute Abminderung)
rechts: bezogen auf den Materialquerschnitt (effektive Veränderung)

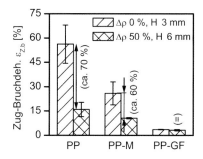 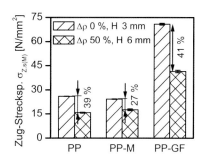

Bild 8.27: Abnahme der Bruchdehnung und effektive Veränderung der Zugbelastbarkeit und infolge der Verschäumung; unverstärktes, gefülltes und kurzglasfaserverstärktes Polypropylen

Die höhere Abminderung der Zugbelastbarkeit von kurzglasfaserverstärktem Polypropylen (70 % in absoluter und verbleibende 40 % in effektiver Darstellung) ist auf die geringe Dehnbarkeit der kompakten Deckschichten zurückzuführen, Bild 8.27 links.

Sowohl die gesamte kompakte Probe aus kurzglasfaserverstärktem Polypropylen als auch die kompakten Deckschichten der geschäumten Probe erreichen bereits bei 3 bis 4 % Dehnung die Grenze ihrer Belastbarkeit. Bei der geschäumten Probe ist dabei der Kernbereich noch gering belastet, sodass sich bei 50 % Dichtereduktion eine effektive Abminderung der Zugbelastbarkeit um ca. 40 % ergibt.

Anhand der maximalen Spannungs- und Dehnungswerte sind Rückschlüsse auf die Belastungsverhältnisse kurz vor dem Zugbruch möglich. Für Aussagen zur Veränderung der Belastbarkeit in einer für den Leichtbau relevanten gewichtsbezogenen Darstellung, Bild 8.27 rechts, muss bei unverstärktem und gefülltem Polypropylen die Einflussnahme der Verschäumung auf die Streckgrenze betrachtet werden. Beim kurzglasfaserverstärkten Polypropylen kann die Veränderung hingegen anhand der Bruchspannungswerte beurteilt werden. Es ergibt sich bei allen drei Polypropylenwerkstoffen eine effektive Abminderung der Zugbelastbarkeit um ca. 30–40 %.

8.17 Druckverformungsverhalten

Bei tragenden Strukturen werden die Verbindungsbereiche häufig fest eingespannt. Die Druckverformungscharakteristik dieser Bereiche ist daher wichtig für die Leistungsfähigkeit des gesamten Erzeugnisses. Die Messung des Druckverformungsverhaltens von Integralschaumstrukturen in Dickenrichtung ist aus Sicht der Prüftechnik allerdings ausgesprochen kritisch.

Geprüft wurden kreisrunde Zuschnitte ($\varnothing$ = 20 mm) aus Integralschaumstrukturen mit verschiedenen Dicken und Dichtereduktionen. Im Bereich der Streckgrenze des Zugversuchs (ε_y ca. 3 bis 4 %) zeigen schon die kompakten Proben bei Druckbelastung erwartungsgemäß einen Übergang zum nichtlinear-viskoelastischen Fließen, Bild 8.28 links.

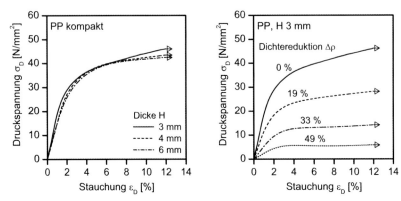

Bild 8.28: Druckverformungsverhalten von kompakten Polypropylenproben mit verschiedenen Dicken sowie von unverstärkten Polypropylen-Integralschaumstrukturen mit verschiedenen Dichtereduktionen

Der Verlauf der Druckverformungskurve skaliert mit zunehmender Dichtereduktion vornehmlich über der Spannung. Der Übergang zum nichtlinear-viskoelastischen Fließen liegt beinahe unabhängig von der Dichtereduktion bei ca. 2 bis 4 % Stauchung, Bild 8.28 rechts.

Wenn man die Überlegung voranstellt, dass die Überlastung gewiss im Schaumkern beginnt, wird die Beobachtung einsichtig. Die gesamte Druckkraft wird in Dickenrichtung durch die Probe geleitet. Während die Deckschichten noch gering belastet sind erfährt das wenige Material im geschäumten Kern bereits eine hohe Druckspannung und gerät dementsprechend schon bei geringer Druckkraft in den Bereich der Streckgrenze. Der viskose Verformungsanteil fällt in den Zellwänden des geschäumten Kernbereichs höher aus als in den kompakten Deckschichten. Der Kernbereich fängt an zu fließen und weicht zur Seite aus.

Die Druckbelastbarkeit ist bei gleicher Gesamtdichtereduktion umso geringer, je dünner die Probe ist, Bild 8.29. In einer 3 mm dicken Integralschaumstruktur mit 50 % Gesamtdichte-

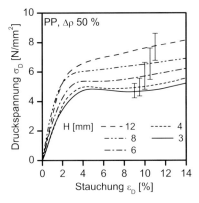

Bild 8.29: Druckverformungsverhalten von Polypropylen-Integralschaumstrukturen mit verschiedenen Enddicken *H*

reduktion liegt im Kernbereich eine wesentlich geringe lokale Schaumdichte vor als in einer 12 mm dicken Integralschaumstruktur mit 50 % Gesamtdichtereduktion.

Weil für das Druckverformungsverhalten die Steifigkeit und Belastbarkeit der geschäumten Kernschicht maßgeblich ist, findet man für die dicken Proben höhere Druck-E-Modulwerte sowie höhere Spannungswerte für die Druckbelastbarkeit.

8.18 Relevanz der Einflussgrößen

Das mechanische Verhalten von spritzgegossenen Integralschaumstrukturen wird im Wesentlichen von zwei Parametern dominiert, der Gesamtdichtereduktion $\Delta\rho$ und der Erzeugnisdicke H, Bild 8.30. Die Dichtereduktion wirkt sich dabei stärker aus als die Erzeugnisdicke. Allerdings darf die Einflussnahme der Dicke bei der Erzeugnisgestaltung keinesfalls unbeachtet bleiben.

Der Einfluss der Prozessführung steht gegenüber dem Einfluss der Dichtereduktion und der Erzeugnisdicke deutlich zurück. Ebenso ist der Einfluss des verwendeten Polypropylenwerkstoffs, zumindest in Bezug auf die Veränderung der Steifigkeitskennwerte nicht entscheidend, weil die Kennwerte der geschäumten Struktur entsprechend dem E-Modul des verwendeten Kompaktwerkstoffs skalieren.

Die beschriebenen Abhängigkeiten sind überdies auf andere teilkristalline Thermoplastwerkstoffe übertragbar, wie u. a. Untersuchungen mit unverstärktem und kurzglasfaserverstärktem Polybutylenterephthalat gezeigt haben [1].

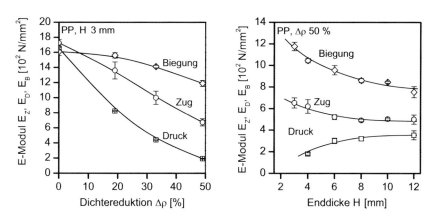

Bild 8.30: Verlauf der Steifigkeitskennwerte bei Biege-, Zug- und Druckbelastung in Abhängigkeit der Dichtereduktion und der Erzeugnisdicke

8.19 Mechanische Prüfung von Integralschaumstrukturen

Spritzgegossene Integralschäume sind Strukturen mit stark gradierten Eigenschaften, vgl. Bild 8.4. An solchen werkstofflich inhomogenen Systemen ist eine mechanische Prüfung zur Bestimmung von Werkstoffkennwerten streng genommen nicht möglich. Es werden lediglich Systemeigenschaften ermittelt, die Rückschlüsse auf die lokalen Belastungsverhältnisse zulassen. Die gemessenen Spannungswerte beim Zugversuch sind beispielsweise immer mittlere Spannungen.

Jede Form der mechanischen Belastung der Integralschaumstrukturen führt zu einem Spannungsprofil (Zug, Biegung) oder zu einem Dehnungsprofil (Druck), dessen Form wegen fehlender Informationen zur genauen Dichte- und E-Modulverteilung häufig nur abgeschätzt werden kann.

Dennoch ist eine mechanische Charakterisierung nötig, um verwertbare Kennwerte für die Bauteilgestaltung zu gewinnen. Als zweckmäßig hat sich eine Anlehnung an die DIN 53455 (Zugversuch) und an die DIN 53457 (Biegeversuch) erwiesen, die als Grundlage für die Prüfung von kompakten Prüfkörpern dienen, Bild 8.31.

Wenn in Anlehnung an die Prüfvorschriften für die kompakten Proben geprüft wird und die kompakten Referenzproben ebenfalls untersucht werden, dann ist eine gute Vergleichbarkeit sichergestellt, sodass die Veränderungen infolge der Verschäumung klar zu erkennen sind.

Besonderes Augenmerk muss auf die Präparation der geschäumten Proben gelegt werden. Direkt im Schaumspritzgießverfahren hergestellte Zug- und Biegeprobekörper liefern keine Kennwerte, die als verlässliche Grundlage für die Bauteilgestaltung dienen könnten. Es entstehen kompakte Deckflächen an den seitlichen Längskanten, die zu deutlich überhöhten Messwerten führen. Die Prüfkörper sollten daher aus größeren Platten herausgearbeitet werden.

Mit ausgefrästen Proben wurden sehr gut verwertbare Ergebnisse erzielt. Weniger aufwendige Präparationsmethoden, wie Sägen (Bandsäge) oder Wasserstrahlschneiden führten dagegen auf überhöhte Werte. Anzunehmen ist, dass durch die Bearbeitung die Stirnflächen geschlossen und verfestigt werden, sodass sich wiederum unrealistisch hohe Messwerte ergeben können. Mit sauber herausgearbeiteten Proben gelingen im Normalfall auch Messungen mit kleinen Schwankungen von Probe zu Probe.

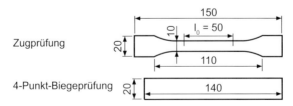

Bild 8.31: Prüfkörpergeometrien in Anlehnung an DIN 53455 und DIN 53457

8.20 Kennwertschwankungen

Die Standardabweichungen des Zug-E-Moduls, des Biege-E-Moduls und der Bruchspannung liegen bei kompakten Prüfkörpern aus unverstärktem Polypropylen in einem schmalen Bereich (ca. ±3 % bezogen auf den Mittelwert), Bild 8.32 oben.

Dagegen ist der Schwankungsbereich der Bruchdehnung bereits bei den kompakten Proben deutlich größer, Bild 8.32 oben rechts. Dieses Verhalten ist bei duktilen Thermoplastwerkstoffen häufig vorzufinden und bleibt auch beim geschäumten Polypropylen erhalten [9].

Die Grundcharakteristik in Bezug auf die Kennwertschwankungen ändert sich infolge der Verschäumung nicht. In dem Maße, wie sich die Mittelwerte der Kennwerte verringern, nehmen auch die Kennwertschwankungen selbst ab. In der normierten Darstellung bleiben die Variationskoeffizienten daher fast unverändert, Bild 8.32 unten.

Dies zeigt, dass das Schäumen im Spritzgießverfahren nicht grundsätzlich weitere Fehlstellen, Abweichungen oder Schwankungen einschleppt, sondern bei guter Prozessbeherrschung zu ebenso verlässlichen und wiederholgenauen Produkteigenschaften führt, wie sie vom konventionellen Spritzgießen bekannt sind [10].

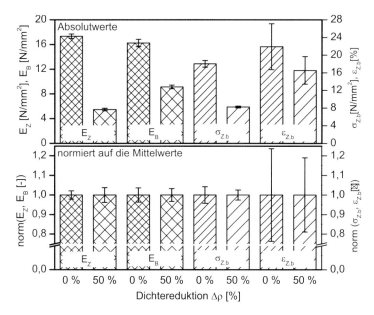

Bild 8.32: Standardabweichungen bei den mechanischen Kennwerten von kompakten und geschäumten Proben aus unverstärktem Polypropylen

Literatur zu Kapitel 8

[1] Müller, N.: Spritzgegossene Integralschaumstrukturen mit ausgeprägter Dichtereduktion. Dissertation, Universität Erlangen-Nürnberg (2006)

[2] Tebbing, G., Reger, M., Müller, N.: Leichtbaupotential von tragenden Kunststoffkomponenten aus Thermoplastischem Schaumspritzguss (TSG). Tagungsband zum 1. Landshuter Leichtbaukolloquium, 19.–20. Februar 2003, Leichtbau-Cluster, Fachhochschule Landshut, S. 55–62 (2003)

[3] Mörwald, K.: Schaumspritzgießen – Teil II. Plastverarbeiter 28(7), S. 354–356 (1977)

[4] Knauer, B., Wende, A.: Konstruktionstechnik und Leichtbau; Methodik – Werkstoff – Gestaltung – Bemessung. Akademie-Verlag, Berlin 1988

[5] Schönherr, O.: Kostengünstige Spritzgießteile durch physikalisches Schäumen. Kunststoffe, Carl Hanser Verlag, München 93(10), S. 22–27 (2003)

[6] Semerdjiev, S.: Introduction to Structural Foam. Society of Plastic Engineers, Inc., 34, 1982

[7] Rosato, D. V., Rosato, D. V.: Structural Foam Molding, in: Injection Molding Handbook. Chapman & Hall, New York, S. 1025–1035, 1995

[8] Alpern, V., Shutov, F.: Filled and Reinforced Foamed Plastics: Foaming, Processing, Properties and Applications. Part 1: General Principles and the Main Problems. Progress in Rubber and Plastics Technology 11(4), S. 268–283 (1995)

[9] Nimmer, R. P., Stokes, V. K., Ysseldyke, D. A.: Mechanical Properties of Rigid Thermoplastic Foams – Part II: Stiffness and Strength Data for Modified Polyphenylene Oxide Foams. Pol. Eng. a. Sci. 28(22), S. 1501–1508 (1988)

[10] Müller, N., Ehrenstein, G. W.: Constancy of Properties Resulting from Foam-injection Molding Techniques. SPE ANTEC Tech. Papers 51, S. 593–597 (2005)

9 Einfluss des Spritzgießwerkzeugs beim Thermoplast-Schaumspritzgießen

Schäumwerkzeuge werden bei der Konstruktion bisher in vielen Fällen nach den Kriterien des Standardspritzgießens ausgelegt. Diese Auslegungskriterien sind allerdings in den seltensten Fällen auf das Schaumspritzgießen übertragbar, wodurch oft nur mäßige Bauteilqualitäten hinsichtlich der Schaumstrukturen und der Oberflächenqualitäten erzielt werden. Soll jedoch das gesamte Potenzial des Schaumspritzgießens ausgeschöpft werden, sind neben der Materialauswahl und der Prozessführung (vgl. Bild 9.1) spezielle Richtlinien bei der Werkzeugauslegung einzuhalten und verschiedene Randbedingungen bei dem Einsatz von verschiedenen Verfahrens-/Werkzeugtechniken zu beachten.

Für eine Optimierung der Eigenschaften geschäumter Formteile ist deshalb neben Prozessuntersuchungen ein grundlegendes Verständnis der werkzeugtechnischen Einflüsse notwendig, welches in diesem Kapitel vorgestellt wird. Nachdem im ersten Teil vornehmlich grundsätzliche Fragestellungen zur Auslegung von Formteilen bzw. Schäumwerkzeugen beleuchtet werden, wird im zweiten Teil auf die Oberflächenproblematik sowie auf werkzeug- und verfahrenstechnische Möglichkeiten zur Verbesserung der Oberflächenqualität eingegangen. Bild 9.2 zeigt eine Auswahl verschiedener Werkzeugeinflüsse auf die Bauteileigenschaften geschäumter Thermoplaste im Überblick.

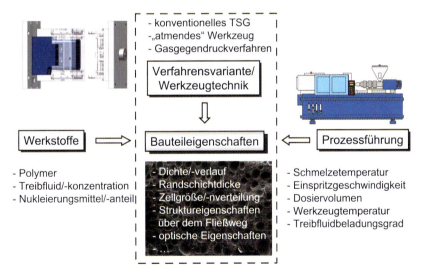

Bild 9.1: Einflussgrößen auf die Bauteileigenschaften thermoplastischer Schäume

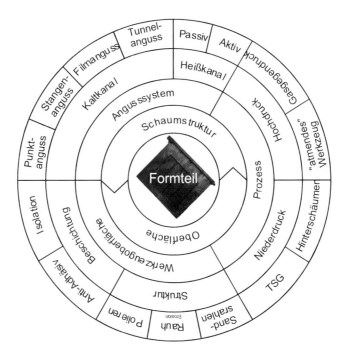

Bild 9.2: Einflüsse des Werkzeugs auf die Bauteileigenschaften thermoplastischer Schäume

9.1 Formteilgestaltung

Neben der rheologischen Auslegung des Werkzeugs ist auch die Formteilgestaltung beim Schaumspritzgießen von entscheidender Bedeutung. Da die Gefahr von Einfallstellen beim Schäumen gering ist, ist die klassische Forderung zur Vermeidung von Masseanhäufungen nicht unbedingt so zu stellen. Daher sind meist größere Wanddicken realisierbar. Im Folgenden werden verschiedene Aspekte hinsichtlich der geeigneten Formteilgestaltung für das Schaumspritzgießen beschrieben.

9.1.1 Wanddicken, Wanddickensprünge

Durch die gute und gleichmäßige innere Nachdruckwirkung beim Schaumspritzgießen durch das in der Polymerschmelze gelöste Gas kann der Schwindung (vor allem in Wanddickenrichtung) und damit Einfallstellen und Verzug effektiv entgegengewirkt werden. Aus diesem Grunde können Masseanhäufungen und insgesamt größere Wanddicken realisiert werden. Bei der Verwendung von größeren Wanddicken lassen sich zudem höhere Aufschäumgrade als bei geringen Wanddicken erzielen. Sind beispielsweise bei einer Fließlänge von 100 mm und Wanddicken von 2 mm Aufschäumgrade von maximal 10 % möglich, können bei Wanddicken von 3 mm bereits 20 % und bei 4 mm bereits 35 % an Gewicht und Material eingespart werden. Dies macht das Schaumspritzgießen besonders interessant, wenn von vornherein große Wanddicken gefordert sind, die mit anderen Verfahren nicht oder nur schwer herstellbar wären. Hierdurch wird zudem die Designfreiheit der Produkte erhöht, wodurch dem Konstrukteur ein größerer Spielraum hinsichtlich möglicher Wanddicken eröffnet wird. Ein weiterer Aspekt, der mit größeren Wanddicken verbunden ist, ist das verbesserte Verhältnis der mechanischen Eigenschaften bezogen auf das Gewicht. Betrachtet man den Schaum im Bauteil lediglich als Abstandhalter zwischen zwei kompakten Randschichten, so vergrößert sich das Flächenträgheitsmoment deutlich stärker (quadratisch mit dem Abstand zur neutralen Faser) als die Gewichtszunahme (bei höheren möglichen Aufschäumgraden). Hierdurch sind vor allem die gewichtsspezifischen mechanischen Biegeeigenschaften bei dickwandigeren Schaumteilen günstiger. Ein möglicher Nachteil von geschäumten dickwandigen Bauteilen sind geringere Oberflächenqualitäten beim konventionellen Niederdruckspritzgießen. Durch den während des Füllvorgangs größeren Druckverlust beim Eintritt der treibmittelbeladenen Schmelze in die Kavität bei dickwandigen Teilen ist die Nukleierung zwar besser, aber es treten auch meist deutlich mehr Silberschlieren und Schmelzeeruptionen an der Bauteiloberfläche auf. Eine Möglichkeit, dies zu reduzieren, besteht einerseits in der Wahl einer höheren Einspritzgeschwindigkeit, die in Abhängigkeit der Wanddicke nur begrenzt wirken kann. Andererseits besteht die Möglichkeit des Einsatzes von Verfahrens-/Werkzeugtechniken, die noch genauer behandelt werden.

Ein weiterer wirtschaftlicher Aspekt bei unterschiedlichen Wanddicken sind die möglichen Zykluszeitreduktionen, die sich infolge verschiedener realisierbarer Dichtereduktionen ergeben. Bild 9.3 zeigt beispielsweise die mittels Infrarotthermografie aufgenommenen Entformungstemperaturen bei verschiedenen Dichtereduktionen eines talkumgefüllten Polypropylens. Dadurch, dass die maximalen Dichtereduktionen wiederum mit den Wanddicken korrelieren, ist auch eine Einflussnahme auf die Zykluszeit über die Wanddicke möglich. Untersuchungen hierzu haben gezeigt, dass Zykluszeitreduktionen von bis zu 20 % bei Wanddicken von 3 mm möglich sind, wobei die erreichte Zykluszeitreduktion bei 6 mm dicken Bauteilen nur noch bei ca. 5 % bei maximaler Dichtereduktion liegt. Bedingt durch die höheren Aufschäumgrade verschlechtert sich zunehmend die Wärmeleitung durch den Schaum und überwiegt den Vorteil der Kühlzeitreduktion. Die mögliche Kühlzeitreduktion ist dabei im Wesentlichen auf die geringere Menge an wärmeführender Schmelze und einen intensiveren Wandkontakt beim Schaumspritzgießen zurückzuführen.

Bei geringeren Wanddicken können, wie bereits erwähnt, keine hohen Aufschäumgrade und damit Gewichts- und Materialeinsparungen erzielt werden. Bei geringeren Wanddicken dominiert der Vorteil der viskositätsreduzierenden Wirkung des Treibmittels, wodurch höhere Fließweg-/Wanddickenverhältnisse realisiert werden können [1, 2]. Neben der Reduktion der Zykluszeit spielt vor allem der Effekt einer geringen oder gleichmäßigeren Schwindung und damit eines geringen Verzugs eine Rolle. Hierdurch ist das Schaumspritzgießen vor allem für dünnwandige (Gehäuse-)Bauteile interessant.

Wanddickensprünge sind beim Schaumspritzgießen deutlich weniger problematisch als beim konventionellen Spritzgießen. Die intensive innere Nachdruckwirkung gleicht die verschie-

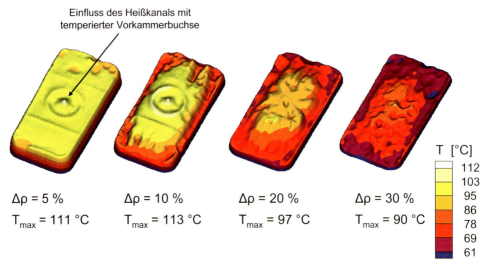

Bild 9.3: Entformungstemperaturen geschäumter plattenförmiger Bauteile aus PP-T20 bei unterschiedlichen Dichtereduktionen

denen Schwindungspotenziale der Wanddicken aus. Diese können umso besser ausgeglichen werden, je höher der innere Treibmitteldruck ist, z. B. durch die Verwendung von physikalischen im Vergleich zu chemischen Treibmitteln. Bei den Wanddickensprüngen ist jedoch ein möglichst sanfter Übergang vorzusehen. Erfolgt der Übergang abrupt, besteht bei einem hohen Druckverlust über dem Wanddickensprung die Gefahr, dass Schmelzepartikel durch den inneren Treibmitteldruck aus der Fließfront weggesprengt und von der nachfolgenden Schmelze wieder eingeholt werden. Hierdurch ergeben sich Kaltverschiebungen, die neben dem verstärkten Auftreten von Silberschlieren und unterschiedlich dicken Randschichten zu schlechten Oberflächenqualitäten führen.

Ein weiterer Aspekt, der sich bei abrupten Wanddickenübergängen von dünn nach dick ergibt, ist die schlechtere Abformung im Bereich der Ecke (Bild 9.4). Durch eine mögliche Freistrahlbildung besteht die Gefahr eines Lufteinschlusses in diesem Bereich, der unter Umständen bei den geringen Fülldrücken beim Schaumspritzgießen nicht mehr verdrängt werden kann. Die Entstehung von Füllproblemen kann durch den Einsatz des Gasgegendruckverfahrens noch weiter verstärkt werden. Besserung ermöglicht die Verfahrensvariante des „atmenden" Werkzeugs, bei der Füllprobleme durch höhere Drücke während der kurzen Nachdruckphase ausgeglichen werden können. Generell gilt jedoch, Wanddickensprünge und Ecken im Formteil mit möglichst großen Radien zu versehen und scharfe Ecken zu vermeiden.

Bei Anordnung verschiedener Wanddicken im Formteil sollte darauf geachtet werden, dass die dünneren Wanddicken möglichst am Fließweganfang positioniert werden. Befinden sich die dünneren Formteildicken am Fließwegende, wird ein höherer Druck für das freie Aufschäumen der Polymerschmelze nach dem maschinenseitigen Einspritzvorgang benötigt. Oft übersteigen die benötigten Drücke bei geringen Wanddicken die realen Expansionsdrücke, die durch das Treibmittel aufgebracht werden können, und Füllprobleme sind die Folge.

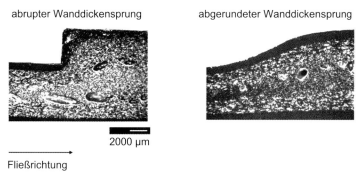

Bild 9.4: Schaumstrukturen bei unterschiedlichen Querschnittsprüngen (PBT-GF30, 30 % Gewichtsreduktion)

Um unausgefüllte Bereiche zu vermeiden, müssen folglich höhere Dosiervolumina gewählt werden mit dem nachteiligen Effekt, dass die Aufschäumgrade sinken und die Dichteinhomogenitäten über dem Bauteil steigen. Auf diese Weise kann das Potenzial des Schaumspritzgießens nicht vollständig genutzt werden. Abhilfe schafft die Verlagerung der dünnen Wanddicken in angussnahe Bereiche.

9.1.2 Rippen, Dome, Schnapphaken

Die Gestaltung von Rippen kann beim Schaumspritzgießen in erster Linie nach mechanischen Gesichtspunkten erfolgen, da – wie bereits erwähnt – höhere Wanddicken realisierbar sind. Die Verwendung von größeren Wanddicken ist sogar zu bevorzugen, um Füllprobleme in dünnwandigen Bereichen beim Schäumen zu vermeiden. Füllprobleme entstehen dadurch, dass die Rippen oft ein Fließwegende darstellen, in dem ein freies Aufschäumen durch das Treibmittel zur vollständigen Ausformung der Rippen notwendig wird. Wird die Rippe nicht vollständig ausgeformt, stellt das Bauteil ein Fehlteil dar, zumal das Flächenträgheitsmoment beim Fehlen des Kopfbereichs am stärksten beeinträchtigt wird (Steiner-Anteil). Erhöht man den Druck z. B. durch Erhöhung des Dosiervolumens, um eine vollständige Ausfüllung zu erreichen, wird das Bauteilgewicht erhöht, und das Potenzial des Schaumspritzgießens kann nicht vollständig genutzt werden. Eine Verbesserung des Füllverhaltens kann durch eine gezielte Entlüftung im Rippenbereich (z. B. durch Trennfugen oder Auswerferstifte) erzielt werden, wodurch die zu verdrängende Luft leichter entweichen kann.

Eine dem Schaumspritzgießen gerechte Rippenauslegung ist in Bild 9.5 dargestellt. Es wird empfohlen, die Wanddicke der Rippe ähnlich der der Grundfläche auszuführen. Hierdurch wird ein weitestgehend gleiches Aufschäumen in beiden Bereichen erzielt. Die Radien im Rippenfuß sind ebenfalls größer zu gestalten. Sind Radien von ca. 0,3 bis 0,5 mm bei den konventionellen Rippen für das Kompaktspritzgießen vorgesehen, so sind bei der geschäumten Ausführung Radien in der Größenordnung der Wanddicken zu verwenden. Die Gestaltung großzügigerer Übergänge verhindert „Schmelzeeruptionen" durch zu hohe Druckgradienten (durch abrupte Wanddickensprünge) und ermöglicht ein gleichmäßigeres Aufschäumen im

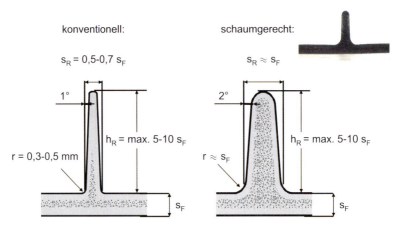

Bild 9.5: Auslegung von Rippen beim Schaumspritzgießen

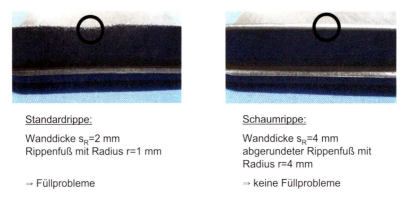

Bild 9.6: Füllverhalten unterschiedlich ausgelegter Rippen beim Schaumspritzgießen (PBT-GF30)

Rippenfuß bei gleichen Randschichtdicken und bei geringerer Kerbwirkung. Die Gefahr von Füllproblemen (vgl. Bild 9.6) und Einfallstellen ist durch die intensive innere Nachdruckwirkung des Treibgases deutlich reduziert. Bei der Anordnung der Rippen sollte darauf geachtet werden, dass diese möglichst in Fließrichtung orientiert sind. Hierdurch kann die Entlüftung der Rippenstege deutlich verbessert werden und eine vollständige Ausfüllung der Rippe leichter erzielt werden. Aufgrund dessen sind geringere Drücke für das Füllen notwendig und insgesamt eine höhere Gewichtsreduktion über dem gesamten Bauteil möglich.

Gleiches gilt für die Gestaltung angeflanschter bzw. integrierter Montageelemente wie Einschraubdome und Schnapphaken. Auch deren Auslegung kann in erster Linie nach mechanischen Gesichtspunkten erfolgen, wobei auf größere Wanddicken zurückgegriffen werden kann. Besonders bei den Schnapphaken ist darauf zu achten, dass die Bereiche an der Spitze der Schnapphaken gut entlüftet werden, was beispielsweise durch Auswerfer in diesem Bereich erzielt werden kann. Dies ist notwendig, um eine vollständige Ausformung der Schnapphaken zu gewährleisten. Damit die Schnapphaken bei entsprechender mechanischer Belastung noch ausreichend verformt bzw. ausgelenkt werden können, ist eine möglichst kompakte Füllung notwendig. Da durch das Verschäumen von Werkstoffen eine Versprödung des Werkstoffverhaltens bei geringerer Festigkeit und geringerer Bruchdehnung erzielt wird, ist ein Aufschäumen im Bereich der Schnapphaken möglichst zu vermeiden. Dies kann dadurch erreicht werden, indem die Schnapphaken in Angussnähe positioniert werden, wo höhere Drücke in der Kavität wirken. In Verbindung mit der Wahl von geringeren Wanddicken kann ein Aufschäumen im Bereich der Schnapphaken noch weiter reduziert oder sogar vollständig vermieden werden.

9.1.3 Fließhindernisse

Fließhindernisse können in unterschiedlichsten Ausprägungen in Formteilen z. B. auch als Durchbrüche vorliegen. Diese wiederum können unterschiedliche Geometrien aufweisen und müssen beim Schaumspritzgießen besonders berücksichtigt werden. Da in Fließrichtung hinter den Hindernissen je nach Geometrie hohe Druckentlastungen erzeugt werden, kann die mit Treibfluid beladene Schmelze entspannen, wodurch Schmelzeeruptionen hervorgerufen werden können. Diese Schmelzeeruptionen führen wiederum zu schlechten Oberflächenqualitäten und zu geringen mechanischen Eigenschaften der Bauteile. Daher sollten die Durchbrüche möglichst strömungsgünstig ausgelegt sein, um bei geringeren Druckgradienten, Schmelzeexplosionen und die Bildung von verhältnismäßig großen Schaumzellen zu vermeiden.

Ein besonderes Problem stellt der Einsatz von Durchbrüchen im hinteren Bereich des Fließwegs dar (vgl. Bild 9.7). Wird ein Zusammenfließen der Schmelze nur durch den Expansionsdruck des in der Schmelze gelösten Treibfluids bewirkt, sind die verschweißenden Kräfte an der Bindenaht relativ gering. Zum einen sind die Temperaturen an den jeweiligen Fließfronten

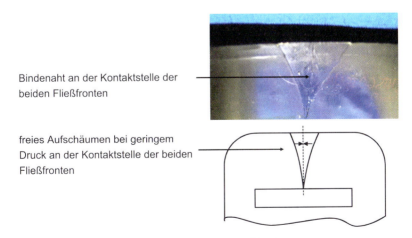

Bild 9.7: Füllverhalten beim Schaumspritzgießen hinter Fließhindernissen

während des langsamen freien Aufschäumens geringer (durch die Expansion des Gases), zum anderen sind die Drücke, die durch den inneren Gasdruck (bis max. 100 bar) auftreten, deutlich niedriger als beim Kompaktspritzgießen.

Bedingt dadurch werden beim Schaumspritzgießen deutlich niedrigere Bindenahtfestigkeiten erzielt, als dies im Kompaktspritzgießen möglich ist. Eine Möglichkeit, die Bindenahtfestigkeit zu erhöhen, ist die Einstellung eines höheren Dosiervolumens. Durch dessen Erhöhung wird weniger Gas für den Aufschäumvorgang verwendet und darüber abgebaut, wodurch mehr Druck für den Verschweißvorgang der Fließfronten zur Verfügung steht. Eine weitere Möglichkeit zur Erhöhung der Bindenahtfestigkeit ist die Positionierung der Durchbrüche in angussnahen Bereichen. Durch höhere Drücke während des maschinenseitigen Einspritzvorgangs werden die Bindenähte intensiver verschweißt. Die Erzielung höherer Drücke in Verbindung mit einer geringeren Neigung zu Schmelzeexplosionen kann vor allem auch durch hohe Einspritzdrücke realisiert werden. Werden keine Ansprüche an die geometrischen Verhältnisse um den Bereich des Fließwiderstands gestellt, so ist ebenfalls mit dem Einsatz der Verfahrensvariante atmendes Werkzeug eine effektive Möglichkeit zur Erhöhung der Bindenahtfestigkeit gegeben. Durch die nahezu kompakte Füllung der teilgeöffneten Kavität können die Bereiche hinter Durchbrüchen unter hohem Druck verschweißt werden. Der nachträgliche werkzeugseitige Expansionsvorgang ermöglicht das Aufschäumen des Bauteils, bewirkt jedoch je nach Geometrie des Durchbruchs gegebenenfalls eine Einschnürung in diesem Bereich.

9.2 Angusssystem

Unter werkzeugtechnischen Gesichtspunkten spielen das verwendete Angusssystem und der Anschnitt beim Niederdruckverfahren eine große Rolle hinsichtlich der erzeugten Schaumstruktur. Da über den Druckabfall vom Anguss zur Formteilkavität die Nukleierung maßgeblich beeinflusst wird [3], ist hierdurch eine direkte Einflussnahme auf die Schaumstruktur gegeben. Das Angusssystem gliedert sich in den Angusskanal und den Anschnitt, die jeweils für das Schaumspritzgießen ausgelegt werden sollten. Neben deren Auslegung und der Wahl geeigneter Anspritzpunkte spielt auch die Balancierung des Angusssystems eine entscheidende Rolle beim Schaumspritzgießen. Die Auslegung der einzelnen Komponenten beim Schaumspritzgießen soll nachfolgend beschrieben werden.

9.2.1 Balancierung des Angusssystems

Sollen beim Schaumspritzgießen mehrere Kavitäten in einem Werkzeug verwendet werden, ist eine genau abgestimmte Balancierung des Angusssystems notwendig. Dessen Auslegung ist beim Schaumspritzgießen deutlich schwieriger als beim Kompaktspritzgießen, da die Viskositäten der Schmelze durch die Beladung mit Treibmittel deutlich niedriger sind und die Kavitäten während des maschinenseitigen Einspritzvorgangs nur teilgefüllt werden. Geringste

Unterschiede bei den erzielten Fließweglängen resultieren in unterschiedlichen Aufschäumgraden und damit auch Formteilgewichten. Während eine Angleichung der Füllmengen in den verschiedenen Kavitäten durch die Nachdruckphase beim Kompaktspritzgießen erreicht wird, so entfällt diese Möglichkeit beim Schaumspritzgießen. Eine Balancierung des Angusssystems ist dabei umso schwieriger, je höher die angestrebten Gewichtsreduktionen sind. Aufgrund dieser Schwierigkeiten ist die Verwendung von Einkavitätenwerkzeugen vorzuziehen.

Müssen jedoch mehrere Kavitäten in einem Werkzeug untergebracht werden, empfiehlt sich die Verwendung von einem natürlich balancierten Angusssystem, in dem auf symmetrische Angüsse zurückgegriffen wird (Bild 9.8 a). Beim Kompaktspritzgießen werden u. a. Reihenverteilungen verwendet [4], bei denen die Angusskanäle und die Anschnitte so ausgelegt werden, dass die Formteile gleichzeitig gefüllt werden (vgl. Bild 9.8 b). Beim Schaumspritzgießen ist jedoch ein gleichzeitiges Erreichen der maschinenseitigen Teilfüllung durch die verringerten Viskositäten und die geringen Drücke nur schwer zu realisieren, wodurch eine Auslegung sehr zeit- und kostenintensiv werden kann. Kann dennoch ein gleichzeitiges Füllen gewährleistet werden, sind die Geschwindigkeiten und Drücke über dem Fließweg bei den angussfernen Kavitäten aufgrund der längeren Fließwege höher. Dies wiederum beeinflusst die Nukleierung und damit auch die Zellstrukturverteilung im Bauteil. In diesem Zusammenhang wird bei den angussfernen Kavitäten eine feinzelligere Schaumstruktur erwartet als bei den angussnahen. Um diese Probleme zu vermeiden, bietet sich die Wahl eines natürlich balancierten Angusssystems wie z. B. eines Sternverteilers an. Eine weitere Möglichkeit zur Umgehung dieser Problematik ist die Verwendung eines Heißkanalsystems mit Verschlussdüsen, bei dem ein gleichmäßiges Füllen deutlich leichter erzielt wird. Die besonderen Rahmenbedingungen beim Schaumspritzgießen in Verbindung mit Heißkanälen werden in Abschnitt 9.2.3 beschrieben.

a) Sternverteilung

b) Reihenverteilung

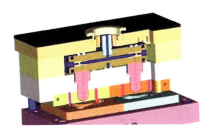

c) Heißkanalverteiler mit aktiven Nadelverschlussdüsen
[Bild: Weishaupt GmbH]

Bild 9.8: Balancierung des Angusssystems beim Schaumspritzgießen
    a)   Sternverteilung,
    b)   Reihenverteilung,
    c)   Heißkanalverteiler mit aktiven Nadelverschlussdüsen
[Bild: Weishaupt GmbH]

Hinsichtlich des Fließquerschnittes des Angusskanals können und sollten beim Schaumspritzgießen geringere Querschnitte verwendet werden. Während beim Kompaktspritzgießen die Fließkanäle nach der Wanddicke des Formteils zum Aufbringen einer ausreichenden Nachdruckdauer dimensioniert werden [4], ist dies beim Schaumspritzgießen durch den Wegfall der maschinenseitigen Nachdruckphase nicht notwendig. Die Verwendung von geringeren Fließquerschnitten wird zudem durch die niedrigeren Viskositäten der mit Treibfluid beladenen Schmelze unterstützt. Hierdurch kann einerseits die Abfallmenge des Angusses reduziert werden, und andererseits ein größerer Druckabfall der treibmittelbeladenen Schmelze bei Eintritt in die Kavität, wodurch eine höhere Nukleierungsrate erzielt wird.

9.2.2 Angussbuchse

Wird die Kaltkanaltechnik beim Schaumspritzgießen verwendet, ist der Einsatz einer Angussbuchse notwendig. Diese verbindet in vielen Fällen als Normteil das Plastifizieraggregat entweder direkt mit dem Bauteil oder mit einem nachfolgenden Angusskanal [4] und ist im Inneren zur Entformung kegelförmig ausgeführt. Aufgrund des meist kleiner dimensionierten Fließquerschnitts beim Angusssystem sollte auch die Angussbuchse entsprechend kleiner dimensioniert werden (Bild 9.9). Dabei ist die Verringerung im Durchmesser mit einer Reduktion in Längsrichtung verbunden, um den notwendigen Entformungswinkel sicherzustellen. Dieser ist aufgrund der geringeren Schwindung und der raueren Oberflächen beim Schaumspritzgießen größer auszulegen, um ein sicheres Entformen des Angusskegels zu gewährleisten.

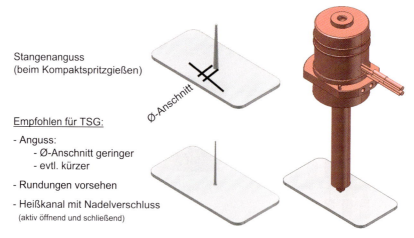

Bild 9.9: Auslegung des Angusses beim Schaumspritzgießen

9.2.3 Anschnittarten

Der Anschnitt spielt beim Niederdruckverfahren eine große Rolle hinsichtlich der erzeugten Schaumstruktur. Bei den Anschnitten muss grundsätzlich unterschieden werden, ob Kalt- oder Heißkanalsysteme verwendet werden.

Kaltkanalsysteme, wie beispielsweise der Filmanguss, der Tunnelanguss oder auch der Punktanguss, werden bevorzugt beim Schaumspritzgießen eingesetzt (Bild 9.10) [5]. Der Vorteil dieser Angussvarianten ist die Möglichkeit, während des Einspritzvorgangs einen deutlich erhöhten und schnelleren Druckabfall zu realisieren. Hierdurch kann die Zellnukleierung und damit die resultierende Schaumstruktur direkt in Richtung feinzelliger und homogenerer Zellen beeinflusst werden.

Kaltkanalsysteme für das Kompaktspritzgießen (z. B. Stangenanguss) sind für das Schaumspritzgießen in der Regel überdimensioniert. Bei der Auslegung wird die im Standardspritzgießen notwendige maschinenseitige Nachdruckphase berücksichtigt. Diese ist beim Schaumspritzgießen im Allgemeinen überflüssig. Somit ist eine an das Schaumspritzgießen angepasste Auslegung möglich und notwendig. Hierbei spielt nicht nur der Einfluss auf die resultierenden Formteileigenschaften eine Rolle. Ist das Angusssystem für das Schäumen überdimensioniert, kann aufgrund eines hohen Wärmeinhalts die Zykluszeit verlängert oder ein Aufblähen des Angussbereichs nach der Entformung des Bauteils hervorgerufen werden. Weiterhin kann dieses Aufblähen einen Einfluss auf das Entformungsverhalten und damit auf die Reproduzierbarkeit und Prozessstabilität haben.

Der Einsatz von Heißkanälen im Schaumspritzgießen wurde bereits 1983 von Holzschuh untersucht [6]. Obwohl verschließbare Heißkanäle inzwischen für viele Anwendungen zum Standard geworden sind, ist diese Technologie nicht in jedem Fall anwendbar. Einerseits ist ein hoher Aufwand im Sinne von Investitionskosten und Wartung zu tätigen, andererseits erhöht sich die Verweilzeit der Polymere im Angusssystem. Im weitesten Sinne kann ein Heißkanalsystem als verlängerte Maschinendüse betrachtet werden, wodurch die Schaumbildung erst im Formteil selbst beginnt. Bei der Wahl von Heißkanälen sind grundsätzlich Ausführungen mit Verschlussdüse zu verwenden, um ein vorzeitiges Aufschäumen zu vermeiden. Es sind vor allem Nadelverschlussdüsen zu bevorzugen, die möglichst geringe, druckunkontrollierte Gebiete nach dem Verschlusssystem aufweisen. Werden offene Düsen verwendet, schäumt die im Heißkanal vorliegende Schmelze während des Entformens unkontrolliert auf und füllt unreproduzierbar die Kavität.

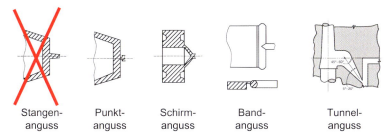

Bild 9.10: Geeignete Anguss-/Anschnittarten beim Schaumspritzgießen

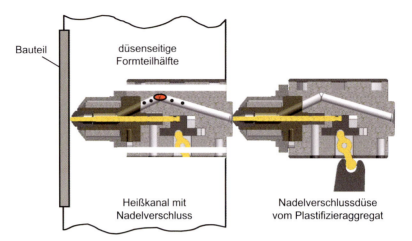

Bild 9.11: Einsatz mehrerer hintereinander geschalteter Nadelverschlussdüsen beim Schaumspritzgießen

Bei der Verwendung eines Heißkanals im Werkzeug sind in den meisten Fällen bereits mindestens zwei Verschlussdüsen in Reihe geschaltet (Bild 9.11). Eine Verschlussdüse wird am Plastifizieraggregat verwendet, die andere(n) befindet/n sich im Werkzeug. Bei dieser Anordnung ist die Schließreihenfolge der Düsen von besonderer Bedeutung. Da nach der maschinenseitigen Einspritzphase normalerweise beide Düsen geschlossen werden, wird im Bereich des Heißkanals mit Treibfluid beladene Schmelze unter Druck eingeschlossen. Schließt die Nadel zur Kavität jedoch später, baut sich der Druck im Heißkanal ab und die Bildung von größeren Gasblasen wird ermöglicht, die im folgenden Einspritzvorgang in das Werkzeug eingebracht werden. Je nach Volumen im Heißkanal können die Gasblasen so groß werden, dass während des Einspritzvorgangs Schmelzeeruptionen auftreten. Hierdurch werden die Schaumstruktur und die Oberflächen der Bauteile deutlich negativ beeinflusst. Um das Auftreten solcher Schmelzeeruptionen zu vermeiden, ist es notwendig, den Druck im Heißkanal über dem Sättigungsdruck des Treibmittels zu halten. Dies kann durch ein gleichzeitiges Schließen beider Nadelverschlussdüsen oder das geringfügig spätere Schließen der plastifizierseitigen Nadelverschlussdüse erreicht werden.

Sollen mehrere Kavitäten in einem Werkzeug verwendet werden, ist der Einsatz von Heißkanälen aus obengenannten Gründen zu empfehlen. Hierdurch wird sichergestellt, dass der Aufschäumvorgang erst in den jeweiligen Kavitäten beginnt. Für reproduzierbare und gleiche Gewichte unter den verschiedenen Kavitäten sind grundsätzlich aktiv öffnende und aktiv schließende Heißkanäle zu verwenden. Werden lediglich passiv öffnende Heißkanäle verwendet, werden durch geringe Druckunterschiede zum Öffnen der Nadeln unterschiedliche Massen in die Kavitäten eingebracht, die wiederum zu unterschiedlichen Schaumstrukturen und damit auch unterschiedlichen Bauteileigenschaften führen.

Ein weiterer zu beachtender Aspekt bei Heißkanälen ist die Führung der Verschlussnadel. Je nach Ausführung wird die Nadel über mehrere Stifte geführt, damit diese sicher den Anschnittbereich verschließt. Je nach Geometrie der Führungsstifte erfährt die Schmelze beim

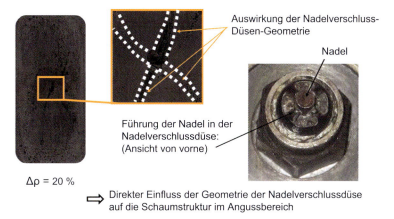

Bild 9.12: Einfluss der Nadelverschlussdüse auf die Schaumstrukturen

Vorbeiströmen einen Druckabfall, der bereits zu einer Übersättigung der Polymerschmelze führen kann. Dieser Effekt macht sich beispielsweise in Form von größeren Zellen bemerkbar, die in Fließrichtung hinter den Stiften liegen (Bild 9.12). Ziel bei der Auslegung von Heißkanälen müssen möglichst wenige Fließhindernisse sein, die – falls benötigt – mit möglichst großer Entfernung vom Verschluss liegen.

Der größte Vorteil eines Heißkanalsystems ist der geringere Aufwand bei der Angussbalancierung und die Vermeidung von Ausschuss in Form von nicht benötigten Angusssystemen.

9.2.4 Lage der Anspritzpunkte

Die Lage der Anspritzpunkte hat einen wesentlichen Einfluss auf die erreichbare Schaumqualität. Im Allgemeinen sollte die Lage der Anspritzpunkte so gewählt werden, dass die Fließwege über dem Bauteil so kurz wie möglich gehalten werden. Hierdurch können die Druckverluste reduziert und höhere und gleichmäßigere Aufschäumgrade im Bauteil realisiert werden. Je höher das Druckniveau und je höher der Druckgradient über dem Fließweg während des Füllvorgangs, desto größer sind die Dichteunterschiede im Bauteil. Ist am Ende des Fließweges ein freies Aufschäumen der Schmelze unter geringem Gegendruck möglich, so werden vergleichsweise hohe Gewichtsreduktionen in diesem Bereich erzielt. In den Bereichen, in denen die Schmelze stark kompaktiert wurde (nahe am Anguss), muss für den Aufschäumvorgang eine in Abhängigkeit zur Fließweglänge viel größere Schmelzemenge verdrängt werden. Hierdurch wird dem inneren Gasdruck ein deutlich größerer Widerstand entgegengesetzt, wodurch die Zellanteile meist kleiner und die Aufschäumgrade geringer werden. Um dem Ziel von insgesamt möglichst gleichen, kurzen Fließwegen gerecht zu werden, sollten die Fließwege in der Kavität möglichst gleich lang sein. Hierdurch können die Druckdifferenzen über dem Bauteil so gering wie möglich gehalten und damit eine homogene Dichteverteilung erzielt werden. Bild 9.13 zeigt die auftretenden Drücke bei verschiedenen Lagen der Anspritzpunkte am Beispiel von Füllsimulationen, die stark mit den Dichteverteilungen im Bauteil korrelieren.

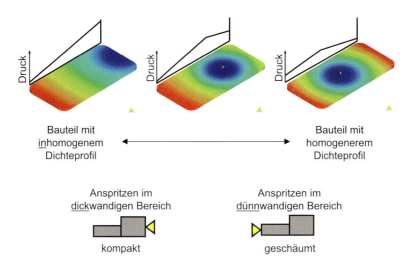

Bild 9.13: Einfluss der Lage der Anspritzpunkte auf die Druckverteilung in der Kavität

Ein weiterer Aspekt für die Wahl des Anspritzpunktes ist die Wanddickenverteilung des Bauteils. Im Gegensatz zum Kompaktspritzgießen, bei dem die Anschnitte in dickwandigen Bauteilbereichen liegen sollten, um eine möglichst hohe Nachdruckwirkung zu gewährleisten, sollten die Anschnitte beim Schaumspritzgießen, wenn vorhanden, in den dünnwandigeren Bauteilbereichen liegen. Da die dünnwandigen Bereiche einen höheren Druck zum Ausformen der Kavität benötigen, ist es oft schwierig, diese lediglich mit dem Schäumdruck des Treibmittels (Drücke bis ca. 40 bar) zu füllen. Würde statt dessen mehr Schmelze mit höherem Druck eingebracht, um das Bauteil vollständig auszufüllen, wäre eine niedrigere Gewichtsreduktion die Folge und das Potenzial des Schaumspritzgießens könnte nicht ausgeschöpft werden. Die dünnwandigen Bereiche sollten daher möglichst durch den Einspritzdruck der Spritzgießmaschine überwunden werden, während das freie Aufschäumen durch das Treibmittel in den dickeren Bereichen erreicht wird. Da beim Schaumspritzgießen keine maschinenseitige Nachdruckphase benötigt wird, ist ein vorzeitiges Einfrieren des Angusses im dünnwandigen Bauteilbereich unkritisch.

9.3 Temperierung beim Schaumspritzgießen

Beim Schaumspritzgießen wirken Inhomogenitäten der Werkzeugoberflächentemperatur wesentlich stärker auf die Bauteileigenschaften als beim Kompaktspritzgießen. Da der Aufschäumvorgang stark durch die Wirkung von Druck und Temperatur bestimmt wird [3], ist bei Variation einer der Parameter, beispielsweise der Temperatur, mit einer Auswirkung auf die Schaumstruktur zu rechnen. Die Temperatur der Schmelze wird während des Abkühlvorgangs stark von der Temperatur der Werkzeugoberfläche bestimmt, die sich durch die entsprechend ausgelegte Werkzeugtemperierung ergibt. Daraus ergibt sich die Möglichkeit, einen gezielten Einfluss auf die Schaumstruktur des Bauteils zu nehmen. Werden beispielsweise hohe Werkzeugtemperaturen verwendet, ist der Temperaturgradient über der Randschicht des entstehenden Formteils geringer und dem Zellwachstum steht mehr Zeit zur Verfügung, in Richtung der nahezu kompakten Randschichten zu wachsen. Hieraus resultieren dünnere Randschichtdicken in Verbindung mit höheren Gewichtsreduktionen des Bauteils. Der Effekt der Beeinflussung der Randschichtdicke der geschäumten Bauteile durch die Werkzeugtemperatur kann sich aber auch negativ bemerkbar machen. Wenn die Temperatur des Werkzeugs durch eine unzulängliche Temperierung über der Kavität stark inhomogen ist, wirkt sich dies unmittelbar auf die Schaumstruktur bzw. die Wanddicke aus. Erreichen die Randschichten beispielsweise durch Hot-Spots im Werkzeug nicht die vorgegebene Dicke, kann dies zu deutlichen Einbußen der mechanischen Eigenschaften des Bauteils führen. Da oft gleiche Struktureigenschaften über dem gesamten Bauteil gefordert werden, ist die Einstellung einer homogenen Temperaturverteilung im Werkzeug notwendig. Hilfsmittel zur Realisierung einer homogenen Werkzeugtemperierung ist die thermische Auslegung solcher Werkzeuge, die mit Simulationsprogrammen unterstützt werden kann. Hiermit ist es möglich, bereits im Vorfeld diejenigen Stellen zu detektieren, die zu Hot-Spots führen, wodurch die Zykluszeit unnötig verlängert und die Schaumstruktur negativ beeinflusst wird.

Im Rahmen der thermischen Auslegung der Werkzeuge bieten sich unterschiedliche Temperiermöglichkeiten an, um geeignete gleichmäßige Oberflächentemperaturen zu realisieren. Neben den konventionellen Verfahren unter Verwendung von Kühlbohrungen können beispielsweise Werkstoffe mit hohen Wärmeleitfähigkeiten (Kupfer/Beryllium) oder konturnahe Temperierungen verwendet werden (vgl. Bild 9.14).

Insgesamt kann die Werkzeugtemperatur gegenüber dem Kompaktspritzgießen aufgrund der geringeren Viskosität der mit Treibmittel beladenen Schmelze reduziert werden, wodurch kürzere Zykluszeiten erreicht werden können. Hierdurch verringert sich jedoch die Oberflächenqualität der hergestellten Schaumteile, die durch die geringeren Fülldrücke ohnehin meist sehr gering ist. Sind die Oberflächenqualitäten nicht relevant, kann bei gleichem Fließweg-/Wanddickenverhältnis – wie beim Kompaktspritzgießen – die Werkzeugtemperatur abgesenkt werden.

Bestehen jedoch höhere Anforderungen an die Oberflächenqualität der geschäumten Bauteile, gibt es zwei Ansatzpunkte, um diesem Ziel gerecht zu werden. Neben der Erhöhung der Füll-

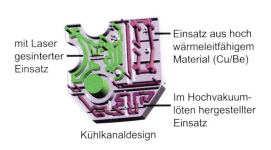

Bild 9.14: Thermische Auslegung von Schäumwerkzeugen

drücke (beispielsweise durch die Verwendung der Verfahrensvariante atmendes Werkzeug) besteht die Möglichkeit, die Oberflächenqualität durch Einstellung einer höheren Oberflächentemperatur während des Füllvorgangs zu verbessern. Dies ist einerseits möglich durch den Einsatz von Beschichtungen in der Kavität und andererseits durch die Verwendung einer zusätzlichen Werkzeugheizung, zur Realisierung des Variotherm-Verfahrens.

9.4 Entlüftung

Eine wirkungsvolle Entlüftung des Werkzeugs ist beim Schaumspritzgießen noch viel wichtiger als beim Kompaktspritzgießen. Bei einer unzureichenden Entlüftung des Werkzeugs verhindert das komprimierte Gas ein vollständiges Aufschäumen des Bauteils, wodurch die Kavität nicht vollständig ausgeformt werden kann (Bild 9.15). Ebenso kann die Schmelze durch den Dieseleffekt lokal so stark erwärmt werden, dass sie degradiert. Ein Ausdiffundieren des Gases aus der Schmelze während der Füllung verstärkt diese Problematik.

Zur Verbesserung der Entlüftung können die Entlüftungsöffnungen durch den geringen Druck beim Thermoplast-Schaumspritzgießen (teilweise nur ein Zehntel der beim Kompaktspritzgießen auftretenden Drücke) ca. 50 % größer dimensioniert werden als beim Kompaktspritzgießen [7]. Die Entlüftung kann u. a. durch die Trennebene, Schliffe in der Dichtfläche, zusätzliche Trennfugen, Ringkanäle entlang der Kavität oder Entlüftungsstifte erfolgen. Die Verwendung von Entlüftungsstiften auf Basis von Sintermetallen wird jedoch auf Dauer als nicht besonders wirkungsvoll gesehen, da das Polymer die Entlüftungsstifte mit der Zeit gegebenenfalls zusetzen kann. Um diesem Effekt entgegenzuwirken, können die Stifte nach einer gewissen Zeit mit Druckluft von der Rückseite gespült werden.

Bild 9.15: Füllprobleme beim Schaumspritzgießen durch unzureichende Entlüftung

9.5 Werkzeugmaterialien beim Schaumspritzgießen

Durch die geringen Werkzeuginnendrücke beim Thermoplast-Schaumspritzgießen kann die Schließkraft an der Spritzgießmaschine reduziert werden. Die daraus hervorgehende niedrigere Belastung des Werkzeugs ermöglicht die Verwendung von Aluminium als Werkzeugmaterial [7], wenn einfache Geometrien bei geringen Stückzahlen hergestellt werden sollen. Atmende Werkzeuge erfordern aufgrund der höheren auftretenden Drücke jedoch weiterhin Stahl als Werkzeugmaterial. Aufgrund der geringen Härte scheidet Aluminium als Werkzeugmaterial aus, wenn bewegliche Kerne bzw. Schieber benötigt werden oder ein gefülltes Polymer verarbeitet werden soll. Hinsichtlich der höheren Wärmeleitfähigkeit von Aluminium (237 W/mK) [8] kann die Zykluszeit gegenüber einem Stahlwerkzeug (15 bis 55 W/mK) bei gleicher Temperatur des Temperiermediums verringert werden. Trotz des höheren Materialpreises sind Aluminiumwerkzeuge aufgrund der leichten Zerspanbarkeit des Materials meist preiswerter zu fertigen als Stahlwerkzeuge.

9.6 Werkzeug-/verfahrenstechnische Möglichkeiten zur Verbesserung der Oberflächenqualitäten geschäumter Bauteile

Vor allem die Problematik der schlechten Oberfläche hat in der Vergangenheit neben der Optimierung der Prozessparameter zu vielen Entwicklungen im Bereich der Werkzeug- und Verfahrenstechnik geführt. Beim konventionellen TSG wird die Kavität mit dem Schmelze-/Treibfluid-Gemisch entsprechend der zu erzielenden Gewichtsreduktion während der maschinenseitigen Einspritzphase nur teilgefüllt. Durch das Aufschäumen des Polymers wird anschließend die vollständige Ausformung der Kavität erreicht, wodurch im Wesentlichen die Drücke des Treibmittels die Werkzeuginnendrücke in dieser Phase bestimmen. Durch die vergleichsweise niedrigen Drücke und die Blasenbildung während der Füllphase werden nur mäßige Oberflächenqualitäten erreicht. Aus dieser Motivation heraus wurden unter anderem atmende Werkzeuge, das Gasgegendruckverfahren wie auch die Verwendung von Strukturierungen und wärmedämmenden Beschichtungen in Werkzeugen sowie das Variotherm-Verfahren entwickelt, die in den nächsten Abschnitten vorgestellt werden.

9.6.1 Ursachen der geringen Oberflächenqualitäten beim Schaumspritzgießen

Werden keine speziellen Maßnahmen ergriffen, beispielsweise im Bereich des Prozesses, des Materials oder bei der Werkzeugtechnik, weisen geschäumte Spritzgussteile in der Regel vergleichsweise schlechte Oberflächen auf. Die geringen Oberflächenqualitäten sind auf verschiedene Oberflächendefekte zurückzuführen, wie z. B. helle Schlieren, die in Fließrichtung

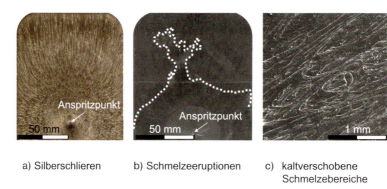

a) Silberschlieren b) Schmelzeeruptionen c) kaltverschobene Schmelzebereiche

Bild 9.16: Typische Oberflächendefekte beim Schaumspritzgießen: Mit Schlieren versehene Oberfläche a), Schmelzeeruption b), kaltverschobene Schmelzebereiche c)

der Schmelze orientiert sind und zu farblich unruhig und ungleichmäßig erscheinenden Bauteiloberflächen führen (Bild 9.16 a). Ein weiterer Effekt sind Fließmarkierungen an der Bauteiloberfläche, die in einigen Bereichen senkrecht zur Fließrichtung orientiert sind und ähnlich wie Umschaltmarkierungen aussehen (Bild 9.16 b). In der Mitte dieser Fließmarkierungen befindet sich ein deutlich voreilender Bereich, der am Fließwegende aus kleinen Flecken besteht. Diese Erscheinungen können durch eine Schmelzeeruption erklärt werden, die auf ein schlagartiges Entspannen des in der Schmelze gelösten Treibgases zurückzuführen ist. Dieser Effekt ist vor allem bei hohen Treibmittelbeladungsgraden, abrupten Querschnittsänderungen oder langsamen Einspritzgeschwindigkeiten anzutreffen.

Darüber hinaus führen die im Vergleich zum Kompaktspritzgießen niedrigen Werkzeuginnendrücke beim Schaumspritzgießen und das in der Schmelze vorliegende Gas zu einer vergleichsweise schlechten Oberflächenabformung in Verbindung mit Kaltverschiebungen, die zu höheren Rauigkeiten der geschäumten Oberflächen führen (Bild 9.16 c). Diese Defekte können durch den charakteristischen Prozessverlauf beim konventionellen Thermoplast-Schaumspritzgießen entstehen und sind zur Veranschaulichung in deutlicher Ausprägung dargestellt. Die Ursachen zur Entstehung von Silberschlieren können anhand eines Erklärungsansatzes von *Semerdjiev* dargestellt werden [9]. Sie begründen die Entstehung dieser silbrigen Schlieren durch während des Füllvorgangs an der Fließfront entstehende Blasen, die bei Kontakt mit der kalten Werkzeugwand zerstört und geschert werden. Eine Erklärung für die Erscheinung der charakteristisch hellen Schlieren wurde jedoch nicht genannt.

Untersuchungen am Institut für Kunststoffverarbeitung der RWTH Aachen (IKV) konnten die Herkunft dieser Schlieren erklären. Hierfür wurden Auflichtmikroskopieaufnahmen von geschäumten Bauteilen angefertigt, mit denen die Oberflächen schwarz eingefärbter, physikalisch geschäumter Polypropylenbauteile (PP-T20) genauer betrachtet werden können.

In Bild 9.17, links, erkennt man sehr deutlich den Verlauf eines von unten nach oben verlaufenden ca. 420 µm breiten weißen Bandes in der Auflichtmikroskopieaufnahme, welches als Silberschliere auf dem geschäumten Bauteil sichtbar ist. Dieses Band setzt sich dabei aus vielen kleinen weißen Flecken zusammen, die im Durchschnitt einen Durchmesser von 40 bis 50 µm aufweisen. Dies ist darauf zurückzuführen, dass sich eine während des Füllvorgangs gebildete,

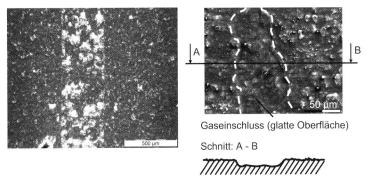

Bild 9.17: Ausschnitt einer mit Schlieren versehenen Bauteiloberfläche

makroskopische Gasblase durch Scherung an der Kavitätswand in viele mikroskopisch kleine Gasblasen zerteilt. Diese kleinen Gasblasen führen zu einer Veränderung der Oberflächen, in der Form, dass das Licht auf der Oberfläche des geschäumten Bauteils in Abhängigkeit des Einfallwinkels unterschiedlich reflektiert wird. Um diesen Effekt zu überprüfen, wurde ein im Auflichtmikroskop weiß reflektierender Fleck in einem Rasterelektronenmikroskop (REM) näher untersucht (Bild 9.17, rechts). Bei genauer Betrachtung der REM-Aufnahme erkennt man außerhalb des gestrichelten Bereichs eine vornehmlich raue Oberfläche des geschäumten Bauteils. Diese ist bedingt durch die Scherung der Schmelze an der Kavitätswand und die niedrigen Werkzeuginnendrücke beim Thermoplast-Schaumspritzgießen [7]. Innerhalb des gestrichelten Bereichs erscheint die Oberfläche vergleichsweise glatt und ist zur umliegenden Oberfläche leicht vertieft, was durch weitere REM-Aufnahmen belegt wurde. Diese Vertiefung ist darauf zurückzuführen, dass ein geringes Gasvolumen zwischen der Werkzeugkavität und dem Polymermaterial eingeschlossen wird, wodurch das schmelzeflüssige Polymer verdrängt wird. Die Größe dieser Vertiefung, die auch als Einbuchtung oder Delle angesehen werden kann, ist hierbei abhängig von der Gasmenge, dem Gasdruck und den Druckverhältnissen in der Schmelze. Dieser Vorstellung nach ergibt sich das resultierende verdrängte Volumen aus dem Kräftegleichgewicht aus Gasdruck und dem Widerstand der zu verdrängenden Schmelze, das durch die Wahl der Prozessparameter beeinflusst werden kann.

Ein möglicher Erklärungsansatz für die helle Erscheinung der Silberschlieren wird in der höheren Glattheit im Bereich der Dellen gesehen (vgl. Bild 9.17, unten rechts). Liegen in den umgrenzenden Bereichen vergleichsweise raue Oberflächen vor, sind diese innerhalb der Dellen vornehmlich glatt. Da bedingt durch die Vertiefung kein Kontakt zum Werkzeug vorliegt, kann sich die Oberfläche allein unter Wirkung der Oberflächenspannung und des Gasdrucks bilden, wodurch sie deutlich glatter wird. Nach dieser Vorstellung wird das Licht im Bereich der Silberschlieren durch die ebenen Oberflächen eher gerichtet und intensiver reflektiert, wodurch die Schlieren in Abhängigkeit des Lichteinfalls heller (silbrig) erscheinen. Zusätzlich dazu können die Kanten der Vertiefungen zu einer intensiven Reflektion des Lichts führen, die in einem großen Bereich unabhängig vom Einstrahlwinkel des Lichts ist. Auf den umliegenden Oberflächenbereichen wird das Licht bedingt durch die höhere Rauigkeit vergleichsweise diffus reflektiert. Dadurch wird die für das Schaumspritzgießen typische matte Erscheinung hervorgerufen.

9.6.2 Werkzeuginnendrücke beim Schaumspritzgießen

Die Verfahrensvarianten atmendes Werkzeug und Gasgegendruck beeinflussen maßgeblich die Drücke im Prozess, über die die gewünschten Effekte der Oberflächenverbesserung erzielt werden sollen. Charakteristische Werkzeuginnendrücke in Abhängigkeit der verschiedenen Verfahren sind in Bild 9.18 dargestellt.

In Bild 9.18 ist zu erkennen, dass die Drücke beim konventionellen TSG im Prozess deutlich niedriger sind als beim Kompaktspritzgießen, woraus unter anderem die eher mäßigen Oberflächenqualitäten resultieren. Die Verfahrensvarianten Gasgegendruck und „atmendes" Werkzeug haben zum Ziel, die Oberflächenqualität durch Anhebung der Prozessdrücke zu verbessern. Beim Gasgegendruckverfahren werden primär die Drücke während des Einspritzvorgangs angehoben. Durch einen Gasdruckaufbau bereits vor dem Einspritzen soll das Druckniveau des Schmelze-/Treibfluid-Gemischs insgesamt angehoben werden, wodurch das Treibmittel in Lösung gehalten und ein vorzeitiges Aufschäumen an der Fließfront vermieden wird. Die Verfahrensvariante des atmenden Werkzeugs setzt primär auf eine Anhebung der Prozessdrücke nach der volumetrischen Füllung, wodurch die charakteristischen Fehlstellen beim Schäumen nachträglich repariert werden sollen.

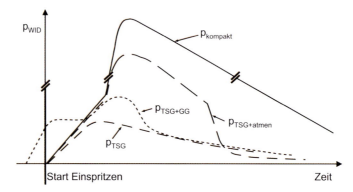

Bild 9.18: Charakteristische Werkzeuginnendruckkurven der verschiedenen Verfahrensvarianten

9.6.3 Verbesserung der Oberflächenqualitäten

Die Wirkung der jeweiligen Verfahrensvarianten kann am zweckmäßigsten durch Untersuchung realer Bauteiloberflächen gezeigt werden. Hierfür werden schwarz eingefärbte Bauteile aus PA-GF30, die mit den jeweiligen Verfahrensvarianten hergestellt wurden, mittels eines Flachbettscanners optisch erfasst und deren Oberflächenqualitäten mithilfe von Grafiksoftware ausgewertet. In Bild 9.19 sind vier Aufnahmen der Oberflächen zum direkten Vergleich nebeneinander dargestellt, deren Farbskala für eine bessere Erkennbarkeit der Effekte invertiert ist. Dunkle Stellen weisen dabei auf eine schlechte Oberflächenqualität hin.

Betrachtet man die Oberflächenaufnahmen, erkennt man verschiedene dunkle Flecken bei den Bauteilen, die ohne Gasgegendruck (GG) hergestellt wurden. Hierbei handelt es sich um

9.6 Verbesserung der Oberflächenqualitäten geschäumter Bauteile

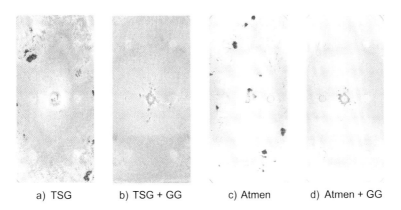

a) TSG   b) TSG + GG   c) Atmen   d) Atmen + GG

Bild 9.19: Vergleich der Bauteiloberflächen
(Material: PA-GF30, Bauteildicke: 3 mm, Gewichtsreduktion: 20 %)

von der Fließfront abgesprengte Schmelzepartikel, die anschließend von der Schmelze wieder umschlossen werden.

Dieser Effekt kann auf die hohen Gasbeladungsgrade zurückgeführt werden. Anhand der Aufnahmen ist zu erkennen, dass diese Oberflächendefekte mithilfe des Gasgegendruckverfahrens vermieden werden können, indem das Treibmittel in der Polymerschmelze in Lösung gehalten wird. Im Vergleich zum konventionellen Thermoplast-Schaumspitzgießen können mit dieser Verfahrensvariante auch deutlich gleichmäßigere Oberflächenstrukturen realisiert werden. Bei Betrachtung der Bauteiloberflächen unter Verwendung des atmenden Werkzeugs erkennt man eine offensichtlich hellere Färbung der Bauteile. Dies deutet daraufhin, dass diese in der Realität dunkler sind und weniger Oberflächendefekte in Form von Schlieren aufweisen. Bild 9.19 d) zeigt, dass die besten Oberflächenqualitäten durch die Kombination der Verfahrensvariante atmendes Werkzeug mit Gasgegendruck beim Thermoplast-Schaumspitzgießen erreicht werden können. Weitere Untersuchungen hierzu sollen zeigen, inwiefern, die Wirkweise der verschiedenen Verfahrensvarianten durch eine Optimierung der Prozessparameter weiter gesteigert werden kann.

9.6.4 Verwendung von Oberflächenstrukturierungen

Eine weitere Möglichkeit zur Verbesserung der Oberflächenqualität beim Schaumspritzgießen ist die Verwendung von strukturierten Kavitätsoberflächen. Das Funktionsprinzip basiert hierbei nicht auf einer Anhebung der Prozessdrücke, sondern auf einer besseren Entlüftung des während des Füllvorgangs austretenden Gases und einer Kaschierung möglicher Oberflächendefekte. Durch den Einsatz von Strukturierungen auf der Kavitätsoberfläche wird der Bildung von Silberschlieren entgegengewirkt, indem entstehende Gasblasen nicht oder nur wenig zwischen Schmelze und Kavitätswand geschert werden, sondern sich in die Täler der Strukturierungen einlagern. Zudem überlagern die Strukturierungen die rauen Oberflächen

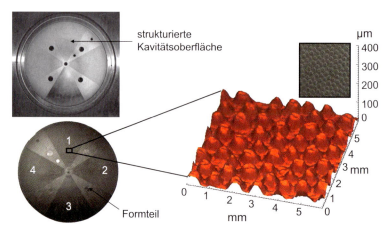

Bild 9.20: Einsatz von strukturierten Kavitätsoberflächen

der geschäumten Bauteile und sorgen bei einer diffusen Rückstreuung des Lichts für eine Reduktion der eventuell noch sichtbaren Silberschlieren.

Bild 9.20 zeigt beispielhaft den Einsatz dreier verschiedener Kavitätsoberflächenstrukturierungen (1, 2, 4), die auf die Werkzeugkavität eingeätzt und zusammen mit einer polierten Oberfläche ähnlich eines Malteserkreuzes auf der Formplatte angeordnet sind. Wie anhand der Strukturierungen auf dem Formteil sichtbar wird, kann die optische Erscheinung von Oberflächendefekten vollständig reduziert werden, wohingegen das Auftreten von Schlieren in den Zwischenbereichen und in dem polierten Bereich 3 deutlich hervortritt. Bei der exemplarischen Betrachtung der Strukturierung 1 mit vertieften Kegeln erkennt man, dass die oberen Spitzen der Kegel nicht ausgeformt wurden, was auf den Einschluss von freigesetztem oder in der Kavität vorhandenem Gas bei niedrigen Fülldrücken zurückzuführen ist. Durch dessen Einschluss in den Tälern kann es daher nicht an der Kavitätsoberfläche geschert werden. Der Einsatz von Strukturierungen erfordert jedoch Anwendungen, bei denen texturierte Oberflächen toleriert oder sogar erwünscht sind. Der Einsatz dieser Werkzeugtechnik ist mit einem geringen werkzeugtechnischen Aufwand verbunden und kann auch bei dreidimensionalen Bauteilen mit abrupten Wanddickenunterschieden eingesetzt werden.

9.6.5 Verwendung von Beschichtungen im Werkzeug

Durch eine wärmedämmende Beschichtung im Kavitätshohlraum kann beim Schaumspritzgießen eine Verbesserung der Oberflächenqualität erreicht werden. Durch die Wärmedämmschichten wird vor allem eine Reduktion der Abkühlgeschwindigkeit in den Formteilrandschichten erreicht [12]. Zurückzuführen ist die Verbesserung der Formteiloberfläche darauf, dass die Fließmarkierungen, die durch die aufgeplatzten Gasblasen hervorgerufen werden, durch eine höhere Kontakttemperatur der Bauteilwand unter Druck länger verformt werden können. Die Silberschlieren, die als Vertiefungen auf dem Formteil erkennbar sind, werden durch den vorherrschenden Schmelzedruck minimiert oder je nach Beschichtung vollständig vermieden. Das sich in den Vertiefungen befindende Gas wird hierbei entweder komprimiert oder diffundiert in die Schmelze zurück. Diese Methode zeigt sich besonders wirkungsvoll, wenn nicht zu hohe Aufschäumgrade oder zu hohe Gasbeladungsgrade gewählt werden. Vorteil bei diesem Verfahren ist der geringe Kostenaufwand. Durch die höheren Kontakttemperaturen muss jedoch mit einer geringfügig längeren Zykluszeit gerechnet werden. Entscheidend bei der Auswahl geeigneter Beschichtungen sind neben der Verschleißfestigkeit in diesem Zusammenhang relevante Kenngrößen wie der flächenbezogene Wärmeleitwert $1/W_L$ und die Wärmeeindringfähigkeit b. Grundsätzlich wird für den Füllvorgang eine hohe Kontakttemperatur zwischen den Partnern Werkzeugwand und Schmelze durch eine möglichst geringe Wärmeeindringfähigkeit b des Beschichtungsstoffs gefordert (Gleichung 9.1).

$$b = \sqrt{\lambda \cdot \rho \cdot c} \stackrel{!}{=} \min \tag{9.1}$$

Der Abkühlprozess darf dabei aus wirtschaftlichen Aspekten jedoch nicht wesentlich verlangsamt werden. Aus diesem Grund wird ein möglichst großer Wärmeleitwert gefordert, der dem Kehrwert des Wärmeleitwiderstandes W_L entspricht Gleichung 9.2.

$$1/W_L = \lambda/d \stackrel{!}{=} \max \tag{9.2}$$

Diese beiden Anforderungen widersprechen sich jedoch, da zum einen eine hohe und zum anderen eine geringe Wärmeleitfähigkeit λ gewünscht wird. Die Lösung für dieses Problem ist die Wahl einer geringen Schichtdicke d.

Bild 9.21 zeigt den Einsatz verschiedener Beschichtungen auf der Kavitätsoberfläche, die jeweils unterschiedliche Werte bezüglich der Gleichungen 9.1 und 9.2 aufweisen. Durch die Wahl einer geeigneten Keramikschicht (Beschichtung 4) konnten die entsprechenden Vorgaben erfüllt werden, was an der hohen Oberflächenqualität der auf dem Formteil dargestellten Oberfläche belegt werden kann, Bild 9.21 b).

a) Kavitätsoberfläche mit verschiedenen Beschichtungen   b) geschäumtes Formteil

Bild 9.21: Einsatz von beschichteten Kavitätsoberflächen

Einsatzgebiete dieser Werkzeugtechnik sind geschäumte Bauteile, bei denen glatte Oberflächen gefordert werden, die auch dreidimensionale Geometrien aufweisen können.

9.6.6 Variotherm-Verfahren

Ein weiteres Verfahren, das wie die Verwendung von Beschichtungen die Prozessgröße Temperatur zur Verbesserung der Oberflächenqualität beim Schaumspritzgießen verwendet, ist das Variotherm-Verfahren [4]. Auch hiermit kann durch Einstellung einer höheren Oberflächentemperatur während des Füllvorgangs die Oberflächenqualität verbessert werden. Dies ist durch die Verwendung einer zusätzlichen Werkzeugheizung möglich. Eine variotherme Werkzeugtemperierung sieht eine Erhöhung der Werkzeugwandtemperatur zum Einspritzzeitpunkt idealerweise bis auf Höhe der Schmelztemperatur des Kunststoffs vor, wodurch dessen Viskositätszunahme beim Kontakt mit der Werkzeugwand verhindert wird. Um eine ausreichende Entformungssteifigkeit zu erhalten, muss die Kavitätswandtemperatur nach dem Einspritzen wieder unterhalb der Erstarrungstemperatur des Kunststoffs abgekühlt werden. Ein Beispiel für dieses Verfahren ist das sogenannte Rapid Heat Cycle Molding (RHCM) der Firma Ono Sangyo Co., Ltd, Tokyo, Japan, die das Variotherm-Verfahren in Verbindung mit dem Schaumspritzgießen zur Herstellung von Hochglanzbauteilen einsetzen [13]. Als Bauteilbeispiel wurde ein geschäumtes Mittelkonsolengehäuse für den Kfz-Innenraum auf der Kunststoffmesse 2004 in Düsseldorf vorgestellt, das auf Bild 9.22 ohne und mit Einsatz des Variotherm-Verfahrens abgebildet ist.

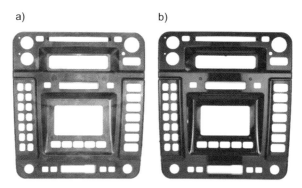

Bild 9.22: Geschäumte Mittelkonsole: a) konventionelles TSG, b) Variotherm-Verfahren (RHCM) [Quelle: Ono Sangyo Co., Ltd.]

9.6.7 Fazit

Die Werkzeugtechnik spielt neben den Prozessparametern beim Schaumspritzgießen eine ganz entscheidende Rolle bezüglich der Bauteileigenschaften. Es werden durch das Werkzeug nicht nur ganz maßgeblich die Schaumstruktur (Inneres) und die Oberflächenqualität (Äußeres) der Schaumteile beeinflusst, sondern darüber hinaus auch noch die Prozessführung. Die Prozessführung, die beim Schaumspritzgießen ohnehin komplexer ist als beim Kompaktspritzgießen, wird durch den zusätzlichen Einsatz von Verfahrensvarianten um mehrere Prozessparameter erweitert. Dies erfordert ein zusätzliches Know-how bei dem Verarbeiter, eröffnet aber zusätzliche Möglichkeiten hinsichtlich der Gestaltungsfreiheit der Bauteile und Größe des Prozessfensters. Neben diesen Aspekten kann durch die Werkzeugtechnik entscheidend die Wirtschaftlichkeit bei der Bauteilherstellung beeinflusst werden. Dies ist sowohl durch eine Steigerung der Bauteilqualität durch eine Reduktion des Ausschusses als auch durch kürzere Zykluszeiten und geringere Energiekosten möglich. Den auf der Positivseite verbuchten Aspekten stehen auf der anderen Seite jedoch höhere Investitionskosten gegenüber. So sind neben der Investition eines Schaumsystems zusätzliche Investitionen im Bereich der Werkzeugtechnik notwendig, um gewünschte Bauteileigenschaften zu erreichen.

Literatur zu Kapitel 9

[1] Habibi-Naini, S.: Neue Verfahren für das Thermoplastschaumspritzgießen, RWTH Aachen, Dissertation, 2003
[2] Pretel, G.: Fließverhalten treibmittelbeladener Polymerschmelzen, RWTH Aachen, Dissertation, 2006
[3] Pfannschmidt, L. O.: Herstellung resorbierbarer Implantate mikrozellulär Schaumstruktur, RWTH Aachen, Dissertation, 2002
[4] Menges, G.; Michaeli, W.; Mohren, P.: Anleitung zum Bau von Spritzgießwerkzeugen. München, Wien: Carl Hanser Verlag, 6. Auflage, 2007
[5] Meyer, W.: Mögliche Angußarten für Spritzgießwerkzeuge zur Verarbeitung treibmittelhaltiger Thermoplaste. Plastverarbeiter 31 (1980) 3, S. 153–158
[6] Holzschuh, J.: Maschinentechnische Neu- und Weiterentwicklung für das Ein- und Mehrkomponenten-Spritzgießverfahren. Plastverarbeiter 34 (1983) 5, S. 433–435
[7] Okamoto, K. T.: Microcellular Processing, Hanser Gardner Pubn, 2003
[8] Renz, U.: Wärme- und Stoffübertragung. Vorlesungsumdruck, Lehrstuhl für Wärmeübertragung und Klimatechnik, RWTH Aachen, 2004
[9] Semerdjiev, S.: Thermoplastische Strukturschaumstoffe. Leipzig: VEB Deutscher Verlag für Grundstoffindustrie, 1980, S. 55
[10a] Mörwald, K.: Schaumspritzgießen. Plastverarbeiter 28 (1977) 6, S. 305–310
[10b] Mörwald, K.: Schaumspritzgießen. Plastverarbeiter 28 (1977) 7, S. 354–356
[10c] Mörwald, K.: Schaumspritzgießen. Plastverarbeiter 28 (1977) 8, S. 405–408
[11] Gächter, A.; Müller, H.: Taschenbuch der Kunststoffadditive. München, Wien: Carl Hanser Verlag, 1989
[12] Horn, B.; Mohren, P; Wübken, G.: Spritzgusswerkzeuge mit wärmedämmenden Formnestbeschichtungen. Mitteilung aus dem Institut für Kunststoffverarbeitungen der RWTH Aachen, 1976
[13] N. N.: Ono Sangyo Co., Ltd – Excellent surfaces with RHCM & MuCell., http://www.onosg.co.jp/technology/images/Press041021.pdf, 2005

10 Sondertechnologien

10.1 MuCell®-Verfahren mit statischem Mischer

Das Einmischen des Treibfluids in die Polymerschmelze ist einer der wesentlichen Schritte beim TSG-Verfahren. Um eine hohe Anzahl an Nukleierungskeimen zu generieren, ist die Lösung des Treibfluids auf molekularer Ebene notwendig. Die MuCell®-Technologie verwendet zur Gewährleistung des homogenen Einmischens ein spezielles Schneckendesign mit einem hierfür optimierten Mischteil.

Die Mischleistung kann durch den Einbau eines statischen Mischers zusätzlich erhöht werden. Aus dem Unterschied zwischen den Versuchen mit und ohne statischem Mischer, kann die Effektivität des Einmischprozesses bewertet werden.

Der Einbau der statischen Mischelemente erfolgt in diesem Beispiel zwischen dem Zylinder der Plastifiziereinheit und der Nadelverschlussdüse einer Engel-ES1800-250HL-Spritzgießmaschine, die mit MuCell®-Technologie ausgerüstet ist, siehe Bild 10.1. Der Schneckendurchmesser D beträgt 70 mm und das L/D-Verhältnis 28. Experimentell konnte kein signifikanter Unterschied zwischen den MuCell®-Formteilen mit und ohne statischem Mischelement festgestellt werden. Dies lässt die Schlussfolgerung zu, dass bei den eingesetzten PP-Typen und den gewählten Versuchsbedingungen die Mischleistung der MuCell®-Schnecke ausreichend ist.

Durch die Mischelemente ist darüber hinaus mit einer deutlichen Erhöhung des Einspritzdruckbedarfs zu rechnen. Experimentell zeigt sich, dass die Vergrößerung des Hydraulikdrucks während der Einspritzphase nur geringfügig im Bereich weniger Prozent zunimmt. Da der minimal höhere Einspritzdruckbedarf bei der vorhandenen Maschinenleistung für die Verarbeitung unbedeutend ist, wird auf eine detaillierte Darstellung verzichtet.

Prinzipiell wurde die ausgezeichnete Mischleistung von statischen Mischern in verschiedenen Technologiebereichen nachgewiesen [1–3], weshalb der Einsatz bei den TSG-Verfahren durchaus in Erwägung gezogen werden sollte. Bei kleineren Schneckendurchmessern in Kombination mit kürzeren Standardschneckenlängen (23 bis 24 D), die dadurch wesentlich kürzere Mischzonen aufweisen, können Kosten eingespart werden. Des Weiteren ist zu beden-

Bild 10.1: Aufbau und Anordnung des statischen Mischers im Flansch der Plastifiziereinheit

ken, dass z. B. technische Kunststoffe, insbesondere Blends bei der Verarbeitung in einem TSG-Verfahren unter Umständen eine deutlich größere Mischleistung zum Erreichen einer einphasigen Mischung benötigen als die hier verwendeten PP-Typen.

10.2 Atmende Werkzeuge

Schaumspritzgussteile mit einer hohen Dichtereduktion (> 50 %) sind durch besondere Prozessführung, wie beispielsweise der Technologie des atmenden Werkzeugs herstellbar. Die Technologie des atmenden Werkzeugs ist Stand der Technik und aufgrund des höheren Werkzeuginnendruckes in die Kategorie der Hochdruckverfahren einzuordnen. Im Gegensatz zum klassischen Niederdruckverfahren wird die Kavität zuerst volumetrisch vollständig gefüllt und es erfolgt eine Kavitätsvergrößerung, die zum Druckabfall und zur Expansion der gasbeladenen Schmelze führt, Bild 10.2.

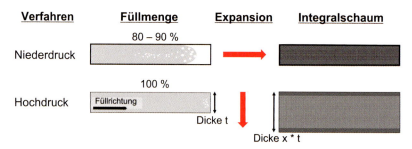

Bild 10.2: Schematische Darstellung der unterschiedlichen Füllprinzipien zwischen dem Standard Niederdruckverfahren und dem Hochdruckverfahren mit atmendem Werkzeug

Die Kavitätsvergrößerung kann durch eine präzise Öffnungsbewegung der Schließeinheit der Spritzgießmaschine oder durch bewegliche Kerne realisiert werden. In der Regel werden dafür Tauchkantenwerkzeuge eingesetzt, um einen Schmelzeaustritt in die Trennebene zu vermeiden. Die Expansion erfolgt aufgrund der unidirektionalen Kavitätsvergrößerung nur in eine Richtung. Im Bild 10.3 wird ein typisches Tauchkantenwerkzeug für das Atmen schematisch dargestellt.

Beim Schaumspritzgießen mit atmenden Werkzeugen bilden sich unmittelbar nach der Werkzeugfüllung aufgrund der Erstarrung des Polymers an der kalten Werkzeugwand kompakte Deckschichten aus. Durch eine Verzögerungszeit zwischen dem Einspritzen und Atmen kann die Dicke der kompakten Deckschichten des Integralschaums eingestellt werden, wobei eine längere Verzögerungszeit zu dickeren kompakten Deckschichten führt. Während dieser Verzögerungszeit wird die eingespritzte Schmelze durch eine kurze Druckbeaufschlagung (Nachdruckphase) am Aufschäumen gehindert. Beim anschließenden Atmen erfährt die gasbeladene, plastische Seele einen Druckabfall und schäumt auf. Dieser Zusammenhang ist in Bild 10.4 dargestellt.

10.2 Atmende Werkzeuge   203

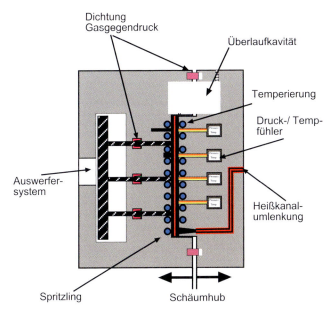

Bild 10.3: Schematische Darstellung eines Tauchkantenwerkzeugs

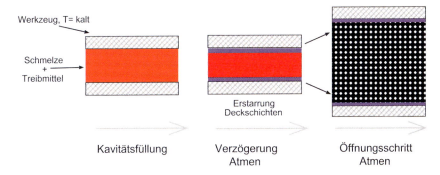

Bild 10.4: Prozessschritte beim Schäumen mit Werkzeugatmung: Einspritzen, Deckschichtausbildung, Atmen

Die Öffnungsgeschwindigkeit des Werkzeugs bestimmt den Druckabfall im Werkzeug. In Bild 10.5 ist ein typischer Verlauf des Werkzeuginnendrucks beim Schaumspritzgießen mit atmenden Werkzeugen dargestellt. Bei der volumetrischen Füllung kann der Werkzeuginnendruck auf mehrere hundert bar ansteigen. Nach der Ausführung des Schäumhubs sinkt der Werkzeuginnendruck stark ab. Sobald das Polymer-Gas-Gemisch einem Druck unterhalb der Löslichkeitsgrenze unterliegt, initiiert das Treibfluid ein Aufschäumen der plastischen Seele. Die Anzahl der gebildeten Schaumzellen, die über einen kritischen Kernradius wachsen, wird als Nukleierungsdichte bezeichnet und ist unter der Annahme, dass nur homogene Nukleierung vorliegt, stark von der Druckabfallrate abhängig, d. h. von der Geschwindigkeit,

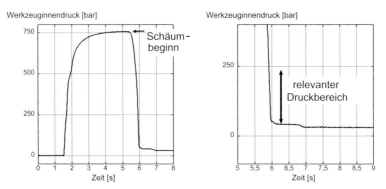

Bild 10.5: Typischer Verlauf des Werkzeuginnendrucks bei der Fertigung von Integralschäumen mit atmenden Werkzeugen mit charakteristisch starkem Druckabfall beim Atmen

mit der sich der Druck der Schmelze im relevanten Druckbereich < 150 bar ändert. Nach [4] ist für die Ausbildung von mikrozellulären Schäumen eine Druckabfallrate von 20.000 bar/s erforderlich. Aus der vergrößert dargestellten Werkzeuginnendruckkurve in Bild 10.5 ist zu entnehmen, dass bei Versuchen mit atmenden Werkzeugen eine Druckabfallrate von lediglich 3300 bar/s erreicht werden kann. Diese Erkenntnis lässt die Schlussfolgerung zu, dass mit dieser Verfahrensvariante in ungefüllten Homopolymeren kaum mikrozelluläre Schäume mit Zellgrößen < 10 µm und Zelldichten < 10^9 1/cm^3 gefertigt werden können. Dies konnte experimentell bestätigt werden. Zur Fertigung von mikrozellulären Schäumen können beim Schaumspritzgießen mit atmenden Werkzeugen dem Polymer Nukleierungsadditive wie Talkum, Schichtsilikate, Trisamide oder Zinkstearate beigemengt werden, die aufgrund von thermodynamisch günstigerer heterogener Nukleierung die Zelldichte deutlich erhöhen und zu somit feineren Schaumstrukturen führen.

Der maximale Expansionsgrad beim Atmen wird zum Einen durch die Restdicke der plastischen Seele und zum Anderen durch die Viskosität des Polymers bestimmt. Je dünner die plastische Seele ist, desto geringer ist der mögliche Aufschäumgrad, respektive desto geringer ist die mögliche Verzögerungszeit zur Ausbildung von Deckschichten und folglich auch die mögliche Endwandstärke des Integralschaums. Dieser Zusammenhang ist in Bild 10.6 dargestellt.

Weiterhin hat auch die Viskosität des Polymers eine große Auswirkung auf die sich ausbildende Schaumstruktur und somit den möglichen Expansionsgrad. Tabelle 10.1 gibt eine Auflistung über mögliche Expansionsgrade für typische Werkstoffe wie ungefülltes PP, langkettenverzweigtes PP, talkum- oder glasfasergefülltes PP, für ABS und glasfasergefülltes PA 6. Auf Basis einer Ausgangswandstärke von 2,0 mm kann mit diesen Werkstoffen mindestens eine 2-fache Expansion auf 4,0 mm erreicht werden. Hierbei ist zu erwähnen, dass langkettenverzweigtes PP aufgrund des günstigen Viskositäts-Schmelzefestigkeitsverhältnis eine 3-fache Expansion auf 6,0 mm ermöglicht. Glasfasergefüllte Materialien bieten eine sehr hohe Schmelzefestigkeit. Diese hohe Schmelzefestigkeit ermöglicht zwar zum Einen sehr gleichmäßige Schaumstrukturen, da die Zellkoaleszenz gering ist, zum Anderen ist die Expansionsfähigkeit durch die verstärkende Wirkung der Fasern gegenüber langkettenverzweigtem PP limitiert.

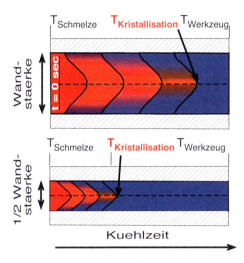

Bild 10.6: Einfluss der Wandstärke vor dem Atmen auf die mögliche Verzögerungszeit

Tabelle 10.1: Mögliche Expansionsgrade von typischen Thermoplasten beim Schaumspritzgießen mit atmendem Werkzeug

Material	Type	Max. Expansionsgrad	Expansion der plastischen Seele	Besonderheiten
PP ungefüllt	BG055Ai	2 → 4 mm	2,5 ×	Neigt zu Lunkern
PP langkettenverzweigt	BG055AI + 40 % WE100HMS	2 → 6 mm	6 ×	Homogene Struktur
PP-T20	MB238U	2 → 5 mm	3,3 ×	Homogene Struktur
PP-GF20	GB205U	2 → 5 mm	3,3 ×	Sehr homogene Struktur
ABS	Terluran GP22	2 → 4 mm	2,6 ×	Sehr homogene Struktur, danach Delamination
PA 6 GF30	B3WG6 SF	2 → 4 mm	2,5 ×	Sehr homogene Struktur

Bild 10.7 zeigt die mikroskopischen Aufnahmen von PP-H, PP-GF20, PP-C und PP-HMS. In Abhängigkeit des PP-Typen zeigen sich deutliche Unterschiede in der resultierenden Schaumstruktur.

Das PP-H neigt zur Bildung großer Schaumzellen und beginnt ab einem gewissen Expansionsgrad in mehreren Schichten zu delaminieren. Die aufgerissenen Zellen weisen in Expansionsrichtung stark verstreckte, dünne Zellwände auf. Es ist davon auszugehen, dass die mechanischen Eigenschaften in diesem Fall extrem reduziert sind. Bei einer weiteren Expansion zerreißen die verstreckten Zellwände und es entsteht ein großer Lunker innerhalb des Formteils.

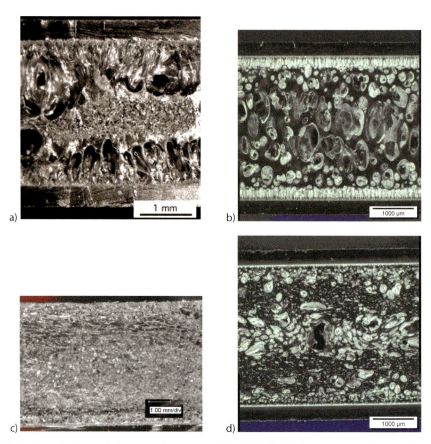

Bild 10.7: Typische Integralschaumstrukturen von a) PP-H, b) PP-C, c) PP-GF20, und d) PP-HMS40 hergestellt im MuCell®-Verfahren mit atmendem Werkzeug

Das PP-C zeigt keine Delaminationseffekte, jedoch kann über die gesamte Bauteildicke ein deutlicher Gradient in der Zellgrößenverteilung beobachtet werden. Im Bauteilinneren ist die Schäumtemperatur während der Expansion am höchsten, wodurch Koaleszenzeffekte von ursprünglich feineren Zellen hin zu großen beobachtet werden. Dieser Effekt ist ein Zeichen dafür, dass die Schmelzefestigkeit des Polymers für den gewählten Expansionsgrad nicht ausreichend hoch ist.

Das PP-GF20 weist eine vergleichsweise homogene Schaumstruktur auf. Besonders bemerkenswert ist hierbei, dass es zu keiner Lunkerbildung kommt, sondern lediglich keine weitere Expansion stattfindet. Die begrenzte Expansionsneigung des glasfasergefüllten PP-Typen korreliert mit der vergleichsweise sehr hohen Schmelzefestigkeit. Die Glasfasern begünstigen die heterogene Nukleierung, wodurch bei gleicher Gasbeladung wie in den ungefüllten PP-Typen eine höhere Anzahl an Nukleierungskeimen entsteht. Bei höherer Zelldichte müssen die einzelnen Zellen weniger stark wachsen, wodurch die Wahrscheinlichkeit für Koaleszenzeffekte weiter reduziert wird.

Das PP-HMS40 besitzt keine Füllstoffe und zeigt trotzdem eine sehr gleichmäßige Schaumstruktur. Darüber hinaus lässt es sich von allen PP-Typen am höchsten Aufschäumen. Die mittlere Zellgröße nimmt dabei fast linear mit dem Expansionsgrad zu, wobei auch bei höheren Expansionsgraden keine Koaleszenzeffekte auftreten. Die sehr günstigen rheologischen Eigenschaften des PP-HMS40 mit hoher Schmelzefestigkeit in Kombination mit einer hohen Schmelzedehnbarkeit begünstigen die Entstehung einer homogenen Schaumstruktur.

Ein limitierender Faktor hinsichtlich der Reproduzierbarkeit von konstant bleibenden Bauteilwanddicken beim Einsatz von Tauchkantenwerkzeugen ist die Regelgenauigkeit der Öffnungsbewegung und -position der Schließeinheit der Spritzgießmaschine. Beim Atmen wird eine große Masse (Werkzeughälfte, bewegliche Aufspannplatte, etc.) binnen Sekundenbruchteilen um mehrere Millimeter bewegt. Dabei kann es vorkommen, dass die Endwandstärke von Bauteilen einer Produktionsserie um wenige hundertstel Millimeter schwankt. Eine Möglichkeit, um dieses Problem zu umgehen, stellt der Einsatz von Klinken dar. Eine mechanische Klinke begrenzt den Öffnungshub und nach Ende der Kühlzeit wird der Klinkenmechanismus entriegelt und die vollständige Öffnungsbewegung ausgeführt. Spritzgießmaschinenhersteller wie Engel Austria GmbH, Schwertberg oder Krauss Maffei Kunststofftechnik GmbH, München haben das Problem der Ungenauigkeit beim Atmen bei hydraulischen Schließeinheiten inzwischen gelöst. Der Einsatz von hydraulischen Druckpolstern, ursprünglich entwickelt zum exakten Spritzprägen von Glazing-Teilen, eignet sich sehr gut, um exakte Geschwindigkeitsprofile und genaueste Wandstärken beim Schaumspritzgießen mit atmenden Werkzeugen in Serienqualität zu fertigen.

Weiterhin bietet der Einsatz von vollelektrischen Spritzgießmaschinen eine hohe Reproduzier- und Regelgenauigkeit durch den Einsatz von elektrischen Servomotoren. Diese erlauben eine wesentlich exaktere Positionsregelung [5–7]. Eine weitere Möglichkeit bietet der Einsatz von elektrischen Kernzügen im Spritzgießwerkzeug, die über Linearmotoren angetrieben werden.

10.3 Optimierung der Oberfläche

Eine gute Oberflächenqualität ist neben Eigenschaften wie Maßhaltigkeit und Mechanik eine der Kernanforderungen an technische Spritzgussteile, weshalb geschäumte Formteile mit ihrer typischen schlierenbehafteten Oberfläche oftmals nicht als hochwertige Bauteile angesehen werden, vgl. Bild 10.8.

Die für TSG-Formteile typische Schlierenoberfläche entsteht durch Schaumzellen, die während der Einspritzphase aufreißen und an der kalten Werkzeugoberfläche erstarren, vgl. Bild 10.9.

Zur Vermeidung der Schlieren auf der Oberfläche von geschäumten Formteilen wurden eine Reihe von verfahrenstechnischen Lösungen entwickelt:

- Hinterspritzen von Folien- oder Textildekoren [8–11]
- Sandwich-Spritzgießen [12–14]

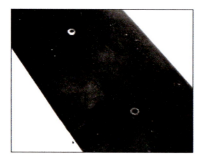 

Bild 10.8: Typische Oberflächen von kompakten und im TSG-Verfahren hergestellten Bauteilen aus PP-C; schwarzes, kompaktes PP-C (links) und PP-C im MuCell®-Verfahren (rechts)

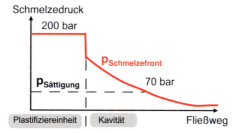

Bild 10.9: Schematische Darstellung des Druckverlaufs an der Schmelzefront während der Werkzeugfüllung mit anschließendem Aufschäumen der treibmittelbeladenen Schmelze

- Gasgegendrucktechnik (GGD) [15–19]
- Wärmebarriereschicht im Werkzeug [20]
- Variotherme Werkzeugtemperierung [21–24]

10.3.1 Verfahrenstechnische Oberflächenverbesserung geschäumter Formteile

Aus den oben aufgeführten verfahrenstechnischen Ansätzen zur Vermeidung der Silberschlieren bei geschäumten Formteilen wurden das Gasgegendruck (GGD)- und das Variotherm-Verfahren als Methoden identifiziert, die für eine praxisnahe Umsetzung in einen Serienprozess geeignet sind. Weiterhin sollten die beiden Verfahren für alle Thermoplaste einsetzbar sein. Als Werkstoff wird schwarz eingefärbtes talkumverstärktes PP (Borealis PS65T20) im MuCell®-Verfahren mit Treibmittelanteilen von 0,4 bzw. 0,8 % bei einer Massetemperatur von 200 °C verarbeitet. Beim GGD beträgt die Werkzeugtemperatur 20 °C, beim Variotherm-Verfahren wird die Werkzeugtemperatur zwischen 20 °C und 150 °C verändert.

10.3.1.1 Gasgegendruck

Die Untersuchungen zum GGD wurden ausschließlich im Hochdruckverfahren mit atmendem Werkzeug durchgeführt. Vor dem Einspritzen der gasbeladenen Schmelze wird die Kavität über den angussfernen Gaskanal mit Stickstoff unter Druck gesetzt. Das Druckniveau wird in 10 bar Stufen zwischen 0 bar bis 120 bar variiert. Während des Einspritzens wird der Gasgegendruck in der Schmelze auf ein konstantes Niveau geregelt und nach dem Ende der volumetrischen Formfüllung abgelassen. Im Anschluss erfolgt die Präzisionsöffnung des Werkzeugs von 2 mm auf 4 mm. Der maximale Werkzeuginnendruck beträgt ca. 400 bar. Mit dem GGD-Verfahren können schlierenfreie Oberflächen an spritzgegossenen Integralschäumen erreicht werden, Bild 10.10. Der benötigte Gegendruck ist vom Treibmittelgehalt in der Schmelze abhängig, so werden beispielsweise mit PP-T20 bei 0,4 % N_2 50 bar bzw. bei 0,8 % N_2 mindestens 80 bar GGD benötigt (Tabelle 10.2).

Der zum Unterbinden des Aufschäumens benötigte Gasgegendruck korreliert mit der Löslichkeit des Treibmittels N_2 in der PP-Matrix. Bezogen auf den PP-Anteil im Compound PP-T20 beträgt die Treibmittelkonzentration 0,5 bzw. 1,0 % N_2. Nach Sato et al. [25] wird zum Lösen dieser Treibmittelmengen bei 200 °C in PP der Gleichgewichtsdruck von 35 bzw. 70 bar benötigt. Diese Messwerte zur Löslichkeit sind im thermodynamischen Gleichgewicht in einem Autoklaven bestimmt worden. Beim Schaumspritzgießen tritt parallel zum Entgasen eine Scherdeformation der Schmelze auf, wodurch der Gegendruck ca. 10 bis 15 bar über dem Wert für den Gleichgewichtszustandes steigt.

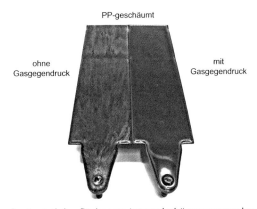

Bild 10.10: Darstellung der Bauteiloberfläche von Integralschäumen aus schwarz eingefärbtem Polypropylen, die im MuCell®-Verfahren ohne bzw. mit GGD gefertigt wurden

Tabelle 10.2: Benötigter Gasgegendruck für gute Oberflächen an geschäumtem PP-T20

N_2-Gehalt [%]	N_2-Gehalt bezogen auf PP [%]	benötigter GGD für schlierenfreie Oberfläche [bar]	Löslichkeit von N_2 in PP bei 200 °C [25] [bar]
0,4	0,5	50	35
0,8	1,0	80	70

Zusammenfassend kann gesagt werden, dass ein Gasgegendruck in der Kavität das unerwünschte vorzeitige Schäumen während der Werkzeugfüllung unterdrückt, wenn die Druckregelung auf den Spritzgießprozess abgestimmt ist. Am einfachen Versuchswerkzeug traten keine Entlüftungsprobleme auf. Unklar ist jedoch die technische Umsetzung bei komplizierter Geometrie und bei Fließ- und Bindenähten.

10.3.1.2 Variotherm

Beim Variotherm-Verfahren werden sowohl Versuche im Niederdruck (10 % Dichtereduktion) und im Hochdruckverfahren (50 % Dichtereduktion) durchgeführt. Vor dem Einspritzen der treibmittelhaltigen Schmelze wird die Kavität des Spritzgießwerkzeugs auf eine aufgeheizt und nach dem Ende des Füllvorgangs auf 20 °C abgekühlt. Bild 10.11 zeigt den chronologischen Ablauf der Prozessschritte sowie den gemessenen Verlauf der Werkzeugtemperatur. Die Zykluszeit beträgt ca. 120 s.

Mit dem Niederdruckverfahren werden geschäumte Formteile mit 10 % Dichtereduktion bei 2,0 und 3,0 mm Wandstärke gefertigt. Die geschäumten Formteile aus PP-T20 mit 0,8 % N_2 zeigen ab einer Oberflächentemperatur von ca. 110 °C keine Schlieren mehr, jedoch sind bei 3 mm dicken Bauteilen Dellen erkennbar. Bei 2 mm Dicke wird eine sehr gute Oberflächenqualität erreicht. Weder Schlieren noch Einfallstellen sind erkennbar. Der maximalauftretende Werkzeuginnendruck erklärt die Unterschiede bei 3,0 und 2,0 mm Wandstärke. Während bei 3,0 mm lediglich 50 bis 80 bar Werkzeuginnendruck auftreten, werden bei 2,0 mm ca. 150 bar gemessen.

Mit dem Hochdruckverfahren (atmendes Werkzeug) wird beim Werkstoff PP-T20 bei einer Wandstärke von 2,0 mm vor dem Schäumen (Präzisionsöffnen) eine kurze Nachdruckphase von ca. 2 s bei 500 bar aufgebracht. Der sich einstellende Werkzeuginnendruck von ca. 400 bar liegt deutlich über dem Niederdruckverfahren. Im Vergleich zum Niederdruckverfahren

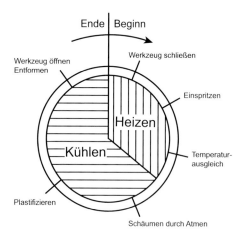

Bild 10.11: Schematischer Verlauf der Heiz- und Kühlphasen bei variothermer Temperierung

sind bei gleicher Gasbeladung geringere Werkzeugtemperaturen von ca. 90 °C ausreichend, um eine schlierenfreie Oberfläche zu erreichen. Durch den höheren Druck von 400 bar für mindestens 2 s werden die Schlieren auf der Formteiloberfläche bereits bei einer um 20 K niedrigeren Werkzeugtemperatur vermieden. Mit heißem Werkzeug kann das Auftreten von Silberschlieren bei schwarzem PP-T20 effektiv vermieden werden. Jedoch ist zu beachten, dass ein zu geringer Werkzeuginnendruck beim Niederdruckverfahren unter gewissen Umständen zu Oberflächendefekten in Form von Dellen führen kann.

10.3.1.3 Zusammenfassung zur verfahrenstechnischen Oberflächenverbesserung

Sowohl Gasgegendruck als auch Variotherm eignen sich für das Schaumspritzgießen von Integralschäumen mit schlierenfreier, hochwertiger Oberfläche. Jedoch erfordern beide Technologien zusätzlichen verfahrenstechnischen Aufwand und dementsprechend zusätzliche Kosten. Während GGD im Prinzip zykluszeitneutral ist, führt das hier untersuchte fluidbasierte Variotherm-Verfahren zu einer Verdopplung der Zykluszeit von ca. 60 auf 120 s. Elektrische Variotherm-Verfahren könnten hier deutlich schneller sein. Tabelle 10.3 fasst die jeweiligen Vor- und Nachteile der beiden Verfahren zusammen.

Tabelle 10.3: Gegenüberstellung von Vor- und Nachteilen bei Gasgegendruck bzw. Variotherm

Technologie	Gasgegendruck	Variotherm
Vorteile	Kein Anstieg der Zykluszeit	Standardwerkzeuge verwendbar
Nachteile	Aufwendige, gasdichte Werkzeugabdichtung	Zunahme der Zykluszeit durch Aufheizung und Kühlung des Werkzeugs
	zusätzliche Peripherie N_2-Gaskompressor Gasregelungseinheit Gasanschluss im Werkzeug	zusätzliche Peripherie Zwei Temperierkreisläufe Umschaltventilblock Temperaturregelungseinheit
	Schwierige Entlüftung bei komplexen Teilen	Hohe Energiekosten für Heizen und Kühlen des Werkzeugs
	Stickstoffverbrauch	
	Bindenahtverhalten unklar	

10.3.2 Dekor-Hinterspritzen

Das Hinterspritzen erlaubt es, Formteile mit besonders hochwertigen und interessanten Oberflächen herzustellen. Besondere Oberflächendesigns werden beispielsweise für Geräteblenden, Kfz-Innenverkleidungsteile oder Gehäusen von Elektronikgeräten genutzt, Bilder 10.12 und 10.13.

Das TSG-Verfahren bietet aufgrund der Viskositätserniedrigung durch das Treibfluid entscheidende Vorteile gegenüber dem Hinterspritzen mit einer unbegasten Schmelze (z. B. Rechteck-Plattenwerkzeug).

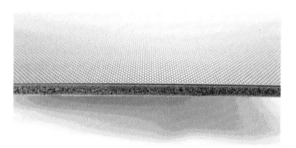

Bild 10.12: Folienhinterspritztes ABS-GF20; MuCell®-Verfahren mit 0,2 % N_2

Bild 10.13: Im MuCell®-Verfahren mit PP-T20 hinterspritzte Textilstruktur

Bei einer Gesamtwandstärke von 3 mm reduziert sich der Einspritzdruckbedarf um ca. 60 % (entsprechend auch die Schließkraft). Der geringere Einspritzdruckbedarf ermöglicht die Verwendung dünnerer Textildekore und damit eine signifikante Kostenersparnis. Die Ausnutzung der Viskositätserniedrigung zur Reduzierung der Schmelzetemperatur ermöglicht den Einsatz von Foliendekoren, die im klassischen Hinterspritzen aufgrund ihrer thermischen Einsatzgrenze bisher nicht eingesetzt werden können.

Technologisch bietet das Hinterspritzen in Kombination mit einem TSG-Verfahren signifikante Vorteile. Als unerwünschte Effekte können sich Blasen beim Folienhinterspritzen bilden oder Verzug der Formteile aufgrund der Isolierwirkung des Dekors auftreten. Beiden Phänomenen kann allerdings durch eine angepasste Werkzeugtemperierung entgegengewirkt werden. Durch eine kältere Temperierung der dekorseitigen Werkzeughälfte lässt sich beispielsweise auch die Ausbildung unterschiedlicher Deckschichtdicken ausgleichen.

Eine Blasenbildung hinter einer Dekorfolie kann auch noch nach dem Entformen entstehen. Grund hierfür ist das Ausgasen des im Formteil vorhandenen Treibgases. Wirkungsvoll kann diesem Effekt nur durch eine Reduzierung der Gaskonzentration in der Polymerschmelze entgegengewirkt werden, was sich nachteilig auf die Schaumstruktur auswirken kann. Eine geringere Diffusionsgeschwindigkeit des Treibgases sowohl im flüssigen als auch im festen Zustand des Polymers ist vorteilhaft. Eine reduzierte Gasdiffusion aus dem Polymer ermöglicht je nach Art der Dekorfolie und deren Permeabilität eine ausreichende Gasdurchlässigkeit ohne Ausbildung einer Gasblase zwischen Folie und Kunststoff.

Neben den Sichtdekoren eignet sich das TSG-Verfahren auch ausgezeichnet für technische Vliese, die beispielsweise zur Geräuschdämmung hinterspritzt werden. Im Gegensatz zu den Sichtdekoren, die eher dünn im Vergleich zur Wandstärke des hinterspritzten Kunststoffs sind, ist hier das Ziel ein vergleichsweise dickes Vlies mit einer dünnen Tragstruktur zu hinterspritzen. Wiederum macht sich die gasbeladene Schmelze positiv bemerkbar. Gleichmäßigere Formfüllung bei verringertem Einspritzdruckbedarf und geringen Wandstärken des Kunststoffs zwischen 0,5 und 0,8 mm, bei 2,5 mm Gesamtwandstärke, bringen eindeutige Vorteile gegenüber der klassischen Verarbeitung und ermöglichen neue Gestaltungsfreiheit bei der Bauteilauslegung.

10.3.3 Wärmebarriere

Experimentelle Untersuchungen zum Hinterspritzen haben gezeigt, dass die kompakte Deckschicht auf der Seite des Folien- oder Textildekors deutlich dünner ist als auf der gegenüberliegenden Seite. Das Dekor stellt eine Isolierschicht bzw. Wärmebarriere dar, die das Einfrieren der Schmelze auf der Dekorseite verzögert. Daraus ergibt sich eine Unsymmetrie in den mechanischen Eigenschaften, z. B. im Biegeversuch. Neben dem Einfluss auf den Schaumkern selbst ergibt sich die Möglichkeit, die Oberfläche des Formteils durch die Isolierwirkung einer wieder ablösbaren Folie zu verbessern. Da die gasbeladene Polymerschmelze nicht sofort an der vergleichsweise kalten Werkzeugoberfläche erstarrt, kommt es nicht zur Abbildung der sogenannten Silberschlieren auf der Formteiloberfläche.

Die makroskopischen Aufnahmen zeigen, dass sich die Oberfläche durch diese recht einfache Methode deutlich verbessern lässt. Allerdings sind immer noch einige Defekte erkennbar. Eine Reduzierung der Gasbeladung kann z. B. zur Verbesserung führen, allerdings wirkt dies der Schaumstruktur entgegen.

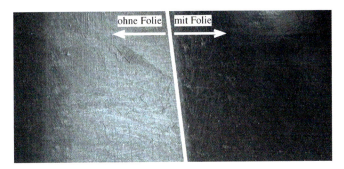

Bild 10.14: Makroskopische Aufnahme der Oberfläche eines MuCell®-Formteils aus PP einer Wärmebarriere im Spritzgießwerkzeug – ohne Folie (links) und mit Folie (rechts)

Literatur zu Kapitel 10

[1] Schmidt, A.: Gut gemischt – statische Mischer. *Kunststoffe*, 94(2): 44–46, 2004
[2] Bouti, A.: Verbesserte Homogenität der Schmelze. *Kunststoffe*, 93(1): 60–62, 2003
[3] Cavic, M.: Spritzgießen von Rezyklatmaterial. *Kunststoffe*, 89(6): 66–68, 1999
[4] Suh, N. P.: Impact of microcellular plastics on industrial practice and academic research, *Macromol Symp*; 201 (187) 2003
[5] Kapfer, M.: Im Maßanzug von der Stange – Modulbaukasten für hydraulische Antriebe. *Kunststoffe*, 93(9): 60–64, 2003
[6] Wortberg, J.; Kamps, T.: Kosten und Leistung – Antriebstechnik im Vergleich. *Kunststoffe*, 93(10): 70–75, 2003
[7] Doriat, C.: Antriebstechnik: Eine philosophische Frage? *Kunststoffe*, 93(10): 76–78, 2003
[8] Egger, P.: Serienfeste Vielseitigkeit beim MuCell-Spritzgießen. *Kunststoffe*, 95(12): 66–70, 2005
[9] Bürkle, E.; Mitzler, J.: Spritzgießverfahren gestern, heute und morgen. *Kunststoffe*, 95(5): 51–56, 2005
[10] Brockmann, C.; Mitzler, J.: Weniger Fertigungsschritte, kurze Zykluszeiten. *Kunststoffe*, 91(8): 122–126, 2001
[11] Mitzler, J.; Bauer, G.; Emig, J.; Ammon, S.: Hochwertige Premiumoberfläche aus Spritzgieß- und Reaktionstechnik. *Kunststoffe*, 94(10): 180–186, 2004
[12] Dassow, J.: Geschäumte Formteile mit exzellenter Oberfläche. *Kunststoffe*, 93(9): 65–69, 2003
[13] Hengesbach, J. A.; Egli, E. A.: Structural foam moulding with good surface finish. *European Journal of Cellular Plastics*, 14(8): 147–158, 1978
[14] Steinbichler, G.; Kragl, J.; Pierick, D.; Jacobsen, K.: Spritzgießen von Strukturschaum: Ein neues Verfahren für feine Zellstrukturen. *Kunststoffe*, 89(9): 50–54, 1999
[15] Neilley, R.: Smoothing the surface finish of microfoamed parts. *IMM Magazine*, 2003
[16] Wu, J. S.; Lee, M. J.: Studies on gas counter pressure and low pressure structural foam molding, Part I: Process design and effect of processing conditions on surface quality of molded parts. *Plastics, Rubber and Composites Processing and Applications*, 21(3): 163–171, 1994
[17] Wu, J. S.; Lee, M. J.: Studies on gas counter pressure and low pressure structural foam molding, Part II: Effect of processing conditions on structure of molded parts. *Plastics, Rubber and Composites Processing and Applications*, 21(3): 173–182, 1994
[18] Wu, J. S.; Lee, M. J.: Studies on gas counter pressure and low pressure structural foam molding, Part III: Effect of processing conditions on mechanical properties of molded parts. *Plastics, Rubber and Composites Processing and Applications*, 21(3): 183–189, 1994
[19] Johnson, R. B.; Caropreso, M.: Designing for counterpressure foam molding. Marcel Dekker, Pittsfield, MA, USA: 187–207, 1986
[20] Liou, M. J.; Suh, N. P.: Reducing residual stresses in molded parts. *Polymer Engineering and Science*, 29(7): 441–447, 1989
[21] Jansen, K. M. B.: Construction of fast-response heating elements for injection molding applications. *Polymer Engineering and Science*, 34(11): 894–897, 1994
[22] Bleier, H.; Gornik, C.: Erwärmung einer Werkzeugkavität eines Spritzgießwerkzeuges. *Patent*, 2003
[23] Yao, D.; Byung, K.: Development of rapid heating and cooling systems for injection molding applications. *Polymer Engineering and Science*, 42(12): 2471–2481, 2002
[24] Jansen, K. M. B.: Heat transfer in injection moulding systems with insulation layers and heating elements. *Int. J. Heat Mass Transfer.*, 38(2): 309–316, 1995
[25] Sato, Y.; Fujiwara, K.; Takikawa, T.; Sumarno, Y.; Takishima, S.; Masuoka, H.: Solubilities and diffusion coefficients of carbon dioxide and nitrogen in polypropylene, high-density polyethylene and polystyrene under high pressures and temperatures. *Fluid Phase Equilibria*, 162(1–2): 261–276, 1999

11 Anwendungsbeispiele

Das TSG-Verfahren bietet ein großes Spektrum an bauteilspezifischen aber auch verfahrenstechnischen Vorteilen. Da sich für eine konkrete Anwendung aber nie gleichzeitig alle Vorteile in gleichem Maße nutzen lassen, muss für den zu fertigenden Artikel eine passende Auswahl getroffen werden.

Die nachfolgenden Anwendungsbeispiele aus verschiedenen Produktbereichen verdeutlichen das umfangreiche Einsatzspektrum des TSG-Verfahrens in der Praxis. Dies umfasst kleinere Artikel aus dem Automotivebereich bis hin zu großformatigen Logistikbehältern und Kunststoffplatten für den Boots- und Fahrzeugbau. Unabhängig von der Artikelgröße spielt die Gewichts- und Materialeinsparung stets eine entscheidende Rolle. Darüber hinaus gibt es weitere Gründe, das TSG-Verfahren einzusetzen, diese sind unter dem Stichpunkt Motivation, neben Informationen zu Hersteller, Bauteil und Material, beim jeweiligen Anwendungsbeispiel angeführt.

Hersteller:	Gardena
Bauteil:	Wasserregulierventil
Material:	PBT-GF20, physikalisch geschäumt
Motivation:	Gewichts- und Materialeinsparung
	Zykluszeitreduzierung

216 11 Anwendungsbeispiele

Hersteller: Valeo Kllimasysteme GmbH
Bauteil: Schalterblende
Material: ABS/PC Folienhinterspritzt, physikalisch geschäumt
Motivation: Gewichts- und Materialeinsparung
             Verzugsreduzierung
             Vermeidung der Abzeichnung von Verstärkungsrippen auf der Front

Hersteller: Rhodia
Bauteil: Luftansaugkrümmer
Material: PA 6, physikalisch geschäumt
Motivation: Gewichts- und Materialeinsparung
             Verzugsreduzierung

Hersteller: BMW AG
Bauteil: Instrumententafel-Träger
Material: PPE, chemisch geschäumt
Motivation: Leichtbau gegenüber kompakter Variante um ca. 30 %

Hersteller:	Behr
Bauteil:	Klimaanlage/Lüftergruppe
Material:	PA-GF
Motivation:	Gewichts- und Materialeinsparung
	Verzugsreduzierung

Hersteller:	HP
Bauteil:	Chassis-Tintenstrahldrucker
Material:	PPE glaskugelgefüllt, physikalisch geschäumt
Motivation:	Gewichts- und Materialeinsparung
	Verzugsreduzierung

Hersteller:	Dräxelmeier/BMW
Bauteil:	Türverkleidung (Träger)
Material:	PP Talkum, physikalisch geschäumt
Motivation:	Gewichts- und Materialeinsparung
	Verzugsreduzierung

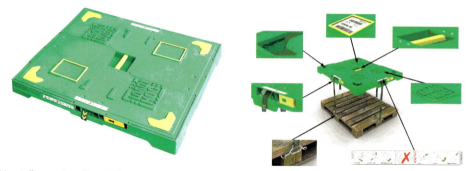

Hersteller: Loadhog Ltd
Bauteil: Mehrwegpalettendeckel mit 1.200 x 1.000 x 2,5 mm³
Material: PP
Motivation: Gewichts- und Materialeinsparung
               Verzugsreduzierung
               Einfallstellenreduzierung
               Schließkraftreduktion um 75 %
               Zykluszeitreduktion

Hersteller: Valeo/VW
Bauteil: Lüftungsklappe
Material: PP-T40 physikalisch geschäumt und TPE
Motivation: Gewichts- und Materialeinsparung
               Verzugsreduzierung
               Einfallstellenreduzierung

Hersteller: Ringoplast GmbH
Bauteil: Container bzw. Boxen
Material: HDPE bzw. PP, chemisch geschäumt
Motivation: Gewichts- und Materialeinsparung um ca. 15 %
Verzugsreduzierung
Einfallstellenreduzierung
Zykluszeitreduzierung um 20 %

Hersteller: Johnson Controls
Bauteil: Türinnentragstruktur (Mercedes Benz E-Klasse)
Material: PP, chemisch geschäumt
Motivation: Gewichts- und Materialeinsparung um ca. 10 %
Zykluszeitreduzierung

Hersteller: PolymerPark materials GmbH
Bauteil: geschäumte Kunststoffplatten bis zu 2.450 × 1.450 mm
für Fahrzeugbau, Bootsbau, Landwirtschaft und Industrie
Material: PP, PE oder PS, chemisch geschäumt
Motivation: Gewichts- und Materialeinsparung
hohe Biegesteifigkeit
Sperrholzsubstitution

Abkürzungen und Formelzeichen

Lateinische Symbole

Formelzeichen	Einheit	Bedeutung
A	mm²	Blasenfläche
B	mm	Breite eines Biegeprüfkörpers
c	$g_{Gas}/g_{Polymer}$	Konzentration des Treibmittels im Polymer
D	cm²/s	Diffusionskoeffizient
D_e	mm	Effektive Dicke der kompakten Deckschicht
D_o	cm²/s	Diffusionskoeffizient
E	J	Aktivierungsenergie
E_0	N/mm²	E-Modul Kompaktwerkstoff
E_B	N/mm²	Biege-E-Modul
E_d	N/mm²	E-Modul der kompakten Deckschicht
E_D	J/mol	Diffusionsenthalpie
E_k	N/mm²	E-Modul der geschäumten Kernschicht
E_S	N/mm²	E-Modul homogener Schaum
f_0	–	Kontaktwahrscheinlichkeit
f_{LBE}	–	Leichtbaueffekt; Maß für die gewichtsbezogene Änderung der Biegesteifigkeit
g	m/s²	Erdbeschleunigung
H	mm	Gesamtdicke
k	–	Kernschichtanteil
K	mm	Dicke der geschäumten Kernschicht
K_0	–	Geschwindigkeitskonstante
k_B	$1{,}38066 \cdot 10^{-23}$ J/K	Boltzmann-Konstante
k_e	–	Effektiver Querschnittanteil der geschäumten Kernschicht
m		Masse
m_{CO_2}	–	Masseanteil des CO_2
$m_{Kompakt}$		Masse des kompakten Formteils
$m_{Polymer}$	–	Masseanteil des Polymers

Formelzeichen	Einheit	Bedeutung
m_{TSG}		Masse des geschäumten Formteils
N	$1/cm^3$	Zelldichte bezogen auf das ungeschäumte Polymer
N_f	$1/cm^3$	Zelldichte bezogen auf den Schaum
N_{het}	$1/(cm^3 \cdot s)$	Heterogene Nukleierungsrate
N_{hom}	$1/(cm^3 \cdot s)$	Homogene Nukleierungsrate
p	bar	Hydrostatischer Druck
P	$cm^2/(bar \cdot s)$	Permeabilität
P_0	bar	Umgebungsdruck
$P_{Dimensionslos}$	–	Variable zur Umrechnung mechanischer Kennwerte von tatsächlicher auf normierte Dichte
$P_{Kompakt}$	–	Variable für den mechanische Kennwert des geschäumten Formteils; Dichte kompakt
p_s	bar	Sättigungsdruck des Treibmittels
P_{TSG}	–	Variable für den mechanischen Kennwert des geschäumten Formteils; Dichte geschäumt
R	8,3143 J/(mol · K)	Allgemeine Gaskonstante
R	mm	Zellradius
S	$g_{Gas}/(g_{Polymer} \cdot bar)$	Sorptionskoeffizient
S_0	$g_{Gas}/(g_{Polymer} \cdot bar)$	Sorptionskonstante
S_B	N/mm^2	Biegesteifigkeit einer Streifenprobe der Breite B
t	s	Zeit
T	°C	Temperatur (absolut)
T_G	°C	Glasübergangstemperatur
V_f	–	Zellvolumenanteil
w	m/s	Diffusionsgeschwindigkeit
X	mm	Diffusionsweg
x	–	Ortskoordinate

Griechische Symbole

Formelzeichen	Einheit	Bedeutung
$\Delta \rho$	%	Gewichtsreduktion
γ	N/m	Oberflächenspannung
η	Pa · s	Dynamische Viskosität
λ	W/(m · K)	Wärmeleitfähigkeit
ρ	kg/m^3	Dichte
ρ_0	g/cm^3	Dichte des Kompaktwerkstoffes
ρ_k	g/cm^3	Mittlere Dichte der geschäumten Kernschicht
ρ_R	g/cm^3	Dichte des geschäumten Formteils
ΔG_{het}	J	Aktivierungsenergie (heterogene Nukleierung)
ΔG_{hom}	J	Aktivierungsenergie (homogene Nukleierung)
ΔT		Temperaturdifferenz
ΔE_D	J	Aktivierungsenergie der Diffusion
Δm	–	Effektive Gewichtseinsparung
$\sigma_{y,0}$	N/mm^2	Streckspannung Kompaktwerkstoff
$\sigma_{y,B}$	N/mm^2	Streckspannung Integralstruktur bei Biegebelastung
$\sigma_{y,Z}$	N/mm^2	Streckspannung Integralstruktur bei Zugbelastung

Abkürzungen

ABS	Acrylnitril-Butadien-Styrol
ADC	Azodicarbonamid
ADPC	Automatic Delivery Pressure Control
CFA	Chemical Foaming Agents (chemische Treibmittel)
CO_2	Kohlendioxid
DSC	Differential Scanning Calorimetry
EPP	Expandiertes Polypropylen
EPS	Expandiertes Polystyrol
EVA	Ethylenvinylacetat
FCKW	Fluorchlorkohlenwasserstoffe
FKW	Fluorkohlenwasserstoffe
GGD	Gasgegendruck
GGT	Gasgegendrucktechnik
GIT	Gasinnendrucktechnik
GWP	Global warming potential
HDPE	Polyethylen hoher Dichte
HFC	Hydrofluorcarbon (Fluorkohlenwasserstoffe)
HMS	High Melt Strength (hohe Schmelzefestigkeit)
L/D	Länge zu Durchmesser Verhältnis
LDPE	Polyethylen niedriger Dichte
LGF	Langglasfaser
MCP	Microcellular Polymer (mikrozellulärer Polymerschaumstoff)
MFI	Melt Flow Index
MFR	Melt Flow Rate
MPP	Melt Pressure (Staudruck)
N_2	Stickstoff
OBSH	Oxybisbenzolsulfohydrazid
ODP	Ozone Depletion Potential (Ozon Abbau Potential)
PA 6	Polyamid 6
PBT	Polybutylenterephthalat
PC	Polycarbonat
PES	Polyethersulfon

PET	Polyethylenterephthalat
PMMA	Polymethylmetacrylat
PP	Polypropylen
PP-GF30	Polypropylen, 30 % glasfaserverstärkt
PP-LGF	Langglasfaserverstärktes Polypropylen
PP-T20	Polypropylen, 20 % talkumgefüllt
PPE	Polyphenylenether
PS	Polystyrol
PUR	Polyurethan
PVC	Polyvinylchlorid
REM	Rasterelektronenmikroskop
RHCM	Rapid Heat Cycle Molding
RT	Raumtemperatur
SAN	Styrol-Acrylnitril-Copolymer
SCF	Supercritical Fluid
TGA	Thermogravimetrische Analyse
TSG	Thermoplast-Schaumspritzgießen
TSH	Toluolsulfonylhydrazid
UWG	Unterwassergranulierung
WIT	Wasserinjektionstechnik
XPS	Extrudierter Polystyrolschaum
5-PT	5-Phenyl Tetrazol

Problemlösungsansätze beim chemischen Schaumspritzgießen

+++ Haupteinflussgröße
++ Wichtige Einflussgröße
+ Geringer Einfluss

		Prozessführung				Schaummorphologie						Teilequalität			
		Teilegewicht schwankt	Dosierzeit schwankt	Teil nicht voll	Treibgas tritt aus der Schmelze	Uneinheitliche Schaumstruktur	Große Zellen	Zellen nur im dickwandigen Bereich	Zellen nur am Fließwegende	Große Zellen am Fließwegende	Zellkoaleszenz	Schlierenoberfläche	Große Schaumzellen	Post blow	Hohlräume/Lunker im Schaumkern
Treibmittelart		+				+++					++		+		+++
Treibmittel-konzentration	niedriger		++	++	+++	+++	+++				+	++	++	++	++
	höher	+	+			++	+	+	+++	+		++	+++		
Dichte-reduktion	niedriger	+													
	höher														
Staudruck	niedriger	++	+	+	+++	+++									
	höher	++	++	+	++	++									
Überprüfen, ob Treibmittel in die Schmelze eingemischt wird		+++	+++	+++		+									
Schussgewicht	niedriger	++		+++		++	++	+++		+	++	+		++	+++
	höher	+					++								
Einspritz-geschwindigkeit	niedriger	++	++	++		+++		+	+++	++	+++	+++		+	
	höher				+	+									
Schmelze-temperatur	niedriger	++	++	+++		+		++							
	höher											+	+	++	+

Abkürzungen und Formelzeichen   227

Legend:
+++ Haupteinflussgröße
++ Wichtige Einflussgröße
+ Geringer Einfluss

Haupteinflussgröße		Prozessführung				Schaummorphologie						Teilequalität			
		Teilgewicht schwankt	Dosierzeit schwankt	Teil nicht voll	Treibgas tritt aus der Schmelze	Uneinheitliche Schaumstruktur	Große Zellen	Zellen nur im dickwandigen Bereich	Zellen nur am Fließwegende	Große Zellen am Fließwegende	Zellkoaleszenz	Schlierenoberfläche	Große Schaumzellen	Post blow	Hohlräume/Lunker im Schaumkern
Einspritzdruck	niedriger			+											
	höher													+++	
Werkzeug-temperatur	niedriger			+++				++							
	höher		++		+	+					+	+			+
Schnecken-drehzahl	niedriger														
	höher														
Nachdruck	niedriger	+		+		+									
	höher	+													
Nachdruckzeit	niedriger	+		+		+								+	
	höher	++													
Kühlzeit	niedriger	+++												+++	+
	höher														
Massepolster	auf Null														
	höher														
Schließkraft	niedriger									+					
	höher														

Problemlösungsansätze beim physikalischen Schaumspritzgießen

		Prozessführung				Schaummorphologie						Teilequalität			
+++ Haupteinflussgröße ++ Wichtige Einflussgröße + Geringer Einfluss		Teilegewicht schwankt	Dosierzeit schwankt	Teil nicht voll	Treibgas tritt aus der Schmelze	Uneinheitliche Schaumstruktur	Große Zellen	Zellen nur im dickwandigen Bereich	Zellen nur am Fließwegende	Große Zellen am Fließwegende	Zellkoaleszenz	Schlierenoberfläche	Große Schaumzellen	Post blow	Hohlräume/Lunker im Schaumkern
Treibfluid	CO$_2$	+ (< 1 mm)			+						+				
	N$_2$														
Gasbeladung der Schmelze	niedriger	++	+++	++	+++	+++	+++	+++	+++	+++		++	+++	++	+++
	höher														
Dichtereduktion	niedriger					++	++								
	höher												+++		
Staudruck	niedriger	++	+++	+	++	+									
	höher	+++	+++	+	++										
Überprüfen, ob Treibfluid in die Schmelze eingemischt wird (Druckabfall, Begasungszeit, etc.)															
Schussgewicht	niedriger	+++		+++		++	++	+++		+	++			++	+++
	höher						++	+							
Einspritzgeschwindigkeit	niedriger	+		+++		+++	+++	+		++	+++	+++		+	
	höher	++		+++		+++	+++		+++	++	+++				

Abkürzungen und Formelzeichen

Legende:
- +++ Haupteinflussgröße
- ++ Wichtige Einflussgröße
- + Geringer Einfluss

Haupteinflussgröße		Prozessführung				Schaummorphologie						Teilequalität			
		Teilgewicht schwankt	Dosierzeit schwankt	Teil nicht voll	Treibgas tritt aus der Schmelze	Uneinheitliche Schaumstruktur	Große Zellen	Zellen nur im dickwandigen Bereich	Zellen nur am Fließbewegende	Große Zellen am Fließbewegende	Zellkoaleszenz	Schlierenoberfläche	Große Schaumzellen	Post blow	Hohlräume/Lunker im Schaumkern
Schmelze-temperatur	niedriger		++	+++	+			++			+++	+		++	
	höher		++												
Einspritzdruck	niedriger			+											
	höher														
Werkzeug-temperatur	niedriger		+++	+++	+	+		+			+	+		+++	
	höher														
Schnecken-drehzahl	niedriger	+													+
	höher	+													
Nachdruck	niedriger			+							+				
	höher	+													
Nachdruckzeit	niedriger														
	höher	++													
Kühlzeit	niedriger													+	
	höher	++													
Massepolster	auf Null	+++													
	höher														
Schließkraft	niedriger													+++	
	höher										+				

Stichwortverzeichnis

A
ADC   27
Aktivierungsenergie   30
Angussbalancierung   187
Angussbuchse   184
Angusssystem   182
Angussversiegelung   116
Anschnittart   185
Anspritzpunkt   182, 187
atmendes Werkzeug   79, 84, 97, 202, 205
Aufblasverfahren   115
Aufschäumgrad   124, 176
Ausblasverfahren   116
Ausdehnungskoeffizient   51
Ausgasung   44
Autoklavverfahren   7
Azodicarbonamid   27, 32

B
Bauteileigenschaften   175, 176
Bauteilvorteile   103
Begasungskonzentration   109
Begasungsweg   137
Beschichtung   196
Biegebelastung   167
Biegefestigkeit   73, 93, 100
Biegesteifigkeit   100, 154
Biegeversuch   54, 92
Bindenaht   181
Blasenwachstum   21
Blendzusammensetzung   77
Blisterbildung   137
Bruchdehnung   94
Bruchzähigkeit   77

C
chemisches Treibmittel   30
chemisches TSG-Verfahren   104

D
Deckschicht   73
– Anteil   123, 131
– Dicke   159, 160, 161
Deformationsfähigkeit   80

Dehnrheologie   66, 76
Dehnviskosität   23, 72
Dekompression   112
Delamination   88, 92
Dichtereduktion   50, 79, 95, 123
Dichteverteilung   146
Diffusion   80
– Geschwindigkeit   16, 22
– Koeffizient   16, 124
Dispergierung   94, 97
Drei-Punkt-Biegeversuch   49, 100
Dreischichtaufbau   147, 156
Druckabfall   15, 202
– Rate   126, 203
Druckverformungsverhalten   169
DSC-Messung   37
Durchstoßenergie   80
Durchstoßversuch   74

E
Einfallstelle   106
Einspritzdruck   133
Einspritzgeschwindigkeit   125, 126, 133, 134, 141
endotherm   32
– Treibmittel   35
Entlüftung   190
Ergocell®-Verfahren   11, 110
exotherm   32
– Treibmittel   33
Expansion   202

F
Fallbolzentest   73, 79
Faser-Matrix-Haftung   94
Festigkeitskennwert   165
Fließhindernis   181
Fluidinjektionstechnik   115
Forminnendruck   51
– Verlauf   52
Formteildichte   146
Füllstoff   168
– Gehalt   101
Füllverhalten   180

G
Gasausbeute 41
Gasgegendruck 85, 97, 209, 211
Gasgegendrucktechnik 10
Gasinnendrucktechnik 10
Gewichtseinsparung 109, 110, 145
GGT 10
GIT 10

H
Heißkanal 105, 183
Hinterspritzen 110, 211
Historie 7
Hochdruckverfahren 11
Homogenisierungsprozess 105

I
IMD-Folie 110
Impactversuch 49, 54
Integralschaum 72, 93, 99
– Struktur 99, 145, 147, 152, 156, 172

K
Kennwertabminderung 151
Kennwertschwankung 173
Kernschichtanteil 157, 159
Kohlendioxid 27, 29, 130
Kohlenstoffnanofaser 90, 94, 101
Kristallisationskinetik 98
Kunststoffschaum 145

L
LDPE 28
Leichtbaueffekt 154, 158, 162
Leichtbaupotenzial 145, 162
Löslichkeit 18, 80

M
Makrostruktur 147
Masterbatch 41, 42, 104, 106
– System 37
Matrixmaterial 45
Matrixpolymer 121
Mehrstellen-Gasinjektion 117
Mikrostruktur 147
mikrozellulärer Schaum 11
Mischer, statischer 142, 201
Modellbildung 163
Modellvorstellung 156

MuCell®-Verfahren 11, 47, 79, 106, 108, 118, 201, 209

N
Nadelverschlussdüse 105, 185
Nanofaser 95
Nanokomposit 91, 93
Natriumhydrogencarbonat 32
Niederdrucktechnik 115, 118
Niederduckverfahren 10
Nukleierung 15, 18, 24, 72
– Dichte 124, 203
– Mittel 19, 46
Null-Dehnviskosität 76

O
Oberflächenqualität 128, 191, 194, 207
Oberflächenspannung 22
Optifoam®-Verfahren 11, 111

P
PA 6-Nanokomposite 94
PB 77
PC 63
Perkolation 84, 88, 95
Permeation 80
physikalisches Treibmittel 28
Plastifiziereinheit 106, 201
Polybutadien 77
Polybutylenterephthalat 171
Polycarbonat 63
Polymer-Gas-Lösung 24
Polymer-Gas-Mischung 15, 203
Polypropylen 45, 53, 59, 163
Polyurethan 2
PP 53
Präzisionsöffnen 112
Prozessführung 143
Prozessparameter 24
Prozessschwankung 30
Prozessstabilität 128
Prüfkörpergeometrie 172

R
Randfaserdehnung 154
Randfaserspannung 154
Rheologie 72
Rheotensmessung 90
Risswachstum 77

S

SAN 77
– Nanokomposit 84
Sandwichstruktur 122
Schaum, mikrozellulärer 11
Schaummorphologie 72
Schaumspritzgießen 145
Schaumstabilisierung 23
Schaumstruktur 57, 73, 132
Schaumwachstum 24
Scherrheologie 64
Schichtaufbauvariante 156
Schlagbiegeversuch 75
Schlagzähigkeit 73, 75
Schlieren 7
– Oberfläche 104, 207
Schließkraftreduzierung 108
Schmelzedehnbarkeit 84, 95
Schmelzefestigkeit 84
Schmelzerheologie 95
Schmelzetemperatur 124, 132, 140
Schmelzeviskosität 107
Schwindung 50
Silberschlieren 192, 193, 208
Spannungsverteilung 153
Spritzgießwerkzeug 175
Spritzprägen 117
– Verfahren 118
Stabilisierung 24
statischer Mischer 142, 201
Staudruck 127, 135
Steifigkeitskennwert 163
Stickstoff 27, 29, 130
Stofftransportvorgang 15, 16
Strukturleichtbau 150

T

technischer Thermoplast 61
TGA-Messung 37
Thermoplastschaum 7
Thermoplast-Schaumspritzgießen 3
Thermoplast, technischer 61
Trägerpolymer 104
Treibfluid 15, 138
Treibfluid/Polymer-Mischung 142
Treibgas 27
Treibmittel 15, 27, 104, 105, 122
– chemisches 30

– endothermes 35
– exothermes 33
– Gehalt 79
– Konzentration 122
– physikalisches 28
– System 41
– Wirkstoff 122
TSG 3, 118
TSG-Verfahren 8, 15, 23, 24, 103, 108, 130, 138, 143
– chemisches 104

V

Variotherm 198, 210
Verfahrenstechnik 103
Verfahrensvergleich 121
Verfahrensvorteil 103
Verschlusssystem 105
Verstärkungsstoff 168
Verzugsminimierung 106
Verzugsneigung 109
Vier-Punkt-Biegeprüfung 152
Viskositätsverminderung 17, 103

W

Wanddickensprung 176, 177, 179
Wärmebarriere 213
Werkstoffkennwert 172
Werkzeug, atmendes 79, 84, 97, 202, 205
Werkzeuginnendruck 194, 203
Werkzeugmaterial 191
Werkzeugtemperatur 128, 136
Werkzeugtemperierung 189
Winkelverzug 49, 51

Z

Zellgröße 72
– Verteilung 90, 99
Zellnukleierung 72, 80, 185
– Dichte 100
Zersetzungsprodukt 43, 104
Zersetzungsreaktion 31
Zersetzungsrückstand 19, 31
Zersetzungstemperatur 30, 122
Zugbelastung 167
Zugverformungsverhalten 166
Zugversuch 52
Zykluszeitverkürzung 108

HANSER

Mehr Spritzguss-Wissen geht in kein Buch.

Johannaber / Michaeli
Handbuch Spritzgießen
1325 Seiten. 738 Abb.
ISBN 3-446-22966-3

Dieses Handbuch darf in keinem Spritzgießbetrieb fehlen. Es ist Lernbuch, Nachschlagewerk und Problemlöser in einem.

Klar strukturiert, präzise und verständlich erschließt dieses Handbuch – jetzt bereits in der zweiten Auflage – die gesamte Welt des Spritzgießens einschließlich der zahlreichen Sonderverfahren. Im Mittelpunkt stehen der Spritzgießprozess und -betrieb.
Die Zusammenhänge von Material, Produkt- und Werkzeuggestaltung, Prozessführung, Verfahrenstechnik, Maschine und Peripherie sowie die komplexen Wechselbeziehungen und gegenseitigen Einflussfaktoren von Werkstoff, Verarbeitung und Produkteigenschaften werden ausführlich erläutert. Übersichtliche Tabellen und Diagramme runden die Darstellung ab.

Mehr Informationen zu diesem Buch und zu unserem Programm unter **www.kunststoffe.de**

HANSER

Spritzgießtechnik leicht verständlich.

Stitz / Keller
Spritzgießtechnik
468 Seiten. 419 Abb.
ISBN 3-446-22921-3

Sie erfahren alles Wichtige zur Spritzgießverarbeitung sowie zu Aufbau und Varianten der Maschinen. Zahlreiche Illustrationen veranschaulichen die dargestellten Prozesse und Komponenten.

Inhalt

- Spritzgießen von Thermoplasten
- Spritzgießen vernetzender Polymere
- Die Spritzgießmaschine
- Peripheriegeräte/Automation
- Werkzeugtechnik
- Wirtschaftlichkeit und Kostenrechnung

Mehr Informationen zu diesem Buch und zu unserem Programm unter **www.kunststoffe.de**